预 算 员 手 册

第 2 版

刘安业　主编

机 械 工 业 出 版 社

本书对工程预算的性质、特点、形成原理做了详细的论述。为使读者较快地掌握工程概预算的编制程序、内容、方法和技巧，书中以较多的实例做了系统的重点介绍。主要内容包括工程造价的内容与预算员岗位职责、工程施工图识读、建筑工程预算定额计算与实例、工程量计算与实例、建筑安装工程费用计算与实例、安装工程预算编制与实例、建筑工程施工结算与竣工决算等。

本书适合工程预算管理人员、城乡建筑安装企业预算员阅读，也可作为本专业高等院校的教学参考书。

图书在版编目（CIP）数据

预算员手册/刘安业主编. —2 版. —北京：机械工业出版社，2018.7

ISBN 978 - 7 - 111 - 60285 - 9

Ⅰ.①预…　Ⅱ.①刘…　Ⅲ.①建筑预算定额 – 技术手册　Ⅳ.①TU723. 3 – 62

中国版本图书馆 CIP 数据核字（2018）第 140109 号

机械工业出版社（北京市百万庄大街22 号　邮政编码100037）
策划编辑：范秋涛　　　　　　责任编辑：范秋涛
责任校对：刘丽华　李锦莉　责任印制：常天培
北京京丰印刷厂印刷
2018 年 7 月第 2 版·第 1 次印刷
184mm × 260mm · 20.5 印张 · 504 千字
0 001—3 000 册
标准书号：ISBN 978 - 7 - 111 - 60285 - 9
定价：69.00 元

前　言

　　基本建设是发展我国国民经济、满足人民不断增长的物质文化生活需要的重要保证。随着社会经济的发展和建筑技术的进步，现代建设工程日益向着大规模、高技术的方向发展。投资建设一个大型项目，需要投入大量的劳动力和种类繁多的建筑材料、设备及施工机械，耗资几十亿元甚至几百亿元。如果工程建设投资决策失误，或工程建设的组织管理水平低，势必会造成工程不能按期完工，质量达不到要求，损失浪费严重，投资效益低等状况，给国家带来巨大损失。因此，保证工程建设决策科学，并对工程建设全过程实施有效的组织管理，对于高效、优质、低耗地完成工程建设任务，提高投资效益具有极其重要的意义。

　　本书的基本任务是研究建设工程的计价依据、计价方法、计价手段和市场经济条件下建设工程概预算编制的最新动态。本书在编写过程中力求做到专业面宽、知识面广、适用面大；既注意介绍接近国际惯例的估价原理和方法，又着眼于现实的工程概预算方法；理论概念的阐述、实际操作的要点、法律法规、规章制度的引用及工程实例的介绍，都尽量反映我国工程概预算领域的最新内容。

　　本书突出的特点是通俗易懂，说理透彻，实例具体，类型多样，技巧灵活，图文并茂，具有"看图识字"的效能。

　　本书共分七章，由渤海大学管理学院刘安业博士主编；渤海大学管理学院刘颖鑫、刘强、张现福、谢宁宁、秦新晨、王楚鸽、吴源源、葛馨慧、郭霞霞、李沛泽、高旭波、彭开利等参与了本书的编写工作；孙梦晴、吕苏婷、杨硕頔、张岩、张莉、宫丹、郭语童等完成了本书的图表设计制作和外文文献翻译工作；李雯文、许佳鑫、杨佩珊、许翰文、孙继彬、高瑞阳、况丽姣等完成了本书的资料整理和校对工作。全书最后由刘安业统稿和定稿。

　　在本书编写过程中，机械工业出版社的同志们给予了大力的支持和热情的帮助，在此致以衷心的感谢。

　　由于编者水平所限，加上目前正处于我国建设工程造价管理制度的变革时期，工程预算的编制依据、取费标准以及工程造价计算程序的不断变化，使得许多问题亟待解决，书中难免存在错误和不当之处，恳祈读者批评指正。

编　者

目　录

第1章 工程造价的内容与预算员岗位职责

1.1 工程造价概述

1.1.1 工程造价的概念及特征

1. 工程造价的概念

工程造价是指进行一个工程项目的建造所花费的全部费用，从工程项目确定建设意向直至建成、竣工验收为止的整个建设期间所支出的总费用，这是保证工程项目建造正常进行的必要资金，是建设项目投资中的最主要的部分。工程造价主要由工程费用和工程其他费用两部分组成。一般来说，常见的工程造价有如下两种含义：

1）工程造价是指建设一项工程预期开支或实际开支的全部固定资产投资费用。显然，这一含义是从投资者即业主的角度来定义的。

投资者选定一个投资项目，为了获得预期的效益，就要通过项目评估进行决策，然后进行设计招标、工程施工招标，直至竣工验收等一系列投资管理活动。在投资活动中所支付的全部费用形成了固定资产和无形资产。所有这些开支就构成了工程造价。从这个意义上说，工程造价就是工程投资费用，建设项目工程造价就是建设项目固定资产投资。

2）工程造价是指工程价格。即为建成一项工程，预计或实际在土地市场、设备市场、技术劳务市场以及承包市场等交易活动中所形成的建筑安装工程的价格和建设工程总价格。显然，工程造价的第二种含义是以社会主义商品经济和市场经济为前提的。它以工程这种特定的商品形式作为交易对象，通过招标投标或其他交易方式，在进行多次预估的基础上，最终由市场形成的价格。

通常，人们将工程造价的第二种含义认定为工程承发包价格。应该肯定，承发包价格是工程造价中一种重要的，也是最典型的价格形式。它是在建筑市场通过招标投标，由需求主体（投资者）和供给主体（承包商）共同认可的价格。

工程从项目开始到整个项目的结束，有着所有工程的一致性，又因时间、地点的不同具有个体性，所以工程项目的特征分为工程造价的特征以及工程造价的计价特征。

2. 工程造价的特征

工程造价具有以下常见的特征：

（1）大额性 能够发挥投资效用的任一项工程，不仅实物形体庞大，而且造价高昂。动辄数百万元、数千万元、数亿元、十几亿元，特大型工程项目的造价可达百亿、千亿元。工程造价的大额性使其关系到有关各方面的重大经济利益，同时也会对宏观经济产生重大影响。这就决定了工程造价的特殊地位，也说明了造价管理的重要意义。

（2）个别性、差异性 任何一项工程都有特定的用途、功能、规模。因此，对每一项工程的结构、造型、空间分割、设备配置和内外装饰都有具体的要求，因而使工程内容和实物形态都具有个别性、差异性。产品的差异性决定了工程造价的个别性差异。同时，每项工程所处地区、地段及时间都不相同，使这一特点得到强化。

（3）动态性　任何一项工程从决策到竣工交付使用，都有一个较长的建设期间，而且由于不可控因素的影响，在预计工期内，许多影响工程造价的动态因素，如工程变更，设备材料价格，工资标准以及费率、利率、汇率会发生变化。这种变化必然会影响到造价的变动。所以，工程造价在整个建设期中处于不确定状态，直至竣工决算后才能最终确定工程的实际造价。

（4）层次性　工程造价的层次性取决于工程的层次性。一个建设项目往往含有多个能够独立发挥设计效能的单项工程（如车间、写字楼、住宅楼等）。一个单项工程又是由能够各自发挥专业效能的多个单位工程（如土建工程、电气安装工程等）组成。与此相适应，工程造价有三个层次：建设项目总造价、单项工程造价和单位工程造价。如果专业分工更细，单位工程（如土建工程）的组成部分——分部分项工程也可以成为交换对象，如大型土方工程、基础工程、装饰工程等，这样工程造价的层次就增加分部工程和分项工程而成为五个层次。即使从造价的计算和工程管理的角度看，工程造价的层次性也是非常突出的。

（5）兼容性　工程造价的兼容性首先表现在它具有两种含义，其次表现在工程造价构成因素的广泛性和复杂性。在工程造价中，首先说成本因素非常复杂。其中为获得建设工程用地支出的费用、项目可行性研究和规划设计费用、与政府一定时期政策（特别是产业政策和税收政策）相关的费用占有相当的份额。另外，盈利的构成也较为复杂，资金成本较大。

3. 工程造价的计价特征

（1）计价的单件性　由于建设工程设计用途和工程的地区条件是多种多样的，几乎每一个具体的工程都有它的特殊性。建设工程在生产上的单件性决定了在造价计算上的单件性，不能像一般工业产品那样，可以按品种、规格、质量成批地生产、统一地定价，而只能按照单件计价。国家或地区有关部门不能按各个工程逐件控制价格，只能就工程造价中各项费用项目的划分，工程造价构成的一般程序，概预算的编制方法，各种概预算定额和费用标准，地区人工、材料、机械台班计价的确定等，作出统一性的规定，据此做宏观性的价格控制。所有这一切规定，具有某种程度上的强制性，直接参加建设的有关建设单位、设计单位、施工单位都必须执行。为了区别于一般工业产品的价格系列，通常把上述一系列规定称为基建价格系列。

（2）计价的多次性　建设工程的生产过程是一个周期长、数量大的生产消费过程。它要经过可行性研究、设计、施工、竣工验收等多个阶段，并分段进行，逐步接近实际。为了适应工程建设过程中各方经济关系的建立，适应项目管理，适应工程造价控制与管理的要求，需要按照设计和建设阶段多次性计价。

（3）计价的组合性　一个建设项目的总造价是由各个单项工程造价组成；而各个单项工程造价又是由各个单位工程造价所组成。各单位工程造价又是按分部工程、分项工程和相应定额、费用标准等进行计算得出的。可见，为确定一个建设项目的总造价，应首先计算各单位工程造价，再计算各单项工程造价（一般称为综合概预算造价），然后汇总成总造价（又称为总概预算造价）。显然，这个计价过程充分体现了分部组合计价的特点。

（4）计价方法的多样性　工程造价多次性计价有各不相同的计价依据，对造价的精确度要求也不相同，这就决定了计价方法有多样性特征。计算概预算造价的方法有单价法和实物法等。计算投资估算的方法有设备系数法、生产能力指数估算法等。不同的方法利弊不同，适应条件也不同，计价时要根据具体情况加以选择。

（5）计价依据的复杂性　由于影响造价的因素多、计价依据复杂，种类繁多。主要可分为以下七类：

1）计算设备和工程量的依据。包括项目建议书、可行性研究报告、设计文件等。

2）计算人工、材料、机械等实物消耗量的依据。包括投资估算指标、概算定额、预算定额等。

3）计算工程单价的价格依据。包括人工单价、材料价格、材料运杂费、机械台班费等。

4）计算设备单价的依据。包括设备原价、设备运杂费、进口设备关税等。

5）计算措施费、间接费和工程建设其他费用的依据，主要是相关的费用定额和指标。

6）政府规定的税费。

7）物价指数和工程造价指数。

1.1.2　工程造价的分类及构成

1. 工程造价的分类

（1）按计价方法分类　建筑工程造价按计价方法可分为估算造价、概算造价和施工图预算造价等。

（2）按用途分类　建筑工程造价按用途分类包括标底价格、投标价格、中标价格、直接发包价格、合同价格和竣工结算价格。

1）标底价格。标底价格是招标人的期望价格，不是交易价格。招标人以此作为衡量投标人投标价格的一个尺度，也是招标人的一种控制投资的手段。

编制标底价可由招标人自行操作，也可由招标人委托招标代理机构操作，由招标人作出决策。

2）投标价格。投标人为了得到工程施工承包的资格，按照招标人在招标文件中的要求进行估价，然后根据投标策略确定投标价格，以争取中标并通过工程实施取得经济效益。因此投标报价是卖方的要价，如果中标，这个价格就是合同谈判和签订合同确定工程价格的基础。

如果设有标底，投标报价时要研究招标文件中评标时如何使用标底：①以靠近标底者得分最高，这时报价就务需追求最低标价；②标底价只作为招标人的期望，但仍要求低价中标，这时，投标人就要努力采取措施，既使标价最具竞争力（最低价），又使报价不低于成本，即能获得理想的利润。由于"既能中标，又能获利"是投标报价的原则，故投标人的报价必须有雄厚的技术和管理实力作后盾，编制出有竞争力又能盈利的投标报价。

3）中标价格。我国《招标投标法》第四十条规定："评标委员会应当按照招标文件确定的评标标准和方法，对投标文件进行评审和比较；设有标底的，应当参考标底。"所以评标的依据一是招标文件，二是标底（如果设有标底时）。

我国《招标投标法》第四十一条规定，中标人的投标应符合下列两个条件之一：一是"能最大限度地满足招标文件中规定的各项综合评价标准"；二是"能够满足招标文件的实质性要求，并且经评审的投标价格最低，但是投标价低于成本的除外"。这第二项条件主要说的是投标报价。

4）直接发包价格。直接发包价格是由发包人与指定的承包人直接接触，通过谈判达成协议签订施工合同，而不需要像招标承包定价方式那样，通过竞争定价。直接发包方式计价只适用于不宜进行招标的工程，如军事工程、保密技术工程、专利技术工程及发包人认为不宜招标而又不违反我国《招标投标法》第三条（招标范围）规定的其他工程。

直接发包方式计价首先提出协商价格意见的可能是发包人或其委托的中介机构，也可能是承包人提出价格意见交发包人或其委托的中介组织进行审核。无论由哪一方提出协商价格意见，都要通过谈判协商，签订承包合同，确定为合同价。直接发包价格是以审定的施工图预算为基础，由发包人与承包人商定增减价的方式定价。

5）合同价格。《建筑工程施工发包与承包计价管理办法》第十二条规定：合同价可采用以下方式：

①固定价。合同总价或者单价在合同约定的风险范围内不可调整。

②可调价。合同总价或者单价在合同实施期内，根据合同约定的办法调整。

③成本加酬金。

《建筑工程施工发包与承包计价管理办法》第十三条规定："发承包双方在确定合同价时，应当考虑市场环境和生产要素价格变化对合同价的影响。"现分述如下：

①固定合同价。合同中确定的工程合同价在实施期间不因价格变化而调整。固定合同价可分为固定合同总价和固定合同单价两种。

A. 固定合同总价。它是指承包整个工程的合同价款总额已经确定，在工程实施中不再因物价上涨而变化，所以，固定合同总价应考虑价格风险因素，也须在合同中明确规定合同总价包括的范围。这类合同价可以使发包人对工程总开支做到大体心中有数，在施工过程中可以更有效地控制资金的使用。但对承包人来说，要承担较大的风险，如物价波动、气候条件恶劣、地质地基条件及其他意外困难等，因此合同价款一般会高些。

B. 固定合同单价。它是指合同中确定的各项单价在工程实施期间不因价格变化而调整，而在每月（或每阶段）工程结算时，根据实际完成的工程量结算，在工程全部完成时以竣工图的工程量最终结算工程总价款。

②可调合同价。

A. 可调总价。合同中确定的工程合同总价在实施期间可随价格变化而调整。发包人和承包人在商订合同时，以招标文件的要求及当时的物价计算出合同总价。如果在执行合同期间，由于通货膨胀引起成本增加达到某一限度时，合同总价则做相应调整。可调合同价使发包人承担了通货膨胀的风险，承包人则承担其他风险。一般适合于工期较长（如 1 年以上）的项目。

B. 可调单价。合同单价可调，一般是在工程招标文件中规定。在合同中签订的单价，根据合同约定的条款，如在工程实施过程中物价发生变化等，可做调整。有的工程在招标或签约时，因某些不确定性因素而在合同中暂定某些分部分项工程的单价，在工程结算时，再根据实际情况和合同约定对合同单价进行调整，确定实际结算单价。

③成本加酬金确定的合同价。合同中确定的工程合同价，其工程成本部分按现行计价依据计算，酬金部分则按工程成本乘以通过竞争确定的费率计算，将两者相加，确定出合同价。

2. 工程造价构成

建设项目投资含固定资产投资和流动资产投资两部分，建设项目总投资中的固定资产投资与建设项目的工程造价在量上相等。工程造价的构成按工程项目建设过程中各类费用支出或花费的性质、途径等来确定，是通过费用划分和汇集所形成的工程造价的费用分解结构。工程造价基本构成中，包括用于购买工程项目所需各种设备的费用，用于建筑施工和安装施工所需支出的费用，用于委托工程勘察设计应支付的费用，用于购置土地所需的费用，也包括用于建设单位自身进行项目筹建和项目管理所花费费用等。总之，工程造价是工程项目按照确定的建设内容、建设规模、建设标准、功能要求和使用要求等全部建成并验收合格交付使用所需的全部费用。

我国现行工程造价的构成主要划分为设备及工（器）具购置费用、建筑安装工程费用、工程建设其他费用、预备费、建设期贷款利息、固定资产投资方向调节税等几项，如图1-1所示。

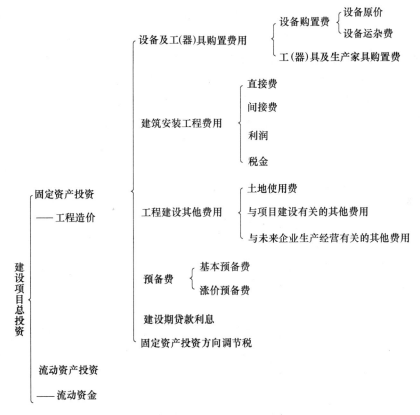

图1-1 我国现行工程造价的构成

1.1.3 工程造价计价依据

1. 工程量计算规则

（1）建筑工程工程量计算规则 《全国统一建筑工程预算工程量计算规则》包括以下

内容：

    1）土石方工程。

    2）桩基础工程。

    3）脚手架工程。

    4）砌筑工程。

    5）混凝土及钢筋混凝土工程。

    6）构件运输及安装工程。

    7）门窗及木结构工程。

    8）楼地面工程。

    9）屋面及防水工程。

    10）防腐、保温、隔热工程。

    11）装饰工程。

    12）金属结构制作工程。

    13）建筑工程垂直运输定额。

    14）建筑物超高增加人工、机械定额。

  （2）建筑面积计算规则　　建筑面积也称为建筑展开面积，是指建筑物各层面积的总和。建筑面积包括使用面积、辅助面积和结构面积。使用面积是指建筑物各层平面布置中可直接为生产或生活使用的净面积总和。居室净面积在民用建筑中也称为居住面积。辅助面积是指建筑物各层平面布置中为辅助生产或生活所占净面积的总和。使用面积与辅助面积的总和称为有效面积。结构面积是指建筑物各层平面布置中的墙体、柱等结构所占面积的总和。

  建筑面积的计算主要有以下作用：

  1）建筑面积是一项重要的技术经济指标。在国民经济一定时期内，完成建筑面积的多少，也标志着一个国家的工农业生产发展状况、人民生活居住条件的改善和文化生活福利设施发展的程度。

  2）建筑面积是计算结构工程量或用于确定某些费用指标的基础。如计算出建筑面积之后，利用这个基数，就可以计算地面抹灰、室内填土、地面垫层、平整场地、脚手架工程等项目的预算价值。为了简化预算的编制和某些费用的计算，有些取费指标的取定，如中小型机械费、生产工具使用费、检验试验费、成品保护增加费等也是以建筑面积为基数确定的。

  3）建筑面积作为结构工程量的计算基础，不仅重要，而且也是一项需要认真对待和细心计算的工作，任何粗心大意都会造成计算上的错误，不但会造成结构工程量计算上的偏差，也会直接影响概预算造价的准确性，造成人力、物力和国家建设资金的浪费及大量建筑材料的积压。

  4）建筑面积与使用面积、辅助面积、结构面积之间存在着一定的比例关系。设计人员在进行建筑或结构设计时，都应在计算建筑面积的基础上再分别计算出结构面积、有效面积及诸如平面系数、土地利用系数等技术经济指标。有了建筑面积，才有可能计算单位建筑面积的技术经济指标。

  5）建筑面积的计算对于建筑施工企业实行内部经济承包责任制、投标报价、编制施工组织设计、配备施工力量、成本核算及物资供应等，都具有重要的意义。

  （3）制定统一工程量计算规则的意义

1）有利于统一全国各地的工程量计算规则，打破了各自为政的局面，为该领域的交流提供了良好条件。

2）有利于"量价分离"。固定价格不适用于市场经济，因为市场经济的价格是变动的。必须进行价格的动态计算，把价格的计算依据动态化变成价格信息。因此，需要把价格从定额中分离出来：使时效性差的工程量、人工量、材料量、机械量的计算与时效性强的价格分离开来。统一的工程量计算规则的产生，既是量价分离的产物，又是促进量价分离的要素，更是建筑工程造价计价改革的关键一步。

3）有利于工料消耗定额的编制，为计算工程施工所需的人工、材料、机械台班消耗水平和工程计价提供依据。工料消耗定额的编制是建立在工程量计算规则统一化、科学化的基础之上的。工程量计算规则和工料消耗定额的出台，共同形成了量价分离后完整的"量"的体系。

4）有利于工程管理信息化。统一的计量规则，有利于统一计算口径，也有利于统一划项口径；而统一的划项口径又有利于统一信息编码，进而可实现统一的信息管理。

《建设工程工程量清单计价规范》也对工程量的计算规则进行了规定。作为编制工程量清单和利用工程量清单进行投标报价的依据。

2. 建筑工程定额

建筑工程定额是指按国家有关产品标准、设计标准、施工质量验收标准（规范）等确定的施工过程中完成规定计量单位产品所消耗的人工、材料、机械等消耗量的标准，其作用如下：

1）建筑工程定额具有促进节约社会劳动和提高生产效率的作用。企业用定额计算工料消耗、劳动效率、施工工期并与实际水平对比，衡量自身的竞争能力，促使企业加强管理，厉行节约地合理分配和使用资源，以达到节约的目的。

2）建筑工程定额提供的信息为建筑市场供需双方的交易活动和竞争创造条件。

3）建筑工程定额有助于完善建筑市场信息系统。定额本身是大量信息的集合，既是大量信息加工的结果，又向使用者提供信息。建筑工程造价就是依据定额提供的信息进行的。

3. 建筑工程价格信息

（1）建筑工程单价信息和费用信息　在计划经济条件下，工程单价信息和费用是以定额形式确定的，定额具有指令性；在市场经济下，它们不具有指令性，只具有参考性。对于发包人和承包人以及工程造价咨询单位来说，都是十分重要的信息来源。单价也可从市场上调查得到，还可以利用政府或中介组织提供的信息。单价有以下几种：

1）人工单价。人工单价是指一个建筑安装工人一个工作日在预算中应计入的全部人工费用，它反映了建筑安装工人的工资水平和一个工人在一个工作日中可以得到的报酬。

2）材料单价。材料单价是指材料由供应者仓库或提货地点到达工地仓库后的出库价格。材料单价包括材料原价、供销部门手续费、包装费、运输费及采购保管费。

3）机械台班单价。机械台班单价是指一台施工机械，在正常运转条件下每工作一个台班应计入的全部费用。机械台班单价包括折旧费、大修理费、经常修理费、安拆费及场外运输费、燃料动力费、人工费、运输机械养路费、车船使用税及保险费。

（2）建筑工程价格指数　建筑工程价格指数是反映一定时期由于价格变化对工程价格

影响程度的指标，它是调整建筑工程价格差价的依据。建筑工程价格指数是报告期与基期价格的比值，可以反映价格变动趋势，用来进行估价和结算，估计价格变动对宏观经济的影响。

在社会主义市场经济中，设备、材料和人工费的变化对建筑工程价格的影响日益增大。在建筑市场供求和价格水平发生经常性波动的情况下，建筑工程价格及其各组成部分也处于不断变化之中，使不同时期的工程价格失去可比性，造成了造价控制的困难。编制建筑工程价格指数是解决造价动态控制的最佳途径。建筑工程价格指数因分类标准的不同可分为以下不同的种类：

1）按工程范围、类别和用途分类，可分为单项价格指数和综合价格指数。单项价格指数分别反映各类工程的人工、材料、施工机械及主要设备等报告期价格对基期价格的变化程度。综合价格指数综合反映各类项目或单项工程人工费、材料费、施工机械使用费和设备费等报告期价格对基期价格变化而影响造价的程度，反映造价总水平的变动趋势。

2）按工程价格资料期限长短分类，可分为时点价格指数、月指数、季指数和年指数。

3）按不同基期分类，可分为定基指数和环比指数。前者是指各期价格与其固定时期价格的比值；后者是指各时期价格与前一期价格的比值。

建筑工程价格指数可以参照下列公式进行编制：

①人工、机械台班、材料等要素价格指数的编制见下式：

$$材料（设备、人工、机械）价格指数 = \frac{报告期预算价格}{基期预算价格} \tag{1-1}$$

②建筑安装工程价格指数的编制见下式：

$$
\begin{aligned}
建筑安装工程价格指数 = &人工费指数 × 基期人工费占建筑安装工程价格的比例 + \sum \\
&（单项材料价格指数 × 基期该材料费占建筑安装工程价格 \\
&比例） + \sum（单项施工机械台班指数 × 基期该机械费占建 \\
&筑安装工程价格比例） +（其他直接费、间接费综合指数）× \\
&（基期其他直接费、间接费占建安工程价格比例）
\end{aligned} \tag{1-2}
$$

1.1.4 我国工程造价管理的基本内容

1. 工程造价管理的目标和任务

（1）工程造价管理的目标　工程造价管理的目标是按照经济规律的要求，根据社会主义市场经济的发展形势，利用科学管理方法和先进管理手段，合理地确定造价和有效地控制造价，以提高投资效益和建筑安装企业经营效果。

（2）工程造价管理的任务　工程造价管理的任务是加强工程造价的全过程动态管理，强化工程造价的约束机制，维护有关各方的经济利益，规范价格行为，促进微观效益和宏观效益的统一。

2. 工程造价管理的基本内容

工程造价管理的基本内容就是合理地确定和有效地控制工程造价。

（1）工程造价的合理确定　所谓工程造价的合理确定就是在建设程序的各个阶段，合理地确定投资估算、概算造价、预算造价、承包合同价、结算价、竣工决算价。

（2）工程造价的有效控制　所谓工程造价的有效控制就是在优化建设方案、设计方案的基础上，在建设程序的各个阶段，采用一定的方法和措施将工程造价的发生控制在合理的范围和核定的造价限额以内。有效地控制工程造价应体现以下三项原则：

1）以设计阶段为重点的建设全过程造价控制。

2）实施主动控制，以取得令人满意的结果。

3）技术与经济相结合是控制工程造价最有效的手段。

3. 工程造价管理的组织

工程造价管理的组织是指为了实现工程造价管理目标而进行的有效组织活动，以及与造价管理功能相关的有机群体。它是工程造价动态的组织活动过程和相对静态的造价管理部门的统一。具体来说，主要是指国家、地方、部门和企业之间管理权限和职责范围的划分。工程造价管理组织有三个系统：

（1）政府行政管理系统　国务院建设行政主管部门的造价管理机构在全国范围内行使管理职能，在工程造价管理工作方面承担的主要职责是：

1）组织制定工程造价管理有关法规、制度并组织贯彻实施。

2）组织制定全国统一经济定额和制定、修订本部门经济定额。

3）监督指导全国统一经济定额和本部门经济定额的实施。

4）制定工程造价咨询企业的资质标准并监督执行，制定工程造价管理专业技术人员执业资格标准。

5）负责全国工程造价咨询企业资质管理工作，审定全国甲级工程造价咨询企业的资质。

省、自治区、直辖市和国务院其他主管部门的造价管理机构在其管辖范围内行使相应的管理职能；省辖市和地区的造价管理部门在所辖地区内行使相应的管理职能。

（2）企事业单位管理系统　企事业单位对工程造价的管理，属微观管理的范畴。

（3）行业协会管理系统　在全国各省、自治区、直辖市及一些大中城市，先后成立了工程造价管理协会，对工程造价咨询工作和造价工程师实行行业管理。

我国建设工程造价管理协会的业务范围包括：

1）研究工程造价管理体制改革、行业发展、行业政策、市场准入制度及行为规范等理论与实践问题。

2）探讨提高政府和业主项目投资效益、科学预测和控制工程造价，促进现代化管理技术在工程造价咨询行业的运用，向国务院建设行政主管部门提出建议。

3）接受国务院建设行政主管部门委托，承担工程造价咨询行业和造价工程师执业资格及职业教育等具体工作，研究提出与工程造价有关的规章制度及工程造价咨询行业的资质标准、合同范本、职业道德规范等行业标准，并推动实施。

4）对外代表我国造价工程师组织和工程造价咨询行业与国际组织及各国同行组织建立联系与交往，签订有关协议，为会员开展国际交流与合作等对外业务服务。

5）建立工程造价信息服务系统，编辑、出版有关工程造价方面刊物和参考资料，组织交流和推广工程造价咨询先进经验，举办有关职业培训和国际工程造价咨询业务研讨活动。

6）在国内外工程造价咨询活动中，维护和增进会员的合法权益，协调解决会员和行业间的有关问题，受理关于工程造价咨询执业违规的投诉，配合国务院建设行政主管部门进行处理，并向政府部门和有关方面反映会员单位和工程造价咨询人员的建议和意见。

7）指导各专业委员会和地方造价管理协会的业务工作。

8）组织完成政府有关部门和社会各界委托的其他业务。

1.2 设计阶段工程造价管理

工程设计是指在工程开始施工之前，设计者根据已批准的设计任务书，为具体实现拟建项目的技术、经济要求，拟定建筑、安装及设备制造等所需的规划、图样、数据等技术文件的工作。设计是建设项目由计划变为现实具有决定意义的工作阶段，是项目建设过程中承上启下的重要阶段。设计文件是建筑安装施工的依据。拟建工程在建设过程中能否保证质量、进度和节约投资，在很大程度上取决于设计质量的优劣。工程建成后，能够获得满意的经济效果，除了项目决策之外，设计工作起着决定性的作用。设计工作的重要原则之一是保证设计的整体性。为此，设计工作比选一定的程序分阶段进行。

1.2.1 设计阶段影响工程造价的因素

1. 总平面设计

总平面设计是指总图运输设计和总平面配置。主要包括的内容有：厂址方案、占地面积和土地利用情况；总图运输、主要建筑物和构筑物及公用设施的配置；外部运输、水、电、气及其他外部协作条件等。

总平面设计中影响工程造价的因素有：

（1）占地面积 占地面积的大小一方面影响征地费用的高低，另一方面也会影响管线布置成本及项目建成运营的运输成本。

（2）功能分区 合理的功能分区既可以使建筑物的各项功能充分发挥，又可以使总平面布置紧凑、安全，避免大挖大填，减少土石方量和节约用地，降低工程造价。

不同的运输方式其运输效率及成本不同。从降低工程造价的角度来看，应尽可能选择无轨运输，可以减少占地，节约投资。

（3）运输方式的选择 不同的运输方式其运输效率及成本不同。从降低工程造价的角度来看，应尽可能选择无轨运输，可以减少占地，节约投资。

2. 工艺设计

工艺设计部分要确定企业的技术水平。主要包括建设规模、标准和产品方案；工艺流程和主要设备的选型；主要原材料、燃料供应；"三废"治理及环保措施，此外还包括生产组织及生产过程中的劳动定员情况等。

3. 建筑设计

建筑设计部分要在考虑施工过程的合理组织和施工条件的基础上，决定工程的立体平面设计和结构方案的工艺要求。在建筑设计阶段影响工程造价的主要因素有：

（1）平面形状 一般地说，建筑物平面形状越简单，它的单位面积造价就越低。因为不规则的建筑物将导致室外工程、排水工程、砌砖工程及屋面工程等复杂化，从而增加工程费用。一般情况下，建筑物周长与建筑面积比 $k_周$（即单位建筑面积所占外墙长度）越低，设计越经济。$k_周$ 按圆形、正方形、矩形、t 形、l 形的次序依次增大。

（2）流通空间 建筑物的经济平面布置的主要目标之一是在满足建筑物使用要求的前

提下，将流通空间减少到最小。

（3）层高　在建筑面积不变的情况下，建筑层高增加会引起各项费用的增加。

据有关资料分析，住宅层高每降低 10cm，可降低造价 1.2% ~ 1.5%。单层厂房层高每增加 1m，单位面积造价增加 1.8% ~ 3.6%，年度供暖费用增加约 3%；多层厂房的层高每增加 0.6m，单位面积造价提高 8.3% 左右。由此可见，随着层高的增加，单位建筑面积造价也在不断增加。

（4）建筑物层数　建筑工程总造价是随着建筑物的层数增加而提高的。建筑物层数对造价的影响，因建筑类型、形式和结构不同而不同。如果增加一个楼层不影响建筑物的结构形式，单位建筑面积的造价可能会降低。

随着住宅层数的增加，单方造价系数在逐渐降低，即层数越多越经济。

确定多层厂房的经济层数主要有两个因素：一是厂房展开面积的大小。展开面积越大，层数越可提高。二是厂房宽度和长度。宽度和长度越大，则经济层数越能增高，造价也随之相应降低。

（5）柱网布置　柱网布置是确定柱子的行距（跨度）和间距（每行柱子中相邻两个柱子间的距离）的依据。柱网布置是否合理，对工程造价和厂房面积的利用效率都有较大的影响。

对于单跨厂房，当柱间距不变时，跨度越大单位面积造价越低。对于多跨厂房，当跨度不变时，中跨数量越多越经济。

（6）建筑物的体积与面积　随着建筑物体积和面积的增加，工程总造价会提高。对于工业建筑，在不影响生产能力的条件下，厂房、设备布置应力求紧凑合理；要采用先进工艺和高效能的设备，节省厂房面积；要采用大跨度、大柱距的大厂房平面设计形式，提高平面利用系数。对于民用建筑，尽量减少结构面积比例，增加有效面积。住宅结构面积与建筑面积之比称为结构面积系数。这个系数越小，设计越经济。

（7）建筑结构　建筑结构是指建筑工程中由基础、梁、板、柱、墙、屋架等构件所组成的起骨架作用的、能承受直接和间接荷载的体系。建筑结构按所用材料可分为：砌体结构、钢筋混凝土结构、钢结构和木结构等。

建筑材料和建筑结构选择是否合理，不仅直接影响到工程质量、使用寿命、耐火抗震性能，而且对施工费用、工程造价有很大的影响。尤其是建筑材料，一般占直接费的 70%，降低材料费用，不仅可以降低直接费，而且也会降低间接费。

1.2.2　设计阶段工程造价管理的重要意义

（1）可以使造价构成更合理，提高资金利用率　通过设计预算可以了解工程造价的结构构成，分析资金分配的合理性，并可以利用价值工程分析项目各个组成部分功能与成本的匹配程度，调整项目功能与成本使其更趋合理。

（2）可以提高投资控制效率　编制设计概算并进行分析，可以了解工程各组成部分的投资比例。对于投资比例大的部分作为投资控制的重点，这样可以提高投资控制效率。

（3）使控制工作更加主动　长期以来，人们把控制理解为目标值与实际值的比较，以及当实际值偏离目标值时分析产生差异的原因，确定下一步对策。这对于批量性生产的制造业而言，是一种有效的管理方法。但是对于建筑而言，由于建筑产品具有单件性的特点，这种管理方法只能发现差异，不能消除差异，也不能预防差异的发生，而且差异一旦发生，顺势往往很大，因此是一种被动的控制方法。而如果在设计阶段控制工程造价，可以先按照一定的质量标准，提出新建建筑物每一部分或者分项的计划支出费用的报表，即造价计划。然后当详细设计制定出来以后，对工程的每一部分或分项的估算造价，对照造价计划中所列的指标进行审核，预先发现差异，主动采取一些控制方法消除差异，使设计更加经济。

（4）便于技术与经济相结合　由于体制和传统习惯原因，我国的工程设计工作往往是由建筑师等专业人员来完成的，他们在设计中往往更重视工程的使用功能，力求采用先进的技术手段实现项目所需的功能，而对经济因素考虑较少。如果在设计阶段由造价工程师参与进来，使设计从一开始就建立在健全的经济基础之上，在做出重要决定时充分认识其经济后果。另外投资限额一旦确定以后，设计只能在限额内进行，有利于建筑师发挥个人创造力，选择一种最经济的设计手段实现技术目标，从而确保设计方案能较好体现技术与经济的结合。

（5）在设计阶段控制工程造价直接效果显著　工程造价控制贯穿于项目建设全过程，而设计阶段的工程造价控制是整个工程造价控制的龙头。图 1-2 反映了各阶段影响工程项目投资的一般规律。

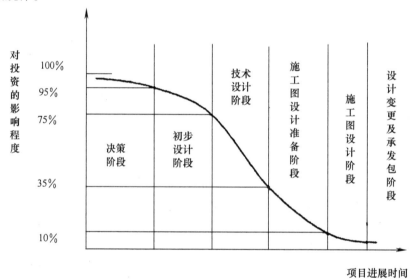

图 1-2　建设过程各阶段对投资的影响

从图中可以看到，初步设计阶段对投资的影响约为 20%，技术设计阶段对投资的影响约为 40%，施工图设计准备阶段对投资的影响约为 25%。很显然，控制工程造价的关键是在设计阶段。在设计一开始就将控制投资的目标贯穿于设计工作中可保证选择恰当的设计标准和合理的功能水平。

1.2.3　设计概算的编制及审查

1. 设计概算的概念

设计概算是设计文件的重要组成部分，是在投资估算的控制下由设计单位根据初步设计

（或扩大初步设计）图样、概算定额（或概算指标）、各项费用定额或取费标准（指标）、建设地区自然及技术经济条件和设备、材料预算价格等资料，编制和确定的建设项目从筹建至竣工交付使用所需全部费用的文件。采用两阶段设计的建设项目，初步设计阶段必须编制设计概算；采用三阶段设计的，扩大初步设计阶段必须编制修正概算。

2. 设计概算的内容

（1）单位工程概算　包括建筑工程概算和设备安装工程概算。

（2）单项工程概算　由单项工程中的各项工程概算汇总编制而成的，是建设项目总概算的组成部分。

（3）建设项目总概算　由各单位工程综合概算、工程建设其他费用概算、预备费、建设期贷款利息和投资方向调节税概算汇总编制而成的。

3. 设计概算的编制原则

（1）严格执行国家的建设方针和经济政策的原则　设计概算是一项重要的技术经济工作，要严格按照党和国家的方针、政策办事，坚决执行勤俭节约的方针，严格执行规定的设计标准。

（2）要完整、准确地反映设计内容的原则　编制设计概算时，要认真了解设计意图，根据设计文件、图样准确计算工程量，避免重复计算和漏算。设计修改后，要及时修正概算。

（3）要坚持结合拟建工程的实际，反映工程所在地当时价格水平的原则　为了提高设计概算的准确性，要求实事求是地对工程所在地的建设条件、可能影响造价的各种因素进行认真的调查研究，在此基础上正确使用定额、指标、费率和价格等各项编制依据，按照现行工程造价的构成，根据有关部门发布的价格信息及其价格调整指数，考虑建设期的价格变化因素，使概算尽可能地反映设计内容、施工条件和实际价格。

4. 设计概算的编制依据

1）国家、行业和地方政府有关建设和造价管理的法律、法规和方针政策。

2）批准的建设项目的设计任务书（或批准的可行性研究文件）和主管部门的有关规定。

3）初步设计项目一览表。

4）能满足编制设计概算的各专业经过校审并签字的设计图样（或内部作业草图）、文字说明和主要设备表。其中包括：

①土建工程中建筑专业提交建筑平、立、剖面图和初步设计文字说明（应说明或注明装修标准、门窗尺寸）；结构专业提交结构平面布置图、构建截面尺寸、特殊构件配筋率。

②给水排水、电器、供暖通风、空气调节、动力等专业的平面布置图或者文字说明和主要设备表。

③室外工程有关各专业提交平面布置图；总图专业提交建设场地的地形图和场地设计标高及其道路、排水沟、挡土墙、围墙等构筑物的断面尺寸。

5）正常的施工组织设计。

6）当地和主管部门的现行建筑工程和专业安装工程的概算定额（或预算定额、综合预算定额）、单位估价表、材料及构配件预算价格、工程费用定额和有关费用规定的文件等资料。

7）现行的有关设备原价及运杂费率。

8）现行的有关其他费用定额、指标和价格。

9）资金的筹措方式。

10）建设场地的自然条件和施工条件。

11）类似工程的概、预算及技术经济指标。

12）建设单位提供的有关工程造价的其他资料。

13）有关合同、协议等其他资料。

5. 设计概算的编制程序

编制设计概算虽无规定统一的程序，但为了编制工作能有序的进行，通常按如下先后次序进行有关的准备和编制工作。

1）熟悉设计图样资料，了解设计意图。深入研究设计文件、说明书及各类工程的具体设计图样资料，掌握总概论，了解设计上对一些工程施工有无特殊要求，以便事先研究，妥善解决。当有新材料、新设计、新工艺，而无定额可选用时，则可按编制定额的原则和方法，编制补充定额。

2）整理外业调查资料，核对主要工程量，然后按照概算定额的要求进行必要的分析汇总，正确记取计价工程量。这项工作繁琐，是编制设计概算的基础资料，准确与否直接影响到设计概算的质量。

3）对施工方案要进行全面的分析和研究，结合施工方法和现场具体条件掌握项目划分因素，正确选用工程定额，从实际出发，合理取定各项费率标准。

4）按编制工程造价的有关规定，正确编制计算工、料、机预算价格的各种计算表和汇总表，以及其他直接费、现场经费、间接综合费率计算表。

5）根据记取的工程量费用概算定额，编制分项工程概算表及建筑安装工程费计算表。

6）编制设备、工具、器具购置费计算表和工程建设其他费用计算表。

7）编制汇总、工程总概算表和分段汇总表，以及人工、主要材料、机械台班数量汇总表。

8）写出编制说明，经复核、审核后确定。

可以概括为如下流程：编制准备工作—项目划分—编制基础单价—编制工程单价—计算工程量—计算并编制各分项概算表及总概算表—编制分年度投资表、资金流量表—编写概算编制说明、整理成果。

6. 设计概算的审查内容

1）审查概算的编制是否符合党的方针、政策，是否根据工程所在地的自然条件的编制。

2）审查建设规模（投资规模、生产能力等）、建设标准（用地指标、建筑标准等）、配套工程、设计定员等是否符合原批准的可行性研究报告或立项批文的标准。对总概算投资超过批准投资估算 10% 以上的，应查明原因，重新上报审批。

3）审查编制方法、计价依据和程序是否符合现行规定，包括定额或指标的适用范围和调整方法是否正确。进行定额或指标的补充时，要求补充定额的项目划分、内容组成、编制原则等要与现行的定额精神相一致等。

4）审查工程量是否正确。工程量的计算是否根据初步设计图样、概算定额、工程量计算规则和施工组织设计的要求进行，有无多算、重算和漏算，尤其对工程量大、造价高的项目要重点审查。

5）审查材料用量和价格。审查主要材料（钢材、木材、水泥、砖）的用量数据是否正确，材料预算价格是否符合工程所在地的价格水平，材料价差调整是否符合现行规定及其计算是否正确等。

6）审查设备规格、数量和配置是否符合设计要求，是否与设备清单相一致，设备预算价格是否真实，设备原价和运杂费的计算是否正确，非标准设备原价的计价方法是否符合规定，进口设备的各项费用的组成及其计算程序、方法是否符合国家主管部门的规定。

7）审查建筑安装工程的各项费用的计取是否符合国家或地方有关部门的现行规定，计算程序和取费标准是否正确。

8）审查综合概算、总概算的编制内容、方法是否符合现行规定和设计文件的要求，有无设计文件外项目，有无将非生产性项目以生产性项目列入。

9）审查总概算文件的组成内容，是否完整地包括了建设项目从筹建到竣工投产为止的全部费用组成。

10）审查工程建设其他各项费用。这部分费用内容多、弹性大，约占项目总投资25%以上，要按国家和地区规定逐项审查，不属于总概算范围的费用项目不能列入概算，具体费率或计取标准是否按国家、行业有关部门规定计算，有无随意列项、有无多列、交叉计列和漏项等。

11）审查项目的"三废"治理。拟建项目必须同时安排"三废"（废水、废气、废渣）的治理方案和投资，对于未做安排或漏项或多算、重算的项目，要按国家有关规定核实投资，以满足"三废"排放达到国家标准。

12）审查技术经济指标。技术经济指标计算方法和程序是否正确，综合指标和单项指标与同类型工程指标相比，是偏高还是偏低，其原因是什么并予纠正。

13）审查投资经济效果。设计概算是初步设计经济效果的反映，要按照生产规模、工艺流程、产品品种和质量，从企业的投资效益和投产后的运营效益全面分析，是否达到了先进可靠、经济合理的要求。

7. 审查设计概算的方法

采用适当方法审查设计概算，是确保审查质量、提高审查效率的关键。常用方法有：

1）对比分析法主要是通过建设规模、标准与立项批文对比；工程数量与设计图样对比；综合范围、内容与编制方法、规定对比；各项取费与规定标准对比；材料、人工单价与统一信息对比；引进设备、技术投资与报价要求对比；技术经济指标与同类工程对比等；通过以上对比，容易发现设计概算存在的主要问题和偏差。

2）查询核实法是对一些关键设备和设施、重要装置、引进工程图样不全、难以核算的较大投资进行多方查询核对，逐项落实的方法。主要设备的市场价向设备供应部门或招标公司查询核实；重要生产装置、设施向同类企业（工程）查询了解；引进设备价格及有关费税向进出口公司调查落实；复杂的建筑安装工程向同类工程的建设、承包、施工单位征求意见；深度不够或不清楚的问题直接同原概算编制人员、设计者询问清楚。

3）联合会审前，可先采取多种形式分头审查，包括设计单位自审，主管、建设、承包单位初审，工程造价咨询公司评审，邀请同行专家预审，审批部门复审等，经层层审查把关后，由有关单位和专家进行联合会审。在会审大会上，由设计单位介绍概算编制情况及有关问题，各有关单位、专家汇报初审、预审意见。然后进行认真分析、讨论，结合对各专业技术方案的审查意见所产生的投资增减，逐一核实原概算出现的问题。经过充分协商，认真听取设计单位意见后，实事求是地处理和调整。

通过以上复审后，对审查中发现的问题和偏差，按照单项、单位工程的顺序，先按设备费、安装费、建筑费和工程建设其他费用分类整理。然后按照静态投资、动态投资和铺底流动资金三大类，汇总核增或核减的项目及其投资额。最后将具体审核数据，按照"原编概算"、"审核结果"、"增减投资"、"增减幅度"四栏列表，并按照原总概算表汇总顺序，将增减项目逐一列出，相应调整所属项目投资合计，再依次汇总审核后的总投资及增减投资额。对于差错较多、问题较大或不能满足要求的，责成按会审意见修改返工后，重新报批；对于无重大原则问题，深度基本满足要求，投资增减不多的，当场核定概算投资额，并提交审批部门复核后，正式下达审批概算。

1.2.4　实例分析

1. 实例 1

（1）背景　某建筑工程开发征集到若干设计方案，经筛选后对其中较为出色的四个设计方案做进一步的技术经济评价。有关专家决定从平面布置、结构体系、墙体材料、门窗类型、外形美观等五个方面为评价指标（分别以 $F_1 \sim F_5$ 表示）对不同方案的功能进行评价，评分标准规定：功能满足程度最高者得 10 分。各专家对四个设计方案的功能满足程度分别打分，各评价指标的权重和打分结果见表 1-1。

表 1-1　方案功能得分

功　　能	权　　重	方案功能得分			
		A	B	C	D
F_1	0.350	9	10	9	8
F_2	0.225	10	10	8	9
F_3	0.225	9	9	10	9
F_4	0.100	8	8	8	7
F_5	0.100	9	7	9	6

（2）分析要点　本案例要求掌握、运用综合评价法。综合评价法是对需要进行分析评价的方案设定若干个评价指标并按其重要程度分配权重。然后，参加评审的专家按评价标准给各指标打分。最后，将各项指标所得分数与其权重相乘并汇总，便得出各方案的评价总分，以获总分最高者为最佳方案的方法。

（3）问题　用多指标综合评价法选择最佳设计方案。

（4）解答　根据表 1-1 各设计方案对各评价指标满足程度的打分，按以下公式列表分别计算各方案功能综合得分，见表 1-2，$S = \sum_{i=1}^{n} W_j S_{ij}$

表1-2　综合评价计算表

评价指标	权重	设计方案			
		方案 A	方案 B	方案 C	方案 C
平面布置	0.350	$9 \times 0.35 = 3.150$	$10 \times 0.35 = 3.500$	$9 \times 0.35 = 3.150$	$8 \times 0.35 = 2.800$
结构体系	0.225	$10 \times 0.225 = 2.250$	$10 \times 0.225 = 2.250$	$8 \times 0.225 = 1.800$	$9 \times 0.225 = 2.025$
墙体材料	0.225	$9 \times 0.225 = 2.025$	$9 \times 0.225 = 2.025$	$10 \times 0.225 = 2.250$	$9 \times 0.225 = 2.025$
门窗类型	0.100	$8 \times 0.100 = 0.800$	$8 \times 0.100 = 0.800$	$8 \times 0.100 = 0.800$	$7 \times 0.100 = 0.700$
外形美观	0.100	$9 \times 0.100 = 0.900$	$7 \times 0.100 = 0.700$	$9 \times 0.100 = 0.900$	$6 \times 0.100 = 0.600$
综合得分 S		9.125	9.275	8.900	8.150

由表1-2 计算结果可知，综合得分最高的方案 B 为最佳设计方案。

2. 实例2

（1）背景　某项目混凝土总需要量为 5000m³，混凝土工程施工有两种方案可供选择：方案 A 为现场制作，方案 B 为购买商品混凝土。已知商品混凝土平均单价为 410 元/m³，现场制作混凝土的单价计算公式为：

$$C = C_1/Q + C_2 T/Q + C_3$$

式中　C——现场制作混凝土的单价（元/m³）；

C_1——现场搅拌站一次性投资（元），本案例 C_1 为 200000 元；

C_2——搅拌站设备装置租金和维修费（与工期有关），本案例 C_2 为 15000 元/月；

C_3——在现场搅拌混凝土所需费用（与混凝土数量有关），本案例 C_3 为 320 元/m³；

Q——现场制作混凝土的数量；

T——工期（月）。

（2）问题

1）若混凝土浇筑工期不同时，A、B 两个方案哪一个较经济？

2）当混凝土浇筑工期为 12 个月时，现场制作混凝土的数量最少为多少 m³ 才比购买商品混凝土经济？

3）假设该工程的一根 9.9m 长的现浇钢筋混凝土梁可采用三种设计方案，其断面尺寸均满足强度要求。。该三种方案分别采用 A、B、C 三种不同的现场制作混凝土，有关数据见表1-3。经测算，现场制作混凝土所需费用如下：A 种混凝土为 220 元/m³，B 种混凝土为 230 元/m³，C 种混凝土为 225 元/m³。另外，梁侧模 21.4 元/m²，梁底模 24.8 元/m²；钢筋制作、绑扎为 3390 元/t。

试选择一种最经济的设计方案。

表1-3　各方案基础数据表

方案	断面尺寸/mm	钢筋/（kg/m³）	混凝土种类
一	300×900	95	A
二	500×600	80	B
三	300×800	105	C

（3）分析要点　本案例的问题1）和问题2）都是对现场制作混凝土与购买商品混凝土的比较分析，是同一个问题的两个方面：

问题1）的条件是混凝土数量一定而工期不定。

问题2）的条件是工期一定而混凝土数量不定。

由现场制作混凝土的单价计算公式可知，该单价与工期成正比，即工期越长单价越高；与混凝土数量成反比，即混凝土数量越多单价越低。

（4）解答

问题1）：现扬制作混凝土的单价与工期有关，当 A、B 两个方案的单价相等时，工期 T 满足以下关系：

$$200000/5000 + 15000T/5000 + 320 = 410$$
$$T = 16.67 （月）$$

由此可得到以下结论：

工期 $T = 16.67$ 个月时，A、B 两方案单价相同。

工期 $T < 16.67$ 个月时，A 方案比 B 方案经济。

当工期 $T > 16.67$ 个月时，B 方案比 A 方案经济。

问题2）：当混凝土浇筑工期为 12 个月时，现场制作混凝土的最少数量计算如下：

设该最少数量为 x，根据公式有：

$$200000/x + 15000 \times 12/x + 320 = 410$$
$$x = 4222.22 （m^3）$$

当 $T = 12$ 个月时，现场制作混凝土必须大于 $4222.22 m^3$，才比购买商品混凝土经济。

问题3：三种结构设计方案的费用计算见表1-4。

表1-4　各方案费用计算

费用名称		方案一	方案二	方案三
混凝土	工程量/m³	2.673	2.970	2.376
	单价/（元/m³）	220	230	225
	费用小计/元	588.06	683.10	534.60
钢筋	工程量/kg	253.94	237.60	249.48
	单价/（元/kg）		3.39	
	费用小计/元	860.86	805.46	845.74
梁侧模板	工程量/m²	17.82	11.88	15.84
	单价/（元/m²）		21.4	
	费用小计/元	381.35	254.23	338.98
梁底模板	工程量/m²	2.97	4.95	2.97
	单价/（元/m²）		24.8	
	费用小计/元	73.66	122.76	73.66
费用合计/元		1903.93	1865.55	1792.98

由表1-4的计算结果可知，第三种方案费用最低，为最经济的方案。

1.3　招标投标阶段工程造价管理

招标投标是指招标人对工程建设、货物买卖、劳务承担等交易业务，事先公布选择采购的条件和要求，招引他人承接，若干或众多投标人做出愿意参加业务承接竞争的意思表示，招标人按照规定的程序和办法择优选定中标人的活动。

从法律意义上讲，建设工程招标一般是建设单位（或业主）就拟建的工程发布通告，用法定方式吸引建设项目的承包单位参加竞争，进而通过法定程序从中选择条件优越者来完成工程建设任务的法律行为。建设工程投标一般是经过特定审查而获得投标资格的建设项目承包单位，按照招标文件的要求，在规定的时间内向招标单位填报投标书，并争取中标的法律行为。

我国从 20 世纪 80 年代初开始逐步实行招标投标制度，1984 年 11 月，原国家计委和城乡建设环境保护部联合制定了《建设工程招标投标暂行规定》，这标志着我国建筑承包市场开展招标投标工作正式启动；随着 2000 年 1 月 1 日《中华人民共和国招标投标法》的实施和 2003 年 5 月 1 日《工程建设项目施工招标投标办法》的实行，我国的建设工程招标投标活动终于步入了有法可依、健康发展的轨道。

1.3.1　工程投标报价的编制

1. 投标报价的编制依据

1）招标文件。

2）招标人提供的设计图样及有关的技术说明书等。

3）工程所在地现行的定额及与之配套执行的各种造价信息、规定等。

4）招标人书面答复的有关资料。

5）企业定额、类似工程的成本核算资料。

6）其他与报价有关的各项政策、规定及调整系数等。

在报价的计算过程中，对于不可预见费用的计算必须慎重考虑，不要漏算。

2. 投标报价的编制方法

（1）分部分项工程量清单计价

1）复核分部分项工程量清单的工程量和项目是否准确。

2）研究分部分项工程量清单中的项目特征描述。

3）进行清单综合单价的计算。

工程实践中，综合单价的组价方法主要有两种：①依据定额计算，②根据实际费用估算。

4）进行工程量清单综合单价的调整。

5）编制分部分项工程量清单计价表。

（2）措施项目工程量清单计价　鉴于清单编制人提出的措施项目工程量清单是根据一般情况确定的，没有考虑不同投标人的"个性"，投标人可以在报价时根据企业的实际情况增减措施费项目内容报价。承包商在措施项目工程量清单计价时，根据编制的施工方案或施工组织设计，对于措施项目工程量清单中认为不发生的，其费用可以填写为零；对于实际需要发生而工程量清单项目中没有的，可以自行填写增加，并报价。

措施项目工程量清单计价表以"项"为单位，填写相应的所需金额。

每一个措施项目的费用计算，应按招标文件的规定，相应采用综合单价或按每一项措施项目报总价。

需要注意的是，对措施项目中的文明施工、安全施工、临时设施费，应按照住建部印发的《建设工程安全防护、文明施工措施费用及使用管理规定》的要求工程所在地省级建设工程造价管理机构测定的标准不得低于90%计取。

（3）其他项目工程量清单计价　　其他项目工程量清单计价时，预留金和材料购置费的金额必须按照招标文件中确定的金额填写，不得增加或者减少；总承包服务费的金额可以根据招标文件中的说明按实际估算费用，或者按照有关造价管理部门规定的计算方法确定；零星工作项目的金额应该与零星工作项目表计价的合计金额完全一致。

（4）规费和税金的计算　　规费和税金应按国家和省级建设行政主管部门的规定计取，规费不参加竞争，因此投标时应足额将规费报价，否则将低于成本导致中标无望。

（5）其他有关表格的填写　　应该按照工程量清单的有关要求，认真填写如"分部分项工程量清单综合单价分析表""措施项目费分析表""主要材料价格表"等其他要求承包商投标时提交的有关表格。

（6）注意事项

1）《建设工程工程量清单计价规范》中"措施项目费用分析表"的综合单价组成格式仅供参考，承包商可以根据自己认为合适的其他方式提供各项的综合单价费用组成。

2）"主要材料价格表"中的材料费单价应该是全单价，包括材料原价、材料运杂费、运输损耗费、加工及安装损耗费、采购保管费、一般的检验试验费及一定范围内的材料风险费用等。但不包括新结构、新材料的试验费和业主对具有出厂合格证明的材料进行检验，对构件做破坏性试验及其他特殊要求检验试验的费用。特别值得强调的是，原来预算定额计价中加工及安装损耗费是在材料的消耗量中反映，工程量清单计价中加工及安装损耗费是在材料的单价中反映。

1.3.2　工程合同价确定

1. 工程合同价的确定方式

（1）通过招标，选定中标人决定合同价　　这是工程建设项目发包适应市场机制、普遍采用的一种方式。《中华人民共和国招标投标法》规定：经过招标、评标、决标后自中标通知书发出之日起30日内，招标人与中标人应该根据招标投标文件订立书面合同。其中评标价就是合同价。合同内容包括：

1）双方的权利、义务。

2）施工组织计划和工期。

3）质量与验收。

4）合同价款与支付。

5）竣工与结算。

6）争议的解决。

7）工程保险等。

建设工程施工合同目前普遍采用的合同文本为《建设工程施工合同（示范文本）》（GF-1999-0201），该文本包括通用条款、专用条款，不同的项目可以根据自身的特点进行修订。

（2）以施工图预算为基础，发包方与承包方通过协商谈判决定合同价　这一方式主要适用于抢险工程、保密工程、不宜进行招标的工程以及依法可以不进行招标的工程项目，合同签订的内容同上。

2. 工程合同价款的确定

业主、承包商在合同条款中除约定合同价外，一般对下列有关工程合同价款的事项进行约定：

1）预付工程款的数额、支付时限及抵扣方式。

2）支付工程进度款的方式、数额及时限。

3）工程施工中发生变更时，工程价款的调整方法、索赔方式、时限要求及金额支付方式。

4）发生工程价款纠纷的解决方法。

5）约定承担风险的范围和幅度，以及超出约定范围和幅度的调整方法。

6）工程竣工价款结算与支付方式、数额及时限。

7）工程质量保证（保修）金的数额、预扣方式及时限。

8）工期及工期提前或延后的奖惩方法。

9）与履行合同、支付价款有关的担保事项。

招标工程合同预定的内容不得违背招标投标文件的实质性内容。招标文件与中标人投标文件不一致的地方，以投标文件为准。

1.3.3　实例分析

1. 实例 1

（1）背景　某土建工程项目立项批准后，经批准公开招标，6 家单位通过资格预审，并按规定时间报送了投标文件，招标方按规定组成了评标委员会，并制定了评标办法，具体规定如下：

1）招标标底为 4000 万元，以招标标底与投标报价的算术平均数的加权值为复合标底，以复合标底为评定投标报价得分依据，规定：复合标底值 = 招标标底值 × 0.6 + 投标单位报价算术平均数 × 0.4。

2）以复合标底值为依据，计算投标报价偏差度 x，x =（投标报价 - 复合标底）÷ 复合标底。

按照投标报价偏差度确定各单位投标报价得分，具体标准见表 1-5。

表 1-5　数据表

x	$x < -5\%$	$-5\% \leqslant x < -3\%$	$-3\% \leqslant x < -1\%$	$-1\% \leqslant x \leqslant 1\%$	$1\% < x \leqslant 3\%$	$3\% < x \leqslant 5\%$	$x > 5\%$
得分	底标	55	65	70	60	50	废标

3）投标方案中商务标部分满分为 100 分，其中投标报价满分为 70 分，其他内容满分为 30 分。投标报价得分按照报价偏差确定得分，其他内容得分按各单位投标报价构成合理

性和计算正确性确定得分。技术方案得分为100分，其中施工工期得分占20分（规定工期为20个月，若投标单位所报工期超过20个月为废标），若工期提前则规定每提前1个月增加1分。其他方面得分包括施工方案25分，施工技术装备20分，施工质量保证体系10分，技术创新10分，企业信誉业绩及项目经理能力15分（得分已由评标委员会评出，见表1-6）。

表1-6　评分数据表

投标单位	A	B	C	D	E	F	单位
投标报价	3840	3900	3600	4080		4240	万元
施工工期	17	17	18	16	18	18	月
技术准备	10	14	13	10	12	11	分
质保体系	8	7	6	6	9	9	分
技术创新	7	9	6	6	9	9	分
施工方案	18	16	15	14	19	17	分
企业业绩	8	9	9	8	8	7	分
报价构成	24	23	25	27	26	28	分

采取综合评分法，综合得分最高者为中标人。

综合得分 = 投标报价得分 × 60% + 技术性评分 × 40%

4）E单位在投标截止时间2h之前向招标方递交投标补充文件，补充文件中提出E单位报价中的直接工程费由3200万元降至3000万元，并提出措施费费率为9%，间接费率（含其他）为8%，利润率为6%，税率为3.5%，E单位据此为最终报价。

（2）问题

1）投标文件应包括哪些内容？确定中标人的原则是什么？

2）E单位的最终报价为多少？

3）采取综合评标法确定中标人。

（3）解答

问题1）：

投标文件主要包括投标函，施工组织设计或施工方案与投标报价（技术标、商务标报价），招标文件要求提供的其他资料。

确定中标人的原则是：中标人能够满足招标文件中规定的各项综合评价标准，能够满足招标文件的实质性要求。

问题2）：

E单位的最终报价计算见表1-7。

表1-7　计算关系与数据表　　　　　　　　　　（单位：万元）

序号	①	②	③	④	⑤	⑥	⑦
费用名称	直接工程费	措施费	直接费	间接费	利润	税金	投标报价
计算方法		① × 9%	① + ②	③ × 8%	[③ + ④] × 6%	[③ + ④ + ⑤] × 3.5%	③ + ④ + ⑤ + ⑥
费用	3000	270	3270	261.6	211.90	131.02	3874.52

经过计算 E 单位的最终报价为 3874.52 万元。

问题3）：

计算复合标底值

投标报价平均值 = (3840 + 3900 + 3600 + 4080 + 3874.52 + 4240)/6 = 3922.42（万元）

复合标底值 = 4000 × 0.6 + 3922.42 × 0.4 = 3968.97（万元）

投标报价评分表见表1-8，综合评分表见表1-9。

表1-8　投标报价评分表

投标单位	投标报价/万元	报价偏离值/万元	报价偏离度（%）	报价得分
A	3840	-128.97	-3.25%	55
B	3900	-68.97	-1.74%	65
C	3600	-368.97	-9.3%	废标
D	4080	110.03	2.77%	60
E	3874.52	-94.45	-2.38%	65
F	4240	271.03	6.83%	废标

表1-9　综合评分表

投标单位		A	B	D	E	权数
技术标得分	工期	23	23	24	22	
	其他	75	78	73	81	
	合计	98	101	97	103	0.4
商务标得分	报价	55	65	60	65	
	其他	30	30	30	30	
	合计	85	95	90	95	0.6
综合得分		90.2	97.4	92.8	98.2	

经上述评分计算过程，评标委员会认定 E 单位为中标人，报送有关部门审批后为中标人。

2. 实例2

某建设单位（甲方）拟建造一栋职工住宅，采用招标方式由某施工单位（乙方）承建。甲乙双方签订的施工合同摘要如下：

（1）协议书中的部分条款

1）工程概况

工程名称：职工住宅楼。

工程地点：市区。

工程规模：建筑面积7850m，共15层，其中地下1层，地上14层。

结构类型：剪力墙结构。

2）工程承包范围　某市规划设计院设计的施工图所包括的全部土建，照明配电（含通信、闭路埋管），给水排水（计算至出墙1.5m）工程施工。

3）合同工期

开工日期：2017年2月1日。

竣工日期：2017年9月30日。

合同工期总日历天数：240天（扣除5月1~3日）。

4）质量标准 达到甲方规定的质量标准。

5）合同价款 合同总价为：陆佰叁拾玖万元人民币。

6）乙方承诺的质量保修 在该项目设计规定的使用年限（50年）内，乙方承担全部保修责任。

7）甲方承诺的合同价款支付期限与方式 本工程没有预付款，工程款按月进度支付，施工单位应在每月25日前，向建设单位及监理单位报送当月工作量报表，经建设单位代表和监理工程师就质量和工程量进行确认，报建设单位认可后支付，每次支付完成量的80%。累计支付到工程合同价款的75%时停止拨付，工程基本竣工后一个月内再付5%，办理完审计一个月内再付15%，其余5%待保修期满后10日内一次付清。为确保工程如期竣工，乙方不得因甲方资金的暂时不到位而停工和拖延工期。

8）合同生效

合同订立时间：2017年1月15日。

合同订立地点：××市××区××街××号。

本合同双方约定：经双方主管部门批准及公证后生效。

（2）专用条款

1）甲方责任

①办理土地征用、房屋拆迁等工作，使施工现场具备施工条件。

②向乙方提供工程地质和地下管网线路资料。

③负责编制工程总进度计划，对各专业分包的进度进行全面统一安排，统一协调。

④采取积极措施做好施工现场地下管线和临近建筑物、构筑物的保护工作。

2）乙方责任

①负责办理投资许可证、建设规划许可证、委托质量监督、施工许可证等手续。

②按工程需要提供和维修一切与工程有关的照明、围栏、看守、警卫、消防、安全等设施。

③组织承包方、设计单位、监理单位和质量监督部门进行图样交底与会审，并整理图样会审和交底纪要。

④在施工中尽量采取措施减少噪声及振动，不干扰居民。

3）合同价款与支付。本合同价款采用固定价格合同方式确定。

合同价款包括的风险范围：

①工程变更事件发生导致工程造价增减不超过合同总价的10%。

②政策性规定以外的材料价格涨落等因素造成工程成本变化。

风险费用的计算方法：风险费用已包括在合同总价中。

风险范围以外合同价款调整方法：按实际竣工建筑面积950元/m调整合同价款。

（3）补充协议条款 钢筋、商品混凝土的计价方式按当地造价信息价格下浮5%计算。

（4）问题

1）上述合同属于哪种计价方式合同类型？

2) 该合同签订的条款有哪些不妥当之处? 应如何修改?

3) 对合同中未规定的承包商义务, 合同实施过程中又必须进行的工程内容, 承包商应如何处理?

(5) 解答案

问题1): 从甲、乙双方签订的合同条款来看, 该工程施工合同应属于固定价格合同。

问题2): 该合同条款存在的不妥之处及其修改:

①合同工期总日历天数不应扣除节假日, 应该将该节假日时间加到总日历天数中。

②不应以甲方规定的质量标准作为该工程的质量标准, 而应以《建筑工程施工质量验收统一标准》中规定的质量标准作为该工程的质量标准。

③质量保修条款不妥, 应按《建设工程质量管理条例》的有关规定进行修改。

④工程价款支付条款中的"基本竣工时间"不明确, 应修订为具体明确的时间;"乙方不得因甲方资金的暂时不到位而停工和拖延工期"条款显失公平, 应说明甲方资金不到位在什么期限内乙方不得停工和拖延工期, 且应规定逾期支付的利息如何计算。

⑤从该案例背景来看, 合同双方是合法的独立法人单位, 不应约定经双方主管部门批准后该合同生效。

⑥专用条款中关于甲乙方责任的划分不妥。甲方责任中的第③条"负责编制工程总进度计划, 对各专业分包的进度进行全面统一安排, 统一协调"和第④条"采取积极措施做好施工现场地下管线和临近建筑物、构筑物的保护工作"应写入乙方责任条款中。乙方责任中的第①条"负责办理投资许可证、建设规划许可证、委托质量监督、施工许可证等手续"和第③条"组织承包方、设计单位、监理单位和质量监督部门进行图样交底与会审, 并整理图样会审和交底纪要"应写入甲方责任条款中。

⑦专用条款中有关风险范围以外合同价款调整方法 (按实际竣工建筑面积950元/m调整合同价款) 与合同的风险范围、风险费用的计算方法相矛盾, 该条款应针对可能出现的除合同价款包括的风险范围以外的内容约定合同价款调整方法。

问题3): 首先应及时与甲方协商, 确认该部分工程内容是否由乙方完成。如果需要由乙方完成, 则应与甲方商签补充合同条款, 就该部分工程内容明确双方各自的权利义务, 并对工程计划做出相应的调整; 如果由其他承包商完成, 乙方也要与甲方就该部分工程内容的协作配合条件及相应的费用等问题达成一致意见, 以保证工程的顺利进行。

1.4　预算员岗位概述

1.4.1　预算员岗位职责

预算员主要应具有以下职责:

1) 熟悉施工图样、设计施工方案、施工变更、施工文件及施工合同、相关法律法规, 充分掌握项目工程承包合同文件的经济条款和分承包文件, 并做好合同交底工作。

2) 负责工程预算的编制及对项目目标成本的复核工作, 并根据现场实际情况, 对比实际成本与目标成本差异, 做出分析。

3) 参与各类合同的洽谈, 掌握资料做出单价分析, 供项目经理参考。

4）及时掌握有关的经济政策、法规的变化，如人工费、材料费等费用的调整，及时分析提供调整后的数据。

5）配合公司做好项目计划成本的编制工作，并能根据施工方案及现场实际发生情况等相关内容提出合理化建议。

6）正确及时编制好施工图（施工）预算，正确计算工程量及套用定额，做好工料分析，并及时做好预算主要实物量对比工作。

7）施工过程中要及时收集技术变更和签证单，并依次进行登记编号，及时做好增减账，作为工程决算的依据。

8）正确及时编制竣工决算，随时掌握预算成本、实际成本，做到心中有数。

9）经常性地结合实际开展定额分析活动，对各种资源消耗超过定额取定标准的，及时向项目经理汇报。

1.4.2　预算员职业道德

预算员的岗位职责决定了其职务的重要性，及时、正确地为项目经理做出正确的预算以及合理的估价。预算员的职业道德大致有以下几点：

（1）爱岗敬业　掌握预算员所应具备的知识能力，并能认真处理本职业的一切业务。

（2）诚实守信　对于项目成本及相关编制的核算，本着实事求是的态度，准确地计算，不得弄虚作假、谎报、虚报。

（3）遵章守法　预算员按照国家及地方的相关法律法规，遵守预算员的基本岗位职责。

职业道德是一个员工所应具备的最起码的道德原则，作为预算员不仅要具备作为员工的一般职业道德，还应本着节约成本的原则，为企业制订合理的预算计划，为企业、项目工程正确、合理地使用项目资源，以及实现资源的最大化使用做出正确的努力。

第2章　工程施工图识读

2.1　建筑工程施工图识读的基础知识

2.1.1　建筑工程施工图概述

建筑工程施工图是建筑施工设计文件之一，首先，先了解建筑施工设计文件的基础知识。

1. 建筑施工设计文件

建筑工程设计文件是对建筑施工的平面化的资料，是工程展开的必备文件。一般分为方案设计和施工图设计两个设计阶段，当然大型而且复杂的建筑工程其设计过程要更详细，一般有方案设计、初步设计、施工图设计三个阶段，小而简单的建筑工程设计只做施工图即可。

建筑工程设计文件由说明书、设计图样、主要设备、材料表和工程概算书等部件组成。设计文件的深度根据其工程的不同，应满足以下几个要求：

1）经过比选，确定设计方案。

2）确定土地征用范围。

3）据以进行主要设备及材料订货。

4）确定工程造价，据以控制工程投资。

5）据以编制施工图设计。

6）据以进行施工准备。

施工图设计文件由封面、图样目录、设计说明（或首页）、图样、预算书等组成。各专业工程的计算书作为技术文件归档，一般不外发。

2. 建筑施工图的组成

施工图分为总平面图、建筑施工图、结构施工图、设备施工图四类。

总平面图包括总平面布置图、竖向设计图、土方工程图、管道综合图、绿化布置图、详图等组成。

建筑施工图包括平面图、立面图、剖面图、地沟平面图、详图等。

结构施工图包括基础平面图、基础详图、结构布置图、钢筋混凝土构件详图、钢结构详图、木结构详图、节点构造详图等。

设备施工图按专业不同，有给水排水图、电气图、弱电图、供暖通风图、动力图等。

以给水排水图为例，分为室外给水排水图和室内给水排水图。

室外给水排水图包括总平面图、管道纵断面图、取水工程总平面图、取水头部（取水口）平剖面及详图、取水泵房平剖面及详图、其他构筑物平剖面及详图、输水管线图、给水净化处理站总平面图及高程系统图、各净化构筑物平剖面及详图、水泵房平剖面图、水塔、水池配管及详图、循环水构筑物的平剖面及系统图、污水处理站的平面和高程系统图等。室内给水排水图包括平面图、系统图、局部设施图、详图等。

再如电气图，分为供电总平面图、变配电所图、电力图、电气照明图、自动控制与自动调节图、建筑物防雷保护图等。其中，电气照明图包括照明平面图、照明系统图、照明控制图、照明安装图等。

又如供暖通风图，分为平面图、剖面图、系统图及原理图。平面图包括供暖平面图、通风、除尘平面图、空调平面图、冷冻机房平面图、空调机房平面图。剖面图包括通风、除尘和空调剖面图、空调机房剖面图、冷冻机房剖面图。系统图包括供暖管道系统图、通风空调和除尘管道系统图、空调冷热媒管道系统图。原理图主要有空调系统控制原理图等。

2.1.2　建筑施工图的分类及主要内容

施工图包括总平面图、建筑图、结构图、给水排水图、电气图、弱电图、供暖通风图、动力图等几种。

1. 总平面图

总平面图的内容如下。

（1）目录　先列新绘制图样，后列选用的标准图、通用图或重复利用图。

（2）设计说明　一般工程的设计说明，分别写在有关的图样上。如重复利用某一专门的施工图样及其说明时，应详细注明其编制单位名称和编制日期。如施工图设计阶段对初步设计改变，应重新计算并列出主要技术经济指标表。

（3）总平面布置图

1）城市坐标网、场地建筑坐标图、坐标值。

2）场地四界的城市坐标和场地建筑坐标。

3）建筑物、构筑物定位的场地建筑坐标、名称、室内标高及层数。

4）拆除旧建筑的范围边界、相邻单位的有关建筑物、构筑物的使用性质、耐火等级及层数。

5）道路、铁路和明沟等的控制点（起点、转折点、终点等）的场地建筑坐标和标高、坡向、平曲线要素等。

6）指北针、风玫瑰。

7）建筑物、构筑物使用编号时，列"建筑物、构筑物名称编号表"。

8）说明：尺寸单位、比例、城市坐标系统和高程系统的名称、城市坐标网与场地建筑坐标网的相互关系、补充图例、设计依据等。

（4）竖向设计图

1）地形等高线和地物。

2）场地建筑坐标网、坐标值。

3）场地外围的道路、铁路、河渠或地面的关键性标高。

4）建筑物、构筑物的名称（或编号）、室内外设计标高（包括铁路专用线设计标高）。

5）道路、铁路、明沟的起点、变坡点、转折点和终点等的设计标高、纵坡度、纵坡距、纵坡向、平曲线要素、竖曲线半径、关键性坐标。道路注明单面坡或双面坡。

6）挡土墙、护坡或土坎等构筑物的坡顶和坡脚的设计标高。

7）用高距为 0.1～0.5m 的设计等高线表示设计地面起伏状况，或用坡向箭头表明设计地面坡向。

8）指北针。

9）说明：尺寸单位、比例、高程系统的名称、补充图例等。

（5）土方工程图

1）地形等高线、原有的主要地形、地物。

2）场地建筑坐标网、坐标值。

3）场地四界的城市坐标和场地建筑坐标。

4）设计的主要建筑物、构筑物。

5）高距为 0.25～100m 的设计等高线。

6）20m×20m 或 40m×40m 方格网，各方格点的原地面标高、设计标高、填挖高度、填区和挖区间的分界线、各方格土方量、总土方量。

7）土方工程平衡表。

8）指北针。

9）说明：尺寸单位、比例、补充图例、坐标和高程系统名称、弃土和取土地点、运距、施工要求等。

（6）管道综合图

1）管道总平面布置。

2）场地四界的场地建筑坐标。

3）各管线的平面布置。

4）场外管线接入点的位置及其城市和场地建筑坐标。

5）指北针。

6）说明：尺寸单位、比例、补充图例。

（7）绿化布置图

1）绿化总平面布置。

2）场地四界的场地建筑坐标。

3）植物种类及名称、行距和株距尺寸、群栽位置范围、各类植物数。

4）建筑小品和美化设施的位置、设计标高。

5）指北针。

6）说明：尺寸单位、比例、图例、施工要求等。

（8）详图　道路标准横断面、路面结构、混凝土路面分格、铁路路基标准横断面、小桥涵、挡土墙、护坡、建筑小品等详图。

（9）计算书　设计依据、计算公式、简图、计算过程及成果等。计算书作为技术文件归档，不外发。

2. 建筑图

建筑图包括以下内容：

（1）目录　先列新绘制图样，后列选用的标准图或重复利用图。

（2）首页

1）设计依据。

2）本项工程设计规模和建筑面积。

3）本项工程的相对标高与总平面图绝对标高的关系。

4）用料说明：室外用料做法可用文字说明或部分用文字说明，部分直接在图上引注或加注索引符号。室内装修部分除用文字说明外，也可用室内装修表，在表内填写相应的做法或代号。

5）特殊要求的做法说明。

6）采用新材料、新技术的做法说明。

7）门窗表。

（3）平面图　平面图有各楼层平面图及屋顶平面图。

楼层平面图包括：

1）墙、柱、垛、门窗位置及编号、门的开启方向、房间名称或编号、轴线编号等。

2）柱距（开间）、跨度（进深）尺寸、墙体厚度、柱和墩断面尺寸。

3）轴线间尺寸、门窗洞口尺寸、分段尺寸、外包总尺寸。

4）伸缩缝、沉降缝、防震缝等位置及尺寸。

5）卫生器具、水池、台、厨、柜、隔断位置。

6）电梯、楼梯位置及上下方向示意及主要尺寸。

7）地下室、平台、阁楼、人孔、墙上留洞位置尺寸与标高，重要设备位置尺寸与标高等。

8）铁轨位置、轨距和轴线关系尺寸；起重机型号、吨位、跨度、行驶范围；起重机梯位置；天窗位置及范围。

9）阳台、雨篷、踏步、坡道、散水、通风道、管线竖井、烟囱、垃圾道、消防梯、雨水管位置及尺寸。

10）室内外地面标高、设计标高、楼层标高。

11）剖切线及编号（只注在底层平面图上）。

12）有关平面图上节点详图或详细索引号。

13）指北针。

14）根据工程复杂程度，绘出的夹层平面图、高窗平面图、吊顶、留洞等局部放大平面图。

屋顶平面图的内容有：墙檐口、檐沟、屋面坡度及坡向、落水口、屋脊（分水线）、变形缝、楼梯间、水箱间、电梯间、天窗、屋面上人孔、室外消防梯、详图索引号等。

（4）立面图

1）建筑物两端及分段轴线编号。

2）女儿墙顶、檐口、柱、伸缩缝、沉降缝、防震缝、室外楼梯、消防梯、阳台、栏杆、台阶、雨篷、花台、腰线、勒脚、留洞、门、窗、门头、雨水管、装饰构件、抹灰分格线等。

3）门窗典型示范具体形式与分格。

4）各部分构造、装饰节点详图索引、用料名称或符号。

5）立面总高、层高及各细部尺寸。

（5）剖面图

1）墙、柱、轴线、轴线编号。

2）室外地面、底层地面、各层楼板、吊顶、屋架、屋顶各组成层次、出屋面烟囱、天窗、挡风板、消防梯、檐口、女儿墙、门、窗、吊车梁、走道板、梁、铁轨、楼梯、台阶、坡道、散水、防潮层、平台、阳台、雨篷、留洞、墙裙、踢脚板、雨水管及其他装修等。

3）高度尺寸：门、窗、洞口高度、层间高度、总高度等。

4）标高：底层地面标高；各层楼面及楼梯平台标高；屋面檐口、女儿墙顶、烟囱顶标高；高出屋面的水箱间、楼梯间、电梯机房顶部标高；室外地面标高；底层以下地下各层标高。

5）节点构造详图索引号。

（6）地沟图　供水、暖、电、气管线布置的地沟，如比较简单，内容较少，不致影响建筑平面图的清晰程度时，可附在建筑平面图上，复杂地沟另绘地沟图。地沟图包括地沟平面图及地沟详图。

地沟平面图内容有：地沟平面位置、地沟与相邻墙体、柱等相距尺寸。

地沟详图内容有：地沟构造做法、沟体平面净宽度、沟底标高、沟底坡向、地沟盖板及过梁明细表、节点索引号等。

（7）详图　当上列图样对有些局部构造、艺术装饰处理等未能清楚表示时，则绘制详图。详图中应构造合理、用料做法相宜，位置尺寸准确。详图编号应与详图索引号一致。

（8）计算书　有关采光、视线、音响等建筑物理方面的计算书，作为技术文件归档，不外发。

3. 结构图

结构图包括以下内容：

（1）目录　先列新绘制图样，后列选用标准图或重复利用图。

（2）首页（设计说明）

1）所选用结构材料的品种、规格、型号、强度等级等，某些构件的特殊要求。

2）地基土概况，对不良地基的处理措施和基础施工要求。

3）所采用的标准构件图集。

4）施工注意事项：如施工缝的设置；特殊构件的拆模时间、运输、安装要求等。

（3）基础平面图

1）承重墙位置、柱网布置、基坑平面尺寸及标高，纵横轴线关系、基础和基础梁布置及编号、基础平面尺寸及标高。

2）基础的预留孔洞位置、尺寸、标高。

3）桩基的桩位平面布置及桩承台平面尺寸。

4）有关的连接节点详图。

5）说明：如基础埋置在地基土中的位置及地基土处理措施等。

（4）基础详图

1）条形基础的剖面（包括配筋、防潮层、地基梁、垫层等）、基础各部分尺寸、标高及轴线关系。

2）独立基础的平面及剖面（包括配筋、基础梁等）、基础的标高、尺寸及轴线关系。

3）桩基的承台梁或承台板钢筋混凝土结构、桩基位置、桩详图、桩插入承台的构造等。

4）筏形基础的钢筋混凝土梁板详图以及承重墙、柱位置。

5）箱形基础的钢筋混凝土墙的平面、剖面、立面及其配筋。

6）说明：基础材料、防潮层做法、杯口填缝材料等。

（5）结构布置图　多层建筑应有各层结构平面布置图及屋面结构平面布置图。

各层结构平面布置图内容包括：

1）与建筑图一致的轴线网及墙、柱、梁等位置、编号。

2）预制板的跨度方向、板号、数量、预留孔洞位置及其尺寸。

3）现浇板的板号、板厚、预留孔洞位置及其尺寸，钢筋平面布置、板面标高。

4）圈梁平面布置、标高、过梁的位置及其编号。

屋面结构平面布置图内容除按各层结构平面布置图内容外，还应有屋面结构坡比、坡向、屋脊及檐口处的结构标高等。

单层有起重机的厂房应有构件布置图及屋面结构布置图。

构件布置图内容包括柱网轴线；柱、墙、吊车梁、连系梁、基础梁、过梁、柱间支撑等的布置；构件标高；详图索引号；有关说明等。

屋面布置图内容包括柱网轴线；屋面承重结构的位置及编号、预留孔洞的位置、节点详图索引号、有关说明等。

（6）钢筋混凝土构件详图　现浇构件详图内容包括：

1）纵剖面：长度、轴线号、标高及配筋情况、梁和板的支承情况。

2）横剖面：轴线号、断面尺寸及配筋。

3）留洞、预埋件的位置、尺寸或预埋件编号等。

4）说明：混凝土强度等级、钢筋级别、焊条型号、预埋件索引号、施工要求等。

（7）节点构造详图　预制框架或装配整体框架的连接部分、楼层构件或柱与墙的锚接等，均应有节点构造详图。

节点构造详图应有平面、剖面，按节点构造表示出连接材料、附加钢筋、预埋件的规格、型号、数量、连接方法以及相关尺寸、与轴线关系等。

4. 室内给水排水图

室内给水排水图包括以下内容：

（1）目录　先列新绘制图样，后列选用的标准图或重复利用图。

（2）设计说明　设计说明分别写在有关的图样上。

（3）平面图

1）底层及标准层主要轴线编号、用水点位置及编号、给水排水管道平面布置、立管位置及编号、底层给水排水管道进出口与轴线位置尺寸和标高。

2）热交换器站、开水间、卫生间、给水排水设备及管道较多的地方，应有局部放大平面图。

3）建筑物内用水点较多时，应有各层平面卫生设备、生产工艺用水设备位置和给水排水管道平面布置图。

（4）系统图　各种管道系统图应表明管道走向、管径、坡度、管长、进出口（起点、末点）标高、各系统编号、各楼层卫生设备和工艺用水设备的连接点位置和标高。在系统图上应注明室内外标高差及相当于室内底层地面的绝对标高。

（5）局部设施　当建筑物内有提升、调节或小型局部给水排水处理设施时，应有其平面、剖面及详图，或注明引用的详图、标准图等。

（6）详图　凡管道附件、设备、仪表及特殊配件需要加工又无标准图可以利用时，应有相应的详图。

5. 电气照明图

电气照明图包括以下内容：

（1）照明平面图

1）配电箱、灯具、开关、插座、线路等平面布置。

2）线路走向、引入线规格。

3）说明：电源电压、引入方式；导线选型和敷设方式；照明器具安装高度；接地或接零。

4）照明器具、材料表。

（2）照明系统图（简单工程不出图）　配电箱、开关、熔断器、导线型号规格、保护管管径和敷设方法、照明器具名称等。

（3）照明控制图　包括照明控制原理图和特殊照明装置图。

（4）照明安装图　包括照明器具及线路安装图（尽量选用标准图）。

6. 通风供暖图

（1）目录　先列新绘制图样，后列选用的标准图或重复利用图。

（2）首页（设计说明）

1）供暖总耗热量及空调冷热负荷、耗热、耗电、耗水等指标。

2）热媒参数及系统总阻力，散热器型号。

3）空调室内外参数、精度。

4）制冷设计参数。

5）空气洁净室的净化级别。

6）隔热、防腐、材料选用等。

7）图例、设备汇总表。

（3）平面图　平面图分有供暖平面图；通风、除尘平面图；空调平面图、冷冻机房平面图、空调机房平面图等。

供暖平面图主要内容包括供暖管道、散热器和其他供暖设备、供暖部件的平面布置，标注散热器数量、干管管径、设备型号规格等。

通风、除尘平面图主要内容包括管道、阀门、风口等平面布置，标注风管及风口尺寸、各种设备的定位尺寸、设备部件的名称规格等。

空调平面图主要内容除包括通风、除尘平面图内容外，还增加标注各房间基准温度和精度要求、精调电加热器的位置及型号、消声器的位置及尺寸等。

冷冻机房平面图主要内容包括制冷设备的位置及基础尺寸、冷媒循环管道与冷却水的走向及排水沟的位置、管道的阀门等。

空调机房平面图主要内容包括风管、给水排水及冷热媒管道、阀门、消声器等平面位置，标注管径、断面尺寸、管道及各种设备的定位尺寸等。

（4）剖面图　剖面图分有通风、除尘和空调剖面图；空调机房、冷冻机房剖面图。

通风、除尘和空调剖面图主要内容包括对应于平面图的管道、设备、零部件的位置。标注管径、截面尺寸、标高；进排风口形式、尺寸及标高、空气流向、设备中心标高、风管出屋面的高度、风帽标高、拉索固定等。

空调机房、冷冻机房剖面图主要内容包括通风机、电动机、加热器、冷却器、消声器、风口及各种阀门部件的竖向位置及尺寸；制冷设备的竖向位置及尺寸。标注设备中心、基础表面、水池、水面线及管道标高、汽水管的坡度及坡向。

（5）系统图　系统图分有供暖管道系统图、通风空调和除尘管道系统图、空调冷热媒管道系统图。系统图中应标注管道的管径、坡度、坡向及有关标高，各种阀门、减压器、加热器、冷却器、测量孔、检查口、风口、风帽等各种部件的位置。

（6）原理图　空调系统控制原理图内容有：

1）整个空调系统控制点与测点的联系、控制方案及控制点参数。

2）空调和控制系统的所有设备轮廓、空气处理过程的走向。

3）仪表及控制元件型号。

（7）计算书　有关供暖、通风、除尘、空调、制冷和净化等各种设备的选择计算等，作为技术文件归档，不外发。

2.2　工程施工图图例符号

2.2.1　工程施工图常用图例符号

1. 剖切符号

剖面的剖切符号，由剖切位置线及剖视方向线组成，均以粗实线绘制。剖切位置线长度宜为6～10mm；剖视方向线应垂直于剖切位置线，长度应短于剖切位置线，宜为4～6mm。剖面剖切符号的编号，宜采用阿拉伯数字，按顺序由左至右、由下至上连续编排，注写在剖视方向线的端部。剖面剖切符号不宜与图面上的图线相接触。需要转折的剖切位置线，在转折处如与其他图线发生混淆，应由转角的外侧加注与该符号相同的编号（图2-1）。

断面剖切符号，只用剖切位置线表示，以粗实线绘制，长度宜为6～10mm。断面剖切符号的编号，宜采用阿拉伯数字，按顺序连续编制、注写在剖切位置线的一侧，编号所在的一侧应为该断面的剖视方向（图2-2）。

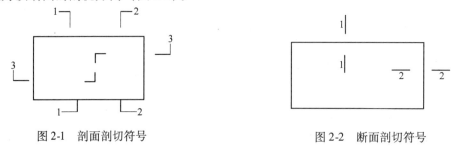

图 2-1　剖面剖切符号　　　　　　　　　图 2-2　断面剖切符号

2. 索引符号

图样中的某一局部或构件，如需另见详图以索引符号索引（图2-3a），索引符号的圆及直径均以细实线绘制，圆的直径为 10mm。索引符号应按下列规定编号：

1）索引出的详图如与被索引的图样同在一张图样内，应在索引符号的上半圆中用阿拉伯数字注明该详图的编号，并在下半圆中间画一段水平细实线（图 2-3b）。

图 2-3　索引符号

2）索引出的详图如与被索引的图样不在同一张图样内，应在索引符号的下半圆中用阿拉伯数字注意该详图所在图样的图样号（图 2-3c）。

3）索引出的详图如采用标准图，应在索引符号水平直径的延长线上加注该标准图册的编号（图 2-3d）。

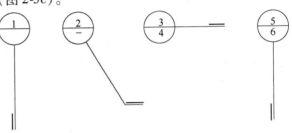

索引符号如用于索引剖面详图，应在被剖切的部位绘制剖切位置线，并以引出线引出索引符号，引出线所在的一侧应为剖视方向（图 2-4）。

图 2-4　用于索引剖面详图的索引符号

3. 详图符号

详图的位置和编号，以详图符号表示。详图符号以粗实线绘制，直径为 14mm。详图应按下列规定编号：

1）详图与被索引的图样同在一张图样内时，应在详图符号内用阿拉伯数字注明详图的编号（图 2-5a）。

2）详图与被索引的图样，如不在同一张图样内，可用细实线在详图符号内画一水平直径，在上半圆中注明详图编号，在下半圆中注明被索引图样的图样号（图 2-5b）。

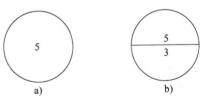

图 2-5　详图符号
a）与被索引图样在一张图样内
b）与被索引图样不在同一张图样内

4. 引出线

引出线以细实线绘制，采用水平方向的直线，与水平方向成 30°、45°、60°、90°的直线，或经上述角度再折为水平的折线。文字说明注写在横线的上方或横线的端部。同时引出几个相同部分的引出线，宜互相平行，也可写成集中于一点的放射线。索引详图的引出线对准索引符号的圆心（图 2-6）。

图 2-6　引出线

多层构造或多层管道共用引出线，应通过被引出的各层。文字说明注写在横线的上方或横线的端部，说明的顺序由上至下，并与被说明的层次相互一致。如层次为横向排列，则由上至下的说明顺序应与由左至右的层次相互一致（图2-7）。

5. 其他符号

对称符号用细线绘制，如图2-8所示。平行线长度为6～10mm，平行线的间距为2～3mm，平行线在对称线两侧的长度应相等。

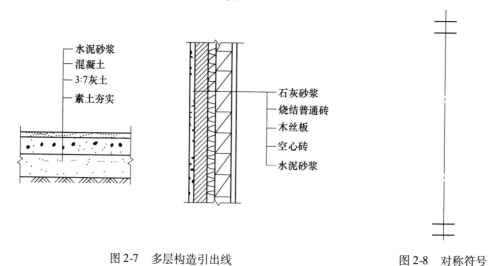

图2-7　多层构造引出线　　　　　　　　　　图2-8　对称符号

连接符号以折断线表示需连接的部位，以折断线两端靠图样一侧的大写拉丁字母表示连接编号。两个被连接的图样，必须用相同的字母编号（图2-9）。

指北针用细实线绘制，如图2-10所示。圆的直径为24mm，指针尾部的宽度宜为3mm。需用较大直径绘制指北针时，指针尾部宽度宜为直径的1/3。

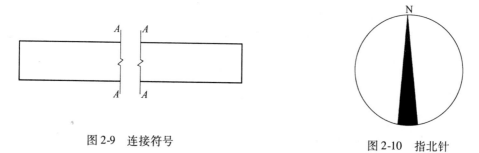

图2-9　连接符号　　　　　　　　　　图2-10　指北针

2.2.2　建筑材料图例

常用的建筑材料图例见表2-1。

表2-1　常用的建筑材料图例

序　号	名　称	图　例	说　明
1	自然土壤		包括各种自然土壤

（续）

序　号	名　称	图　例	说　明
2	夯实土壤		
3	砂、灰土		靠近轮廓线点较密的点
4	砂砾石、碎砖三合土		
5	天然石材		包括岩层、砌体、铺地、贴面等材料
6	毛石		
7	普通砖		包括砌体、砌块
8	耐火砖		包括耐酸砖等
9	空心砖		包括各种多孔砖
10	饰面砖		包括铺地砖、陶瓷锦砖、人造大理石等
11	混凝土		包括各种强度等级、骨料的混凝土
12	钢筋混凝土		在剖面图上画钢筋时，不画图例线
13	焦渣、矿渣		包括与水泥、石灰等混合而成的材料
14	多孔材料		包括水泥珍珠岩、沥青珍珠岩、加气混凝土、泡沫塑料、软木等

（续）

序号	名　称	图　例	说　明
15	纤维材料		包括麻丝、玻璃棉、矿渣棉、木丝板、纤维板等
16	松散材料	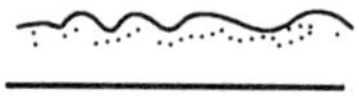	包括木屑、石灰木屑、稻壳等
17	木材	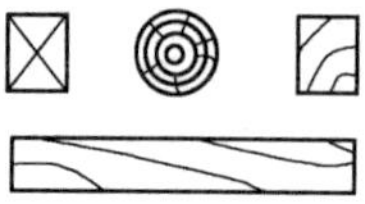	上图为横断面，左上图为垫木、木砖、木龙骨，下图为纵断面
18	胶合板		注明几层胶合板
19	石膏板	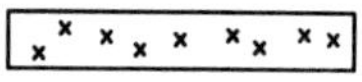	
20	金属	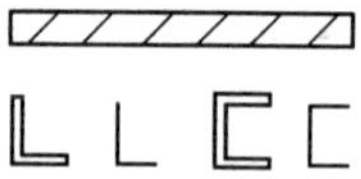	包括各种金属
21	网状材料		包括金属、塑料等网状材料
22	液体	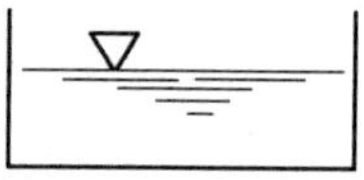	注明液体名称
23	玻璃		包括平板玻璃、磨砂玻璃、夹丝玻璃、钢化玻璃等
24	橡胶	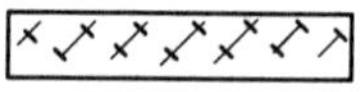	
25	塑料		包括各种软、硬塑料及有机玻璃等
26	防水材料		构造层次多或比例较大时，采用上面图例
27	抹灰	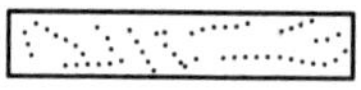	本图例点采用较稀的点

2.2.3　建筑构造图例

建筑构造图例见表2-2。

表2-2　建筑构造图例

序　号	名　称	图　例	说　明
1	承重墙	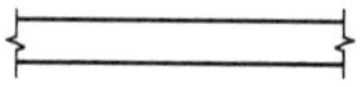	包括砖墙、混凝土墙、砌块墙
2	隔墙		包括板条抹灰、木板、石膏板、金属材料等隔墙

（续）

序 号	名 称	图 例	说 明
3	栏杆	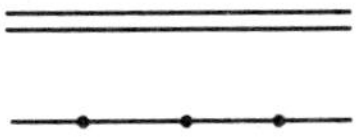	上图为非金属扶手 下图为金属扶手
4	坡道	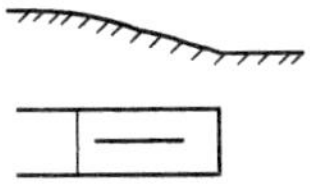	
5	楼梯	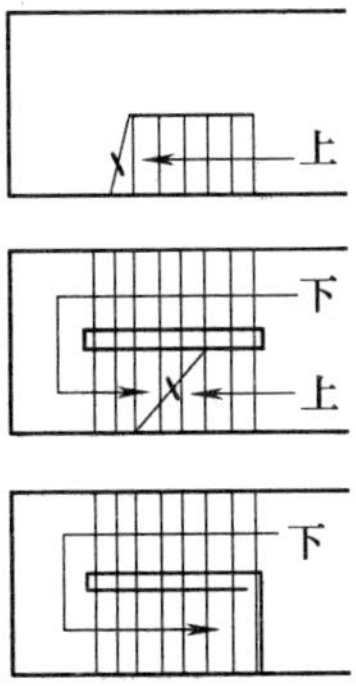	上图为底层楼梯平面；中图为中间层楼梯平面，下图为顶层楼梯平面 楼梯形式及步数按实际情况而定
6	检查孔		左图为可见检查孔，右图为不可见检查孔
7	孔洞		
8	坑槽		
9	墙预留洞		
10	墙预留槽	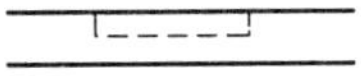	
11	烟道	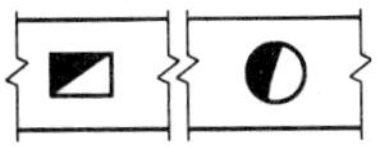	
12	通风道	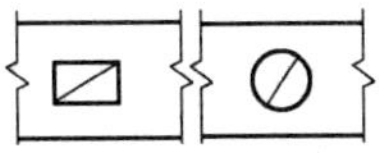	

2.2.4　建筑门窗图例

建筑门窗图例见表 2-3。

表2-3　建筑门窗图例

序号	名　称	图　例	说　明	序号	名　称	图　例	说　明
1	单扇门	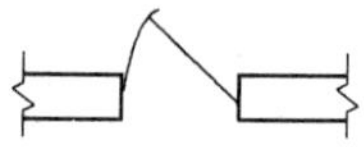	包括平开或单面弹簧	8	双扇双面弹簧门	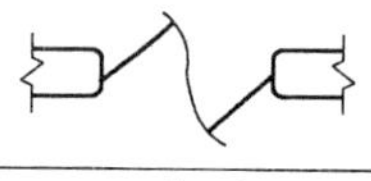	
2	双扇门		包括平开或单面弹簧	9	单扇双层门	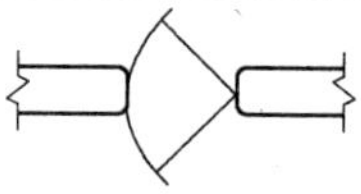	
3	墙外单扇推拉门	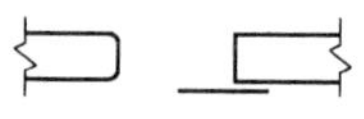		10	双扇双层门		
4	墙外双扇推拉门			11	转门	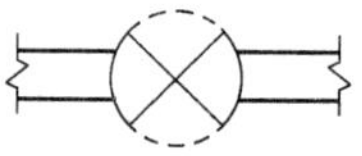	
5	墙内单扇推拉门	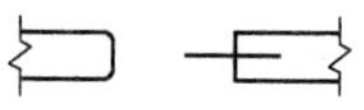		12	卷门		
6	墙内双扇推拉门	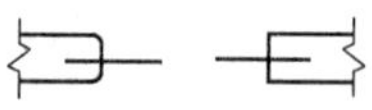		13	玻璃窗	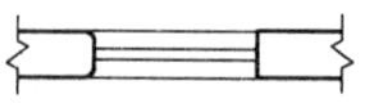	包括平开、上悬、中悬、下悬、立转、固定窗
7	单扇双面弹簧门	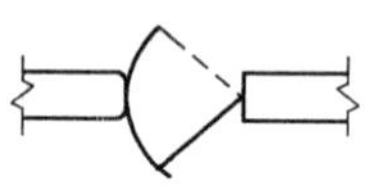		14	双扇推拉玻璃窗	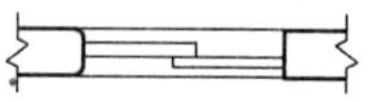	

注：本表所列图例适用于平面图中。

2.2.5　结构构件代号

预制钢筋混凝土构件、现浇钢筋混凝土构件、钢构件和木构件，一般可直接采用表2-4所列构件代号。

表2-4　常用构件代号

序　号	名　称	代　号	序　号	名　称	代　号
1	板	B	22	屋架	WJ
2	屋面板	WB	23	托架	TJ
3	空心板	KB	24	天窗架	GJ
4	槽形板	CB	25	框架	KJ
5	折板	ZB	26	刚架	GJ
6	密肋板	MB	27	支架	ZJ
7	楼梯板	TB	28	柱	Z
8	盖板或沟盖板	GB	29	基础	J
9	挡雨板或檐口板	YB	30	设备基础	SJ
10	起重机安全走道板	DB	31	桩	ZH
11	墙板	QB	32	柱间支撑	ZC
12	天沟板	TGB	33	垂直支撑	GC
13	梁	L	34	水平支撑	SC
14	屋面梁	WL	35	梯	T
15	吊车梁	DL	36	雨篷	YP
16	圈梁	QL	37	阳台	YT
17	过梁	GL	38	梁垫	LD
18	连系梁	LL	39	预埋件	M
19	基础梁	JL	40	天窗端壁	TD
20	楼梯梁	TL	41	钢筋网	W
21	檩条	LT	42	钢筋骨架	G

预应力钢筋混凝土构件代号，应在构件代号前加注 "Y-"，如 Y-DL 表示预应力钢筋混凝土吊车梁。

2.2.6　建筑钢筋及焊接网图例

1. 钢筋图例

一般常用钢筋图例见表 2-5。

表 2-5　一般常用钢筋图例

序号	名称	图例	说明
1	钢筋横断面	●	
2	无弯钩的钢筋端面		下图表示长短钢筋投影重叠时可在短钢筋的端部用 45° 短画线表示
3	带半圆形弯钩的钢筋端部		
4	带直钩的钢筋端部		
5	带螺纹的钢筋端部		
6	无弯钩的钢筋搭接		
7	带半圆弯钩的钢筋搭接		
8	带直钩的钢筋搭接		
9	套管接头（花篮螺栓）	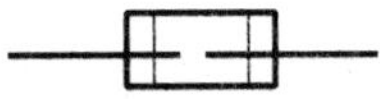	

预应力钢筋图例见表 2-6。

表 2-6　预应力钢筋图例

序号	名称	图例	序号	名称	图例
1	预应力钢筋或钢绞线		4	张拉端锚具	
2	在预留孔道或管子中的后张法预应力钢筋断面		5	固定端锚具	
3	预应力钢筋断面		6	锚具的端视	

2. 焊接网图例

常用焊接网图例见表 2-7。

表 2-7　常用焊接网图例

序号	名　称	图　例	序号	名　称	图　例
1	一片钢筋网平面图	W-1	2	一行相同的钢筋网平面图	3W-1

2.2.7　钢结构图例

型钢图例见表2-8。

表 2-8　型钢图例

序　号	名　称	图　例	序　号	名　称	图　例
1	等边角钢	∟	7	圆钢	⊘
2	不等边角钢	∟	8	钢管	○
3	工字钢	I	9	方钢管	□
4	槽钢	[	10	卷边角钢	⌐
5	方钢	▨	11	卷边槽钢	[
6	扁钢、钢板	──	12	卷边Z形钢	Z

螺栓、孔、电焊铆钉图例见表2-9。

表 2-9　螺栓、孔、电焊铆钉图例

序　号	名　称	图　例		说　明
1	永久螺栓			
2	高强螺栓			
3	安装螺栓			1. 细"+"线表示定位线
4	圆形螺栓孔			2. 必须标注螺栓孔、电焊铆钉直径
5	长圆形螺栓孔			
6	电焊铆钉			

2.2.8　木结构图例

木结构图例见表 2-10。

表 2-10　木结构图例

序　号	名　　称	图　　例	说　　明
1	圆木		1. 木材的剖面图均应画出横纹线或顺纹线 2. 立面图一般不画木纹线，但木键的立面图均需画木纹线
2	半圆木		
3	方木		
4	木板	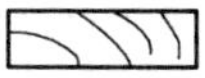	
5	螺栓连接	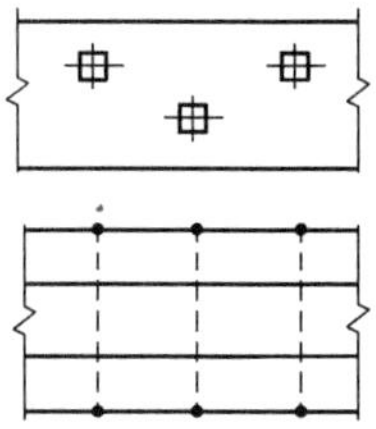	当为钢夹板时，可不画垫板线
6	钉连接（正面）	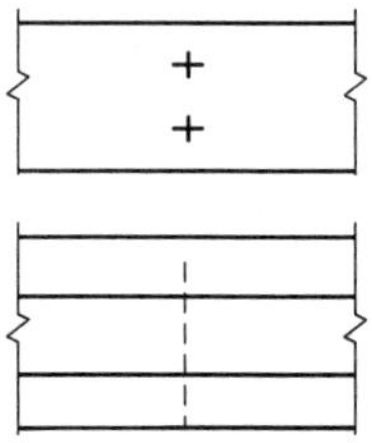	
7	木螺钉连接（正面）	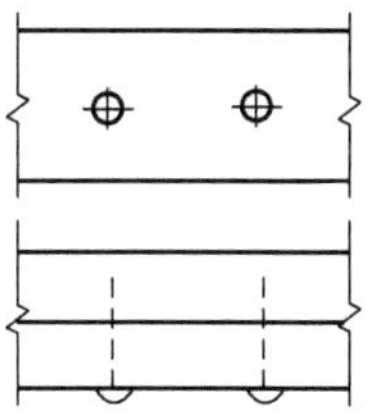	
8	杆件接头		仅用于单线图中
9	齿连接	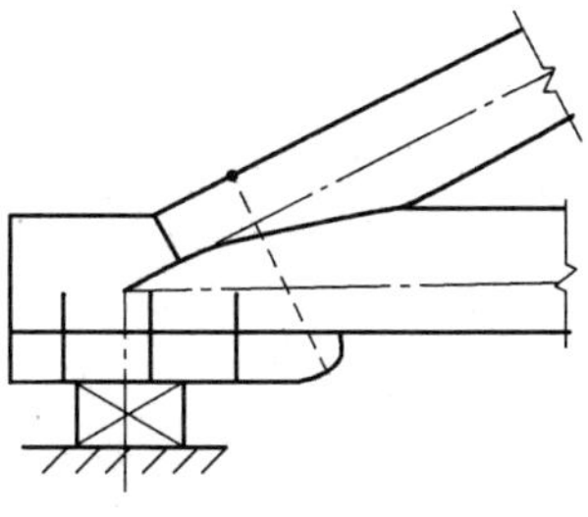	单齿连接

2.2.9　卫生器具图例

卫生器具图例见表 2-11。

表 2-11　卫生器具图例

序号	名称	图例	说明	序号	名称	图例	说明
1	水盆、水池		用于一张图内只有一种水盆或水池	9	妇女卫生器具		
2	洗面器			10	立式小便器		
3	立式洗面器			11	蹲式大便器		
4	浴缸			12	坐式大便器	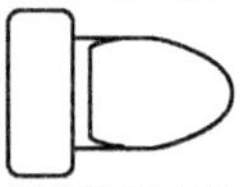	
5	化验盆、洗涤盆			13	小便槽		
6	带算洗涤盆			14	淋浴喷头		
7	盥洗槽			15	厨房燃气灶、案板、盥洗池		
8	污水池						

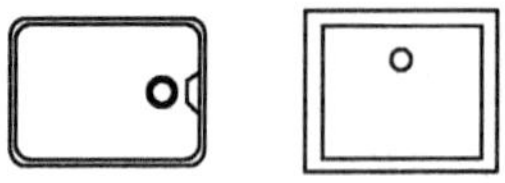

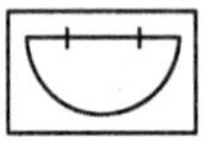

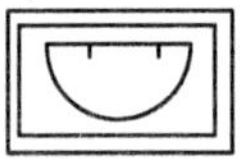

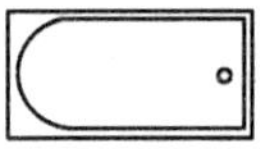

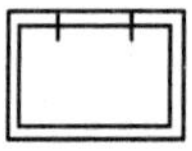

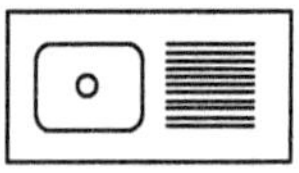

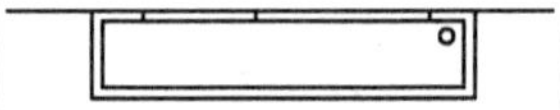

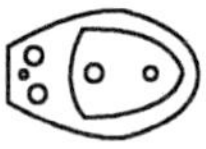

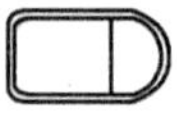

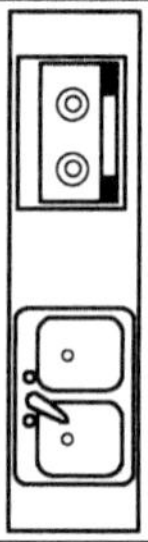

2.2.10　供暖设备图例

供暖设备图例见表 2-12。

表 2-12　供暖设备图例

序号	名称	图例	说明	序号	名称	图例	说明
1	散热器		左图：平面 右图：立面	4	过滤器		
2	集气罐			5	除污器	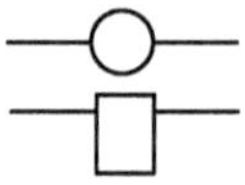	上图：平面 下图：立面
3	管道泵			6	暖风机		

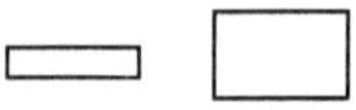

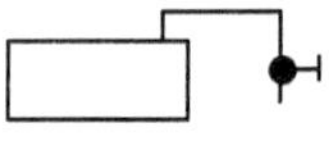

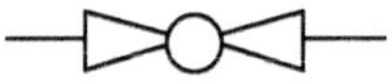

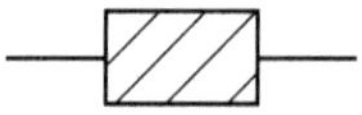

2.3　建筑施工图识读实例

2.3.1　建筑工程项目概述

实例中是一幢 3 层砖混结构住宅楼的建筑施工图和结构施工图。

建筑所用材料及大致情况如下：

1）基础：MU10 烧结普通砖与 M5 水泥砂浆砌筑，垫层 3∶7 灰土。

2）墙体：MU10 烧结普通砖与 M2.5 水泥石灰砂浆砌筑，厚度 240mm。

3）楼板：预制空心板 C20 混凝土；现浇平板 C15 混凝土。

4）楼梯：C20 混凝土现浇。

5）阳台、雨篷、挑檐：C20 混凝土现浇。

6）外墙面：12mm 厚 1∶1∶6 水泥石灰砂浆打底，6mm 厚 1∶1∶4 水泥石灰砂浆罩面。

7）外墙裙：12mm 厚 1∶3 水泥砂浆打底，8mm 厚 1∶3 水泥砂浆刮平，5mm 厚 1∶2.5 水泥砂浆罩面。

8）地面：客厅、卧室地面：素土夯实，100mm 厚 3∶7 灰土，50mm 厚 C10 混凝土，20mm 厚 1∶2.5 水泥砂浆；厨房、卫生间地面：素土夯实，100mm 厚 3∶7 灰土，50mm 厚 C10 混凝土，20mm 厚 1∶4 干硬性水泥砂浆，8mm 厚地砖（彩釉砖）。

9）楼面：客厅、卧室楼面：素水泥浆，20mm 厚 1∶2.5 水泥砂浆；厨房、卫生间楼面：20mm 厚 1∶4 干硬性水泥砂浆，8mm 厚地砖。

10）踢脚：12mm 厚 1∶3 水泥砂浆打底，8mm 厚 1∶2.5 水泥砂浆罩面，高 120mm。

11）内墙面：客厅、卧室内墙面：13mm 厚 1∶0.3∶3 水泥石灰砂浆打底，5mm 厚 1∶0.3∶2.5 水泥石灰砂浆罩面，刷乳胶漆两遍；厨房、卫生间内墙面：12mm 厚 1∶3 水泥砂浆打底，8mm 厚 1∶0.1∶2.5 水泥石灰砂浆结合层，贴 5mm 厚釉面砖（瓷板）。

12）顶棚：板底刷素水泥浆一道（内掺水重 3% ~5% 的 108 胶），5mm 厚 1∶0.3∶3 水泥石灰砂浆打底，5mm 厚 1∶0.3∶2.5 水泥石灰砂浆罩面，刷乳胶漆。

13）木材面油漆：刷底油，刷油色，清漆两遍。

14）屋面：30 ~120mm 厚水泥蛭石保温层，20mm 厚 1∶3 水泥砂浆找平层，铺 1.5mm 厚三元乙丙橡胶卷材。

15）散水：素土夯实向外坡 4%，150mm 厚 3∶7 灰土，50mm 厚 C15 混凝土撒 1∶1 水泥砂压实抹光。散水宽 900mm。

16）排水部件：玻璃钢落水管、水斗。

17）门窗：阳台门及外窗为铝合金平开门窗，户门为木镶板门，卧室门为胶合板门，厨房、卫生间门为半截玻璃门。门窗表见表 2-13。

表 2-13　门窗表

编　号	洞口尺寸，宽×高/mm	门窗类型	数　量
M-1	900×2400	单扇带亮铝合金平开门	4
M-2	900×2400	单扇带亮胶合板平开门	15

（续）

编　号	洞口尺寸，宽×高/mm	门窗类型	数　量
M-3	800 × 2400	单扇带亮半截玻璃平开门	6
M-4	700 × 2400	单扇带亮半截玻璃平开门	6
M-5	900 × 2100	单扇无亮镶板平开门	6
C-1	1500 × 1500	三扇带亮铝合金平开窗	14
C-2	1200 × 1500	双扇带亮铝合金平开窗	13
C-3	900 × 1500	双扇带亮铝合金平开窗	6
C-4	1200 × 600	双扇无亮铝合金平开窗	3

2.3.2　建筑施工图的识读

1. 底层平面图

本实例的底层平面图如图 2-11 所示。

底层平面图表达了该住宅楼底层各房间的平面位置、墙体平面位置及其相互间轴线尺寸、门窗平面位置及其宽度、第一段楼梯平面、散水平面等。底层平面图右上角有指北针，箭头指向为北。

从图中可以看出，从北向楼梯间处进去，有东西两户，东户为三室一厅，即一间客厅、三间卧室，另有厨房、卫生间各一间；西户为两室一厅，即一间客厅、两间卧室，另有厨房、卫生间各一间。

东户的客厅开间 3900mm，进深 4200mm，无门只有空圈，有 C-1 外窗；南卧室有两间，小间开间 2700mm，进深 4200mm；大间开间 3600mm，进深 4200mm。小间有 M-2 内门、C-2 外窗；大间有 M-2 内门、C-1 外窗。北卧室开间 3000mm，进深 3900mm，有 M-2 内门、C-2 外窗。厨房开间 2400mm，进深 3000mm，有 M-3 内门、C-2 外窗，室内有洗涤池一个。卫生间开间 2100mm，进深 3000mm，有 M-4 内门、C-3 外窗，室内有浴盆、坐便器、洗面器各一件。

西户的客厅开间 3900mm，进深 4200mm，无门只有空圈，有 C-1 外窗；南卧室开间 3600mm，进深 4200mm，有 M-2 内门、C-1 外窗；北卧室开间 3600mm，进深 3900mm，有 M-2 内门、C-2 外窗。厨房开间 2400mm，进深 3000mm，有 M-3 内门、C-2 外窗，室内有洗涤池一个。卫生间开间 2100mm，进深 3000mm，有 M-4 内门、C-3 外窗，室内有浴盆、坐便器、洗面器各一件。

这两户的户门为 M-5。

楼梯间有第一梯段的大部分，及进入室内的两步室内台阶，梯段上的箭头方向是表示出从箭头方向上楼。

底层外墙外围是散水，仅表示散水宽度。

通过楼梯间有一道剖面符号 1—1，表示该楼的剖面图从此处剖开从右向左剖视。每道承重墙标有定位轴线，240mm 厚墙体，定位轴线通过其中心。横向墙体的定位轴线用阿拉伯数字从左向右顺序编号，纵向墙体的定位轴线用英文大写从下向上顺序编号。底层平面图上有 10 道横向墙体定位轴线，6 道纵向墙体定位轴线。

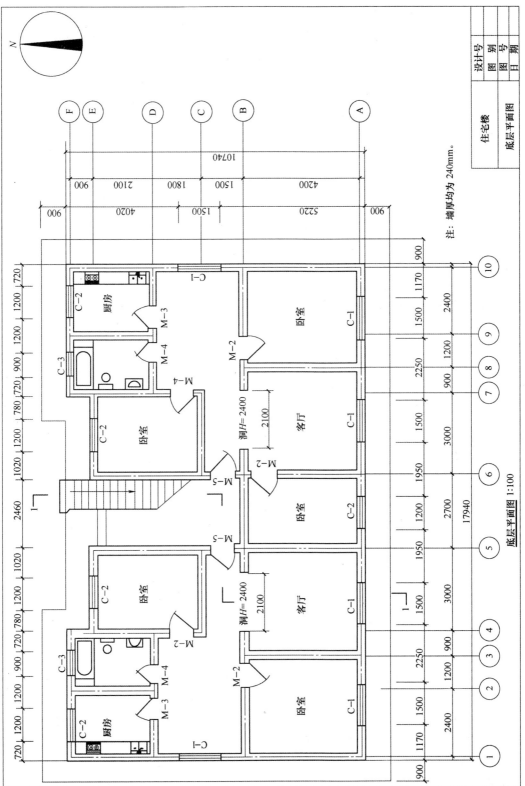

图 2-11　底层平面图

底层平面图上尺寸线，每边注 3 道（相对应边尺寸相同者只注其中一边尺寸），第一道为门窗宽及窗间墙宽，第二道为定位轴线间中距，第三道为外包尺寸。

本图中东西边尺寸相同，只注东边尺寸；南北边第一道尺寸不同，故分别标注，第二、第三道尺寸相同，故北边不注第二、第三道尺寸。

2. 二层平面图

本实例二层平面图如图 2-12 所示。

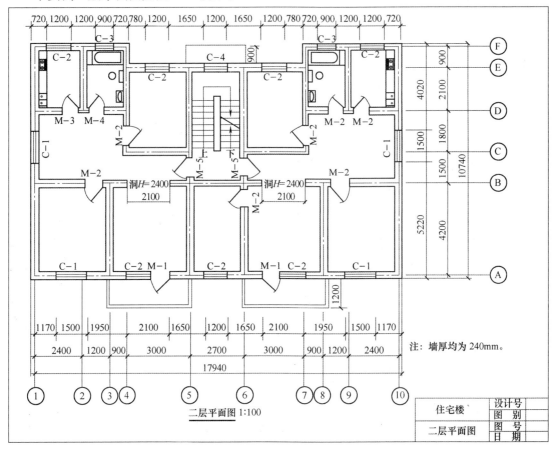

图 2-12　二层平面图

二层平面图表达了该住宅楼第二层各房间平面位置；墙体平面位置及其相互间轴线尺寸、门窗、平面位置及其宽度；第二段楼梯全部及第一、第三段楼梯局部平面；阳台、雨篷平面等。

二层平面图中各房间的进深及开间尺寸同底层平面图中所示。所不同的是客厅及楼梯间。客厅外有阳台，有阳台的外墙上设 M-1 外门及 C-2 外窗。

楼梯间内表示出第二梯段平面的全部、第一梯段及第三梯段平面局部，以折断线为界。楼梯间外窗为 C-4。楼梯间外墙外有雨篷的平面。

3. 立面图

本实例立面图如图 2-13 所示。

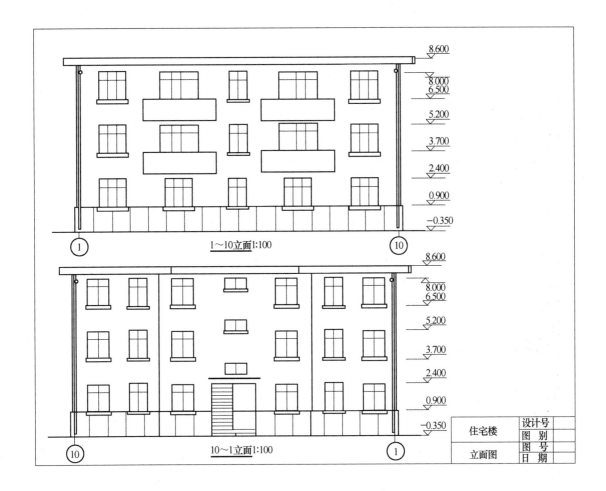

图 2-13 立面图

该住宅楼立面图有两个，上图为正立面，即定位轴线 1~10 立面，下图为背立面，即定位轴线 10~1 立面。从正立面图上可以看到各层临南向房间的外窗位置及其形式，阳台栏板立面位置、外墙面及墙裙立面形式、屋面挑檐立面形式等。从背立面图上可以看出各层临北向房间的外窗位置及其形式、外墙面及墙裙立面形式，楼梯间入口、第一段楼梯立面，室内台阶立面、雨篷立面等。

立面图右侧的标高线，表示外窗、挑檐等各处标高值，标高值是以底层室内地面标高为零算起的，高于底层室内地面者为正值，低于底层室内地面者为负值，本图中室外地坪标高值为 -0.350，表示室外地坪低于底层室内地面 0.35m。标高值的计量单位为"米"。

外墙裙立面上竖向细线是表示外墙裙抹灰的分格线。每个外窗下边的狭长粗线条表示窗盘立面。外墙底下一道最粗线表示室外地坪线（不画散水）。

4. 剖面图

本实例剖面图（剖面 1-1）如图 2-14 所示。

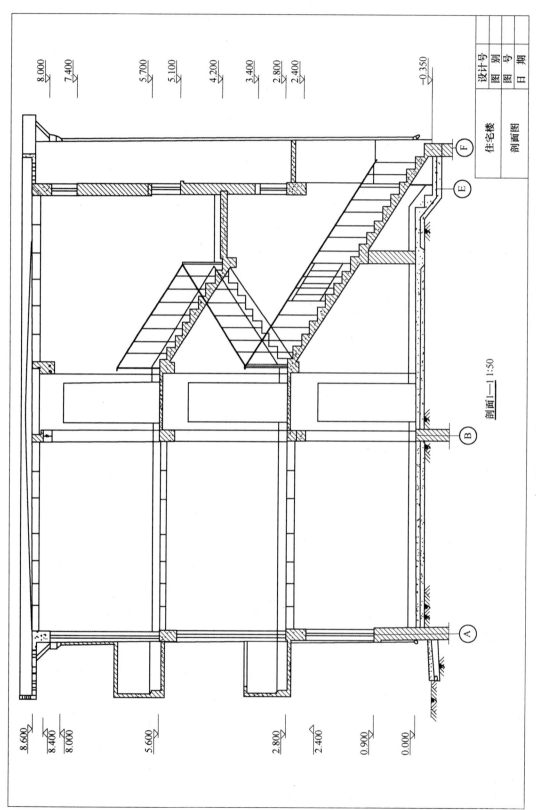

剖面1—1 1:50

图2-14　剖面图

根据底层平面图上剖切符号，该剖面图表示出楼梯间、客厅、阳台等处剖视情况。

从剖面图中看出，该住宅楼为 3 层。层高为 2.8m。屋顶为平屋面，有外伸挑檐。客厅外墙外侧有挑出阳台（二、三层有阳台，底层无阳台）。楼梯有三段，第一段楼梯从底层到二层为单跑梯；第二段楼梯从二层楼面到楼梯平台，第三段楼梯从楼梯平台到三层楼面。这两段楼梯组成双跑梯，从二层到三层。

根据建筑材料图例得知，二、三层客厅楼板为预制板；屋面板全为预制板，楼梯及走道为现浇混凝土。阳台、雨篷也为现浇混凝土。每个外窗及空圈上边有钢筋混凝土过梁。三层外窗上面为挑檐圈梁。阳台门上面为阳台梁。楼梯间入口处上面为雨篷梁。

剖面图只表示到底层室内地面及室外地坪线，以下部分属于基础，另见基础图。图两侧均有标高线，标出底层室内地面、各层楼面、屋面板面、外窗上下边、楼梯平台、室外地坪等处标高值。以底层室内地面标高为零，以上者标正值，以下者标负值。

说明：剖面图比例应与平面图比例相同。用 1:100。考虑到用 1:100 绘剖面图太小，缩版后印刷不清楚，故本剖面图比例改为 1:50。

5. 胶合板门详图

本实例采用的胶合板门（M-2）详图如图 2-15 所示。

胶合板门详图表达了胶合板门的立面形式，各主要节点构造等情况。

图的左侧为胶合板门的外立面，即看到的是胶合板门外面的情况。可以看出这是一扇带腰窗（带亮）的单扇胶合板门，门宽 880mm，门高 2385mm，配合 900mm × 2400mm 门洞口。

胶合板门的立面图有 5 个索引符号，索引 5 个节点详图都在本图上。

图 2-15 中详图 1 表示门框边梃与腰窗边梃结合情况，可以看出门框边梃断面为 55mm × 75mm，腰窗边梃断面为 40mm × 55mm。腰窗配 3mm 厚玻璃。

图 2-15 中详图 2 表示门框边梃与门扇边梃结合情况，可以看出门框边梃断面为 55mm × 75mm，门扇边梃断面为 32mm × 65mm，两面钉三夹板，加 20mm × 40mm 保护边条。

图 2-15 中详图 3 表示门框上坎与腰窗上冒结合情况，门框上坎断面为 55mm × 75mm，腰窗上冒断面为 40mm × 55mm，配 3mm 厚玻璃。

图 2-15 中详图 4 表示腰窗下冒、门框中档与门扇上冒结合情况，腰窗下冒断面为 40mm × 55mm，门框中档断面为 55mm × 75mm，门扇上冒断面为 32mm × 65mm，两面钉三夹板，加 20mm × 40mm 保护边条。

图 2-15 中详图 5 表示门扇下冒与室内地面结合情况，门扇下冒断面为 32mm × 65mm，两面钉三夹板，加 20mm × 40mm 保护边条。边条下面离室内地面 5mm。

图的右侧有胶合板门骨架组成示意图，并有索引详图 6。从详图 6 中可以看出骨架的横档断面为 20mm × 32mm，两面钉三夹板。横档间距为 150mm。为了门扇内部透气，在门扇的上冒、下冒及骨架横档的中央开设 $\phi5$ 气孔，气孔呈竖向，如胶合板门冷压加工时可取消此气孔。

为了使结合点构造清楚，详图比例与立面比例是不一致的，详图是按放大比例绘制的。本图中胶合板门立面比例为 1:30，详图比例为 1:2。腰窗立面上虚斜线表示里开上悬窗。详图左侧为门的外面，右侧为门的里面，由此看出该胶合板门为里开门，腰窗为里开上悬窗。

6. 结构施工图

（1）基础图　本实例基础图如图 2-16 所示。

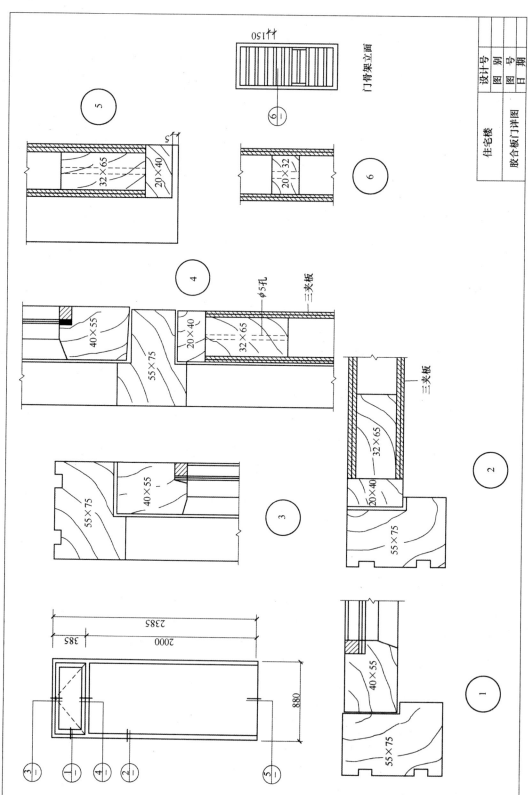

图2-15　胶合板门详图

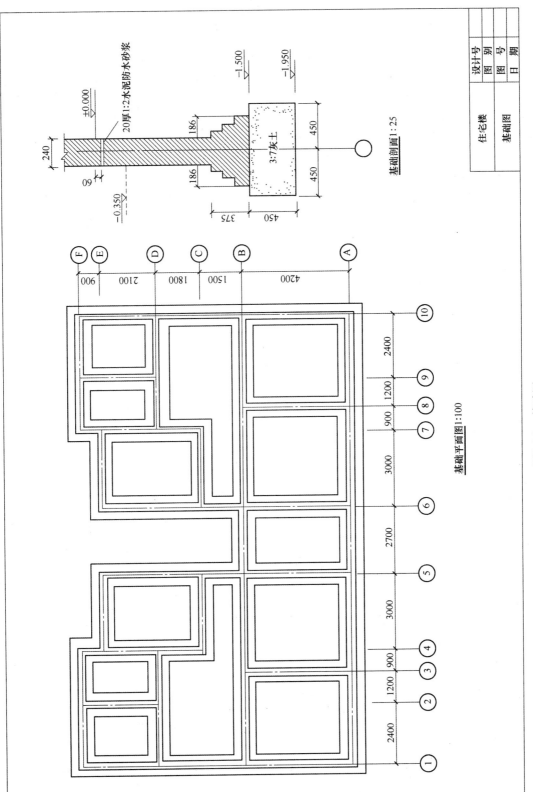

基础剖面1:25

基础平面图1:100

图2-16　基础图

基础图中有基础平面图及基础详图（带形基础为剖面图）。

基础平面图表达了基础的平面位置及其定位轴线间尺寸。两条粗线之间距离表示墙基厚度。两条细线之间距离表示基础垫层的宽度，砖基础大放脚宽度不表示。

从图中可以看出有承重墙下才有基础，无承重墙则没有基础，如楼梯间入口处（E 轴线中的 5～6 段）。因无外墙故这段也没有基础。基础平面图中只注轴线尺寸。基础剖切符号依剖视位置而定。基础详图表达了基础断画形状、用料及其标高、尺寸等。从基础详图中可以看出，该基础为砖砌，下有 3 层等高式大放脚，大放脚每层高 125mm，逐层两边各伸出 62mm。砖基础下面设置 3：7 灰土垫层，垫层宽 900mm，厚 450mm。垫层底的标高值为 −1.950,表示垫层底低于底层室内地面 1.950m。室外地坪线用虚线表示，其标高值为 −0.350,实际上垫层底距室外地坪为 1.600m，开挖基槽只要挖 1.6m 深即可。在底层室内地面以下 60mm 处，还有一道水平防潮层，防潮层用 20mm 厚 1：2 水泥防水砂浆。

由于外墙基础与内墙基础构造相同，故只画一张基础剖面。

基础剖面图中要画出定位轴线，因内外墙基础都一样，定位轴线圈内不注编号。

（2）楼层结构平面图　本实例楼层结构平面图（二层）如图 2-17 所示。

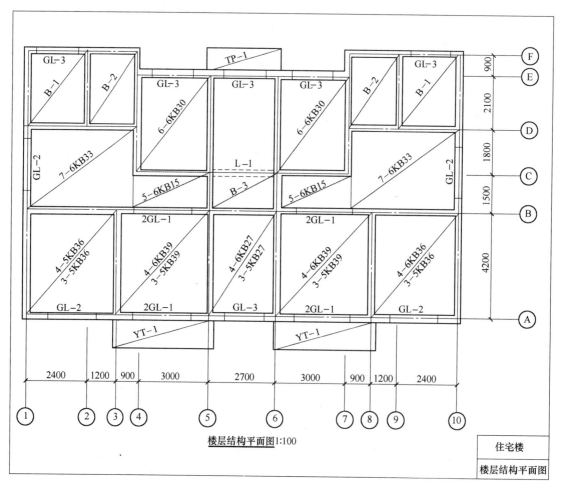

图 2-17　楼层结构平面图

　　楼层结构平面图表达了楼板、过梁等平面布置。用结构构件代号标注出楼板、过梁等的数量、型号、编号等。楼层结构平面图中，每间房间的楼板用斜向对角线画出其范围，在斜线上注出楼板数量、型号、编号等。如客厅楼板，注有 4-6KB39 及 3-5KB39，表示铺 4 块 600mm 宽空心板跨度 3900mm 及 3 块 500mm 宽空心板跨度 3900mm。如厨房楼板，注有 B-1，表示现浇 1 号板。阳台注有 YF-I；雨篷注有 YP-1。单梁注有 L-1。过梁在门窗洞口处标注。如客厅外窗及空圈处注有 2GL-1，表示 2 根 1 号过梁。南向卧室外窗注有 GL-2，表示 1 根 2 号过梁。本图中所注过梁是指下一层门窗洞口上方的过梁。楼梯因另见楼梯结构图，故楼梯间不注什么。楼层结构平面图只注定位轴线间尺寸。

　　（3）屋面结构平面图　本实例楼屋面结构平面图如图 2-18 所示。

　　屋面结构平面图表达了屋面板、挑檐板以及过梁等平面布置情况。每间房间的屋面板用斜向对角线画出，在斜线上注出屋面板的数量、型号、编号等。过梁编号注在门窗洞口处。从屋面结构平面图中可以看出，各房间的屋面板都用空心板，楼梯间屋面板也用空心板。

　　由于外墙的外窗上面是挑檐圈梁，代替了过梁，故外窗处没有过梁代号。

　　沿外墙外围一圈是挑檐板平面，其平面宽度为 700mm。在阳台上方的挑檐板局部凸出，凸出范围同阳台平面。位于外墙四角，在挑檐板上留有圆孔，这是雨水口。屋面结构平面图只注定位轴线尺寸。

　　（4）钢筋混凝土结构图　本实例钢筋混凝土结构图如图 2-19 所示。

　　钢筋混凝土结构图表达了现浇板（B-1、B-2、B-3）、过梁（GL-1、GL-2、GL-3）、单梁（L-1）的配筋情况及结构构件具体尺寸。

　　现浇板配筋图有 B-1、B-2、B-3 共三幅。其中钢筋以卧倒状态表示。B-2、B-3 配筋图识读方法同 B-1 配筋图。过梁配筋图有 GL-1、GL-2、GL-3 共三幅，各有过梁的立面及断面。如 GL-1 配筋图。过梁长 2600mm（洞口宽 2100mm 加 500mm），断面为 $115mm \times 180mm$。

　　1 号钢筋为 2 根 $\phi 8$，布置在过梁下部作为受力筋；2 号钢筋为 2 根 $\phi 6$，布置在过梁上部作为架立筋；3 号钢筋为 14 根 $\phi 4$，间距为 200mm，沿过梁长向等距布置作为箍筋。如 CL-2 配筋图，过梁长 2000mm（洞口宽 1500mm 加 500mm），断面为 $240mm \times 120mm$。1 号钢筋为 2 根 $\phi 8$，布置在过梁下部作为受力钢筋，2 号钢筋为 8 根 $\phi 4$，布置在过梁下部作为 1 号钢筋的连系筋。

　　GL-3 配筋图识读方法同 GL-2 配筋图，L-1 配筋图只有一幅，表示出 L-1 梁的立面，断面及其配筋情况，梁长 2940mm。断面为 $240mm \times 300mm$。1 号钢筋为 2 根 $\phi 14$，布置在梁下部作为受力钢筋；2 号钢筋为 1 根 $\phi 14$，布置在梁下部作为受力钢筋，但其两端在支座附近弯起，弯起部分布置在梁的上部用以抵抗支座处负弯矩；3 号钢筋为 2 根 $\phi 10$，布置在梁的上部作为架立筋；4 号钢筋为 16 根 $\phi 6$，间距为 200mm，沿梁长等距布置作为箍筋。

　　（5）第一梯段配筋图　本实例第一梯段（从底层到二层）配筋图如图 2-20 所示。

　　第一梯段配筋图表达了该梯段的纵向剖面、横向剖面及其配筋情况，并附有踏步大样。

　　从图中梯段纵向剖面可以看出，该梯段共有 18 个踏步高，每个踏步高为 175mm；17 个踏步宽，每个踏步宽为 275mm。梯段上端与楼面梁（L-1）连在一起，梯段下端支承在梯基础上，梯段中部支承在 1m 高、240mm 厚的砖墙上。

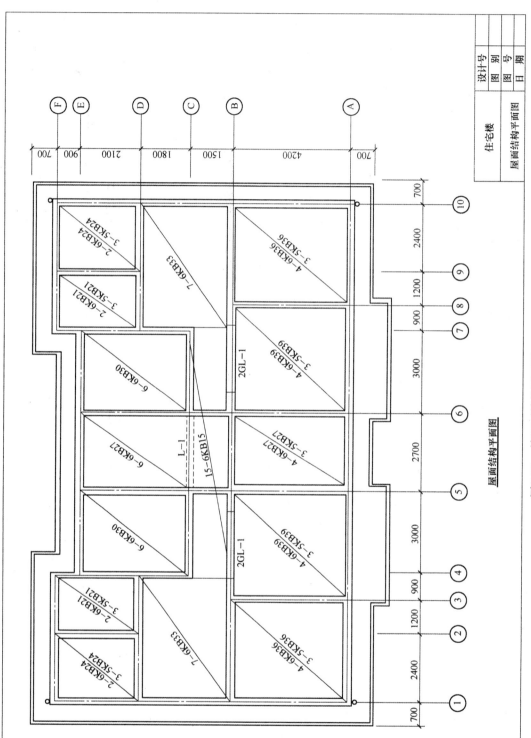

屋面结构平面图

图2-18 楼屋面结构平面图

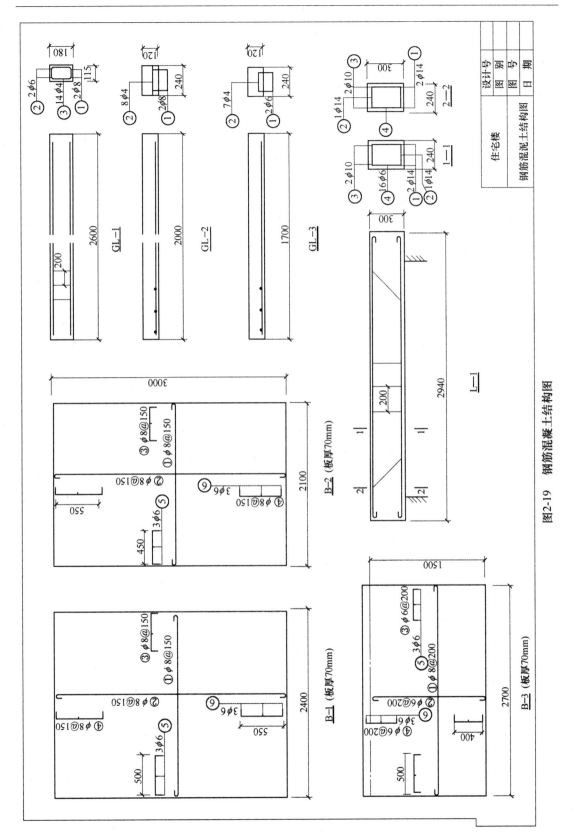

图2-19　钢筋混凝土结构图

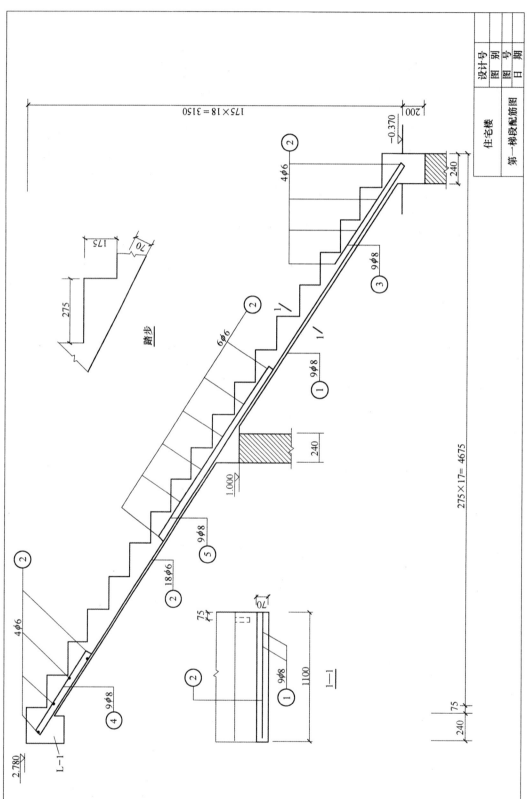

图2-20　第一梯段配筋图

从梯段纵向、横向剖面图中可以看出，1 号钢筋为 9 根 $\phi8$，沿梯段纵向布置在梯段板的下部作为受力筋；2 号钢筋为 18 根 $\phi6$，沿梯段横向布置在梯段板下部作为 1 号钢筋连系筋；3 号钢筋为 9 根 $\phi8$，在梯段下端沿梯段纵向，布置在梯段板上部，作为抵抗下端处负弯矩；4 号钢筋为 9 根 $\phi8$，在梯段上端沿梯段纵向，布置在梯段板上部，作为抵抗上端处负弯矩；5 号钢筋为 9 根 $\phi8$，在梯段中部沿梯段纵向，布置在梯段板上部，作为抵抗中部处负弯矩；3 号、4 号、5 号钢筋间还有连系筋，各为 $4\phi6$、$4\phi6$、$6\phi6$，此连系筋因与 2 号钢筋相同直径。故编为 2 号钢筋。踏步一端画有留孔（虚线表示），作为栏杆插孔。从横向剖面 1-1 看出，该梯段宽度为 1100mm，梯段板厚 70mm。

第3章 建筑工程预算定额计算与实例

3.1 建筑工程预算编制概述

3.1.1 建筑工程预算

建筑工程预算的主要作用是确定工程预算造价（以下简称工程造价）。如果从产品的角度看，工程造价就是建筑产品的价格。从理论上讲建筑产品的价格也同其他产品一样，由生产这个产品的社会必要劳动量确定，劳动价值论表达为：$C+V+m$。现行的建筑工程预算制度，将 $C+V$ 表达为直接费和间接费，m 表达为利润和税金。因此，施工图预算由上述四部分费用构成。

1. 直接费

直接费是与建筑产品生产直接有关的各项费用，包括直接工程费和措施费。

（1）直接工程费　直接工程费是指构成工程实体的各项费用，主要包括人工费、材料费和施工机械使用费。

（2）措施费　措施费是指有助于构成工程实体形成的各项费用，主要包括冬雨期施工增加费、夜间施工增加费、材料二次搬运费、脚手架搭设费、临时设施费等。

2. 间接费

间接费是指费用发生后，不能直接计入某个建筑工程，而只有通过分摊的办法间接计入建筑工程成本的费用，主要包括企业管理费和规费。

3. 利润

利润是劳动者为社会劳动、为企业劳动创造的价值。利润按国家或地方规定的利润率计取。

利润的计取具有竞争性，承包商投标时，可根据本企业的经营管理水平和建筑市场的供求状况，在一定的范围内确定本企业的利润水平。

4. 税金

税金是劳动者为社会劳动创造的价值。与利润的不同点是它具有法令性和强制性。按现行规定，税金主要包括营业税、城市维护建设税和教育费附加。

建筑工程预算的费用组成，在第5章将会详述。

3.1.2 建筑工程的特点及预算的必要性

1. 建筑工程的特点

建筑产品具有产品生产的单件性、建设地点的固定性、施工生产的流动性等特点。这些特点是形成建筑产品必须通过编制各种预算，确定工作造价的根本原因。

（1）单件性　建筑产品的单件性是指每个建筑产品都具有特定的功能和用途，即在建筑物的造型、结构、尺寸、设备配置和内外装修等方面都有不同的具体要求。即使是用途完全相同的工程项目，在建筑等级、基础工程等方面也会发生不同的情况。可以这么说，在实践中找不到两个完全相同的建筑产品。因而，建筑产品的单件性使得建筑物在实物形态上千差万别，各不相同。

（2）固定性　固定性是指建筑产品的生产和使用必须固定在某一个地点，不能随意移动。建筑产品固定性的客观事实，使得建筑物的结构和造型受当地自然气候、地质、水文、地形等因素的影响和制约，使得功能相同的建筑物在实物形态上仍有较大的差别，从而使每个建筑产品的工程造价各不相同。

（3）流动性　建筑产品的固定性是产生施工生产流动性的根本原因。流动性是指施工企业必须在不同的建设地点组织施工、建造房屋。

由于每个建设地点离施工单位基地的距离不同、资源材料不同、运输条件不同、工资水平不同等，都会影响建筑产品的造价。

2. 建筑工程预算的必要性

建筑产品的三大特性，决定了其在实物形态上和价格要素上千差万别的特点。这种差别形成了制定统一建筑产品价格的障碍，给建筑产品定价带来了困难，通常工业产品的定价方法已经不适用于建筑产品的定价。所以，建筑产品价格主要有两种表现形式，一是政府指导价，二是市场竞争价。施工图预算确定的工程造价属于政府指导价；招标投标确定的承包价属于市场竞争价。但是，应该指出，市场竞争价也可以以施工图预算为基础确定。

产品定价的基本规律除了价值规律外，还应该有两条，一是通过市场竞争形成价格，二是同类产品的价格水平应该基本一致。对于建筑产品来说，价格水平一致性的要求和建筑产品单件性的差别特性是一对需要解决的矛盾。因为无法做到以一个建筑物为对象来整体定价而达到保持价格水平一致性的要求。通过人们长期实践和探讨，找到了用编制建筑工程预算确定建筑产品价格的方法，从而较好地解决了这个问题。因此，从这个意义上说，建筑工程预算是确定建筑产品价格的特殊方法。

3.1.3　建筑工程造价的基础

将一个复杂的建筑工程分解为具有共性的基本构造要素——分项工程；编制单位分项工程人工、材料、机械台班消耗量及货币量的预算定额，是确定建筑工程等价原理的重要基础知识。

1. 建设项目的划分

基本建设项目按照合理确定工程造价的基本建设管理工作的要求，划分为建设项目、单项工程、单位工程、分部工程、分项工程五个层次。

（1）建设项目　建设项目一般是指在一个总体设计范围内，由一个或几个工程项目组成，经济上实行独立核算，行政上实行独立管理，并且具有法人资格的建设单位。通常，一个企业、事业单位就是一个建设项目。

（2）单项工程　单项工程又称工程项目，它是建设项目的组成部分，是指具有独立的设计文件，竣工后可以独立发挥生产能力或使用效益的工程。如，一个工厂的生产车间、仓库等，学校的教学楼、图书馆等分别都是一个单项工程。

（3）单位工程　单位工程是单项工程的组成部分。单位工程是指具有独立的设计文件，能单独施工，但建成后不能独立发挥生产能力或使用效益的工程。如，一个生产车间的土建工程、电气照明工程、给水排水工程、机械设备安装工程、电气设备安装工程等分别是一个单位工程，它们是生产车间这个单项工程的组成部分。

（4）分部工程　分部工程是单位工程的组成部分。分部工程一般按工种工程来划分。例如土建单位工程划分为：土石方工程、砌筑工程、脚手架工程、钢筋混凝土工程、木结构工程、金属结构工程、装饰工程等。也可按单位工程的构成部分来划分，例如，基础工程、墙体工程、梁柱工程、楼地面工程、门窗工程、屋面工程等。一般来说，建筑工程预算定额综合了上述两种方法来划分分部工程。

（5）分项工程　分项工程是分部工程的组成部分。一般来说，按照分部工程划分的方法，再将分部工程划分为若干个分项工程。例如，基础工程还可以划分为基槽开挖、基础垫层、基础砌筑、基础防潮层、基槽回填土、土方运输等分项工程。

分项工程是建筑工程的基本构造要素。通常，把这一基本构造要素称为"假定建筑产品"。假定建筑产品虽然没有独立存在的意义，但是这一概念在预算编制原理、计划统计、建筑施工及管理、工程成本核算等方面都是十分重要的概念。

建筑项目划分示意图如图 3-1 所示。

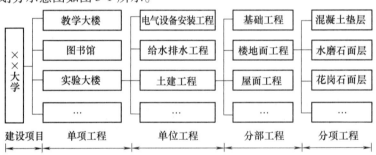

图 3-1　建设项目划分示意图

2. 建筑产品的共同要素——分项工程

建筑产品是结构复杂、体形庞大的工程。要对这样一类完整产品进行统一定价，不太容易办到。这就需要按照一定的规则，将建筑产品进行合理分解，层层分解到构成完整建筑产品的共同要素——分项工程为止，就能实现对建筑产品定价的目的。

从建设项目划分的内容来看，将建筑单位工程按结构构造部位和工程工种来划分，可以分解为若干个分部工程。但是，从对建筑产品定价要求来看，仍然不能满足要求。因为以分部工程为对象定价，其影响因素较多。例如，同样是砖墙，由于其构造不同，如实砌墙或空心墙；材料不同，标准砖或空心砖等。受这些因素影响，其人工、材料消耗的差别较大。所以，还必须按照不同的构造、材料等要求，将分部工程分解为更为简单的组成部分——分项工程，例如，M5 混合砂浆砌 240mm 厚灰砂砖墙，现浇 C20 钢筋混凝土圈梁等。

分项工程是经过逐步分解，最后得到能够用较为简单的施工过程生产出来的，可以用适当计量单位计算的工程基本构造要素。

3. 单位分项工程的消耗量标准——预算定额

将建筑工程层层分解后，就能采用一定的方法，编制出确定单位分项工程的人工、材料、机械台班消耗量标准——预算定额。

虽然不同的建筑工程由不同的分项工程和不同的工程量构成，但是有了预算定额后，就可以计算出价格水平基本一致的工程造价。这是因为预算定额确定的每一单位分项工程的人工、材料、机械台班消耗量起到了统一建筑产品劳动消耗水平的作用，从而能够将千差万别的各建筑工程不同的工程数量，计算出符合统一价格水平的工程造价成为现实。

例如，甲工程砖基础工程量为 68.56m³，乙工程砖基础工程量为 205.66m³，虽然工程量不同，但使用统一的预算定额后，它们的人工、材料、机械台班消耗量水平是一致的。

如果在预算定额消耗量的基础上再考虑价格因素，用货币量反映定额基价，那么就可以计算出直接费、间接费、利润和税金，就能计算出整个建筑产品的工程造价。必须明确指出，通常施工图预算以单位工程为对象编制，也就是说，施工图预算确定的是单位工程预算造价。

4. 确定工程造价的数学模型

用编制施工图预算确定工程造价，一般采用下列三种方法，因此也需构建三种数学模型。

（1）单位估价法　单位估价法是编制施工图预算常采用的方法，该方法根据施工图和预算定额，通过计算分项工程工程量、分项工程直接工程费，将分项工程直接工程费汇总成单位工程直接工程费后，再根据措施费费率、间接费费率、利润率、税率分别计算出各项费用和税金，最后汇总成单位工程造价，其数学模型如下：

$$工程造价 = 直接费 + 间接费 + 利润 + 税金$$

即 $以直接费为取费基础的工程造价 = \Big[\sum_{i=1}^{n} (分项工程工程量 \times 定额基价)_i \times$

$(1 + 措施费费率 + 间接费费率 + 利润率) \Big] \times$

$(1 + 税率)$

$以人工费为取费基础的工程造价 = \Big[\sum_{i=1}^{n} (分项工程工程量 \times 定额基价)_i +$

$\sum_{i=1}^{n} (分项工程工程量 \times 定额基价中人工费) \times$

$(措施费费率 + 间接费费率 + 利润率) \Big] \times$

$(1 + 税率)$

（2）实物金额法　当预算定额中只有人工、材料、机械台班消耗量，而没有定额基价的货币量时，可以采用实物金额法来计算工程造价。

实物金额法的基本做法是，先计算出分项工程的人工、材料、机械台班消耗量，然后汇总成单位工程的人工、材料、机械台班消耗量，再将这些消耗量分别乘以各自的单价，最后汇总成单位工程直接费。后面各项费用的计算同单位估价法。其数学模型如下：

$$工程造价 = 直接费 + 间接费 + 利润 + 税金$$

即 $以直接费为取费基础的工程造价 = \Big\{ \Big[\sum_{i=1}^{n} (分项工程工程量 \times 定额用工量)_i \times$

$工日单价 + \sum_{j=1}^{m} (分项工程工程量 \times 定额材料用量)_j \times$

$$材料单价 + \sum_{k=1}^{p}（分项工程工程量 × 定额机械台班量）_k ×$$

$$台班单价 \Big] ×（1 + 措施费费率 + 间接费费率 + 利润率）\Big\} ×$$

$$（1 + 税率）$$

$$\begin{array}{l}以人工费为取费\\基础的工程造价\end{array} = \Big[\sum_{i=1}^{n}（分项工程工程量 × 定额用工量）_i × 工日单价 ×$$

$$（1 + 措施费费率 + 间接费费率 + 利润率）+$$

$$\sum_{j=1}^{m}（分项工程工程量 × 定额材料用量）_j ×$$

$$材料单价 + \sum_{k=1}^{p}（分项工程工程量 × 定额机械台班量）_k ×$$

$$台班单价 \Big] ×（1 + 税率）$$

（3）分项工程完全单价计算法　分项工程完全单价计算法的特点是，以分项工程为对象计算工程造价，再将分项工程造价汇总成单位工程造价。该方法从形式上类似于工程量清单计价法，但又有本质上的区别。分项工程完全单价计算法的数学模型为

$$\begin{array}{l}以直接费为取费\\基础计算工程造价\end{array} = \sum_{i=1}^{n} \Big[（分项工程工程量 × 定额基价）×$$

$$（1 + 措施费费率 + 间接费费率 + 利润率）×$$

$$（1 + 税率）\Big]_i$$

$$\begin{array}{l}以人工费为取费\\基础计算工程造价\end{array} = \sum_{i=1}^{n} \Big\{ \Big[（分项工程工程量 × 定额基价）+（分项工程工程量 ×$$

$$定额用工量 × 工日单价）×（措施费费率 +$$

$$间接费费率 + 利润率 \Big] ×（1 + 税率）\Big\}_i$$

值得注意的是上述数学模型之所以分两种情况表述，是因为建筑工程造价一般以直接费为基础计算；装饰工程造价或安装工程造价一般以人工费为基础计算。

3.1.4　建筑工程预算编制程序

综上所述，工程造价的数学模型反映了编制建筑工程预算的本质特征，同时也反映了编制施工图预算的步骤与方法。施工图预算编制程序是指编制建筑工程预算有规律的步骤和顺序。

1. 编制依据

（1）施工图　施工图是计算工程量和套用预算定额的依据。广义地讲，施工图除了施工蓝图外，还包括标准施工图、图样会审纪要和设计变更等资料。

（2）施工组织设计或施工方案　施工组织设计或施工方案是编制施工图预算过程中，计算工程量和套用预算定额时，确定土方类别、基础工作面大小、构件运输距离及运输方式等的依据。

（3）预算定额　预算定额是确定分项工程项目、计量单位，计算分项工程工程量、分

项工程直接费和人工、材料、机械台班消耗量的依据。

（4）地区材料预算价格　地区材料预算价格或材料指导价是计算材料费和调整材料价差的依据。

（5）费用定额和税率　费用定额包括措施费、间接费、利润和税金的计算基础和费率、税率的规定。

（6）施工合同　施工合同是确定收取哪些费用，按多少收取的依据。

2. 施工图预算编制内容

施工图预算编制的主要内容包括：

1）列出分项工程项目，简称列项。

2）计算工程量。

3）套用预算定额及定额基价换算。

4）工料分析及汇总。

5）计算直接费。

6）材料价差调整。

7）计算间接费。

8）计算利润。

9）计算税金。

10）汇总为工程造价。

3. 施工图预算编制程序

按单位估价法编制施工图预算的程序如图 3-2 所示。

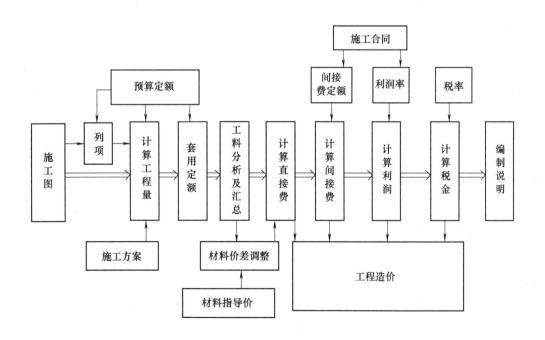

图 3-2　编制施工图预算的程序

3.2   定额概述

3.2.1   定额的概念与特点

定额是人们根据各种不同的需要，对某一事物规定的数量标准，是一种规定的额度。建设工程定额是工程建设中各类定额的总称。

建设工程定额是指在正常的施工条件和合理的劳动组织、合理使用材料及机械的条件下，完成单位合格产品所必须消耗资源的数量标准。其中的资源主要包括在建设生产过程中所投入的人工、机械、材料和资金等生产要素。例如 $10m^3$ 现浇 C20 混凝上带形基础，需用 C20 混凝土材料 $10.15m^3$、人工 9.56 工日、400L 混凝土搅拌机械 0.39 台班，就包括了人工、材料、机械三个要素。

建设工程定额反映了建设工程的投入与产出的关系，不仅规定了建设工程投入产出的数量标准，同时还规定了具体的工作内容、质量标准和安全要求。

定额中规定资源消耗的多少反映了定额水平，定额水平是一定时期社会生产力的综合反映。在制定建设工程定额，确定定额水平时，要正确地、及时地反映先进的建筑技术和施工管理水平，以促进新技术的不断推广和提高以及施工管理的不断完善，达到合理使用建设资金目的。其特点为：

1. 权威性

工程建设定额具有很大权威，这种权威在一些情况下具有经济法规性质。权威性反映统一的意志和统一的要求，也反映信誉和信赖程度以及反映定额的严肃性。

工程建设定额权威性的客观基础是定额的科学性。只有科学的定额才具有权威，但是在社会主义市场经济条件下，它必然涉及各有关方面的经济关系和利益关系。赋予工程建设定额以一定的权威性，就意味着在规定的范围内，对于定额的使用者和执行者来说，不论主观上愿意不愿意，都必须按定额的规定执行。在当前市场不规范的情况下，赋予工程建设定额以权威性是十分重要的。但是在竞争机制引入工程建设的情况下，定额的水平必然会受市场供求状况的影响，从而在执行中可能产生定额水平的浮动。

应该指出的是，在社会主义市场经济条件下，对定额的权威性不应该绝对化。定额毕竟是主观对客观的反映，定额的科学性会受到人们认识的局限影响。与此相关，定额的权威性也就会受到削弱核心的挑战。更为重要的是，随着投资体制的改革和投资主体多元化格局的形成，随着企业经营机制的转换，它们都可以根据市场的变化和自身的情况，自主地调整自己的决策行为。因此在这里，一些与经营决策有关的工程建设定额的权威性特征就弱化了。

2. 科学性

工程建设定额的科学性首先表现在定额是在认真研究客观规律的基础上，自觉地遵守客观规律的要求，实事求是地制定的。因此，它能正确地反映单位产品生产所必需的劳动量，从而以最少的劳动消耗而取得最大的经济效果，促进劳动生产率的不断提高。

定额的科学性还表现在制定定额所采用的方法上，通过不断吸收现代科学技术的新成就，不断完善，形成一套严密的确定定额水平的科学方法。这些方法不仅在实践中已经行之有效，而且还有利于研究建筑产品生产过程中的工时利用情况，从中找出影响劳动消耗的各种主客观因素，设计出合理的施工组织方案，挖掘生产潜力，提高企业管理水平，减少以致杜绝生产中的浪费现象，促进生产的不断发展。

3. 统一性

工程建设定额的统一性，主要是由国家对经济发展的有计划的宏观调控职能决定的。为了使国民经济按照既定的目标发展，就需要借助于某些标准、定额、参数等，对工程建设进行规划、组织、调节、控制。而这些标准、定额、参数必须在一定的范围内是一种统一的尺度，才能实现上述职能，才能利用它对项目的决策、设计方案、投标报价、成本控制进行比选和评价。

工程建设定额的统一性按照其影响力和执行范围来看，有全国统一定额，地区统一定额和行业统一定额等；按照定额的制定、颁布和贯彻使用来看，有统一的程序、统一的原则、统一的要求和统一的用途。

4. 稳定性与时效性

工程建设定额中的任何一种都是一定时期技术发展和管理水平的反映，因而在一段时间内都表现出稳定的状态。稳定的时间有长有短，一般在5～10年。保持定额的稳定性是维护定额的权威性所必需的，更是有效地贯彻定额所必要的。如果某种定额处于经常修改变动之中，那么必然造成执行中的困难和混乱，使人们感到没有必要去认真对待它，很容易导致定额权威性的丧失。工程建设定额的不稳定也会给定额的编制工作带来极大的困难。

但是工程建设定额的稳定性是相对的。当生产力向前发展了，定额就会与已经发展了的生产力不相适应。这样，它原有的作用就会逐步减弱以至消失，需要重新编制或修订。

5. 系统性

工程建设定额是相对独立的系统。它是由多种定额结合而成的有机的整体。它的结构复杂，有鲜明的层次，有明确的目标。

工程建设定额的系统性是由工程建设的特点决定的。按照系统论的观点，工程建设就是庞大的实体系统。工程建设定额是为这个实体系统服务的。因而工程建设本身的多种类、多层次就决定了以它为服务对象的工程建设定额的多种类、多层次。从整个国民经济来看，进行固定资产生产和再生产的工程建设，是一个有多项工程集合体的整体。其中包括农林水利、轻纺、机械、煤炭、电力、石油、冶金、化工、建材工业、交通运输、邮电工程，以及商业物资、科学教育文化、卫生体育、社会福利和住宅工程等。这些工程的建设都有严格的项目划分，如建设项目、单项工程、单位工程、分部分项工程；在计划和实施过程中有严密的逻辑阶段，如规划、可行性研究、设计、施工、竣工交付使用，以及投入使用后的维修。与此相适应必然形成工程建设定额的多种类、多层次。

3.2.2　定额的作用及分类

1. 定额的作用

在工程建设和企业管理中，确定和执行先进合理的定额是技术和经济管理工作中的重要一环。在工程项目的计划、设计和施工中，定额具有以下几方面的作用：

（1）定额是编制计划的基础　工程建设活动需要编制各种计划来组织与指导生产，而计划编制中又需要各种定额来作为计算人力、物力、财力等资源需要量的依据。定额是编制计划的重要基础。

（2）定额是确定工程造价的依据和评价设计方案经济合理性的尺度　工程造价是根据设计规定的工程规模、工程数量及相应需要的劳动力、材料、机械设备消耗量及其他必须消耗的资金确定的。其中，劳动力、材料、机械设备的消耗量又是根据定额计算出来的，定额是确定工程造价的依据。同时，建设项目投资的大小又反映了各种不同设计方案技术经济水平的高低。因此，定额又是比较和评价设计方案经济合理性的尺度。

（3）定额是组织和管理施工的工具　建筑企业要计算、平衡资源需要量、组织材料供应、调配劳动力、签发任务单、组织劳动竞赛、调动人的积极因素、考核工程消耗和劳动生产率、贯彻按劳分配工资制度、计算工人报酬等，都要利用定额。因此，从组织施工和管理生产的角度来说，企业定额又是建筑企业组织和管理施工的工具。

（4）定额是总结先进生产方法的手段　定额是在平均先进的条件下，通过对生产流程的观察、分析、综合等过程制定的，它可以最严格地反映出生产技术和劳动组织的先进合理程度。因此，就可以以定额方法为手段，对同一产品在同一操作条件下的不同的生产方法进行观察、分析和总结，从而得到一套比较完整的、优良的生产方法，作为生产中推广的范例。

由此可见，定额是实现工程项目，确定人力、物力和财力等资源需要量，有计划地组织生产，提高劳动生产率，降低工程造价，完成和超额完成计划的重要的技术经济工具，是工程管理和企业管理的基础。

2. 定额的分类

建设工程定额的种类很多，按照不同的原则和方法对它进行科学的分类如下：

1）按照定额反映的生产要素消耗内容分类，如图3-3所示。

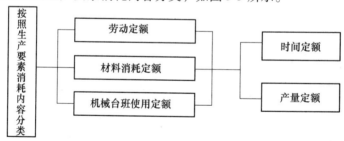

图3-3　按照生产要素消耗内容分类

2）按照编制程序和用途分类，如图3-4所示。

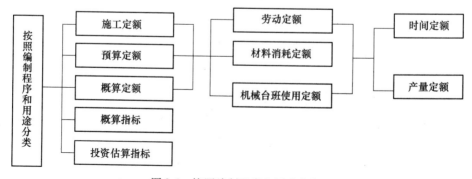

图3-4　按照编制程序和用途分类

3）按照投资的费用性质分类，如图 3-5 所示。

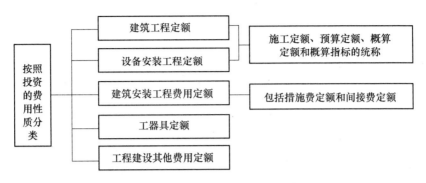

图 3-5 按照投资的费用性质分类

4）按照专业性质分类，如图 3-6 所示。

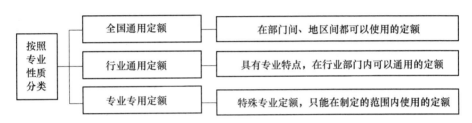

图 3-6 按照专业性质分类

5）按照编制单位和管理权限分类，如图 3-7 所示。

图 3-7 按照编制单位和管理权限分类

3.3 定额的计算与实例

3.3.1 施工定额

施工定额是施工企业直接用于建筑工程施工管理的一种定额，属于企业定额的性质。它是以同一性质的施工过程或工序为测定对象，确定建筑工人在正常的施工条件下，为完成一定计量单位的某一施工过程或工序所需人工、材料和机械台班消耗的数量标准。

施工定额由劳动定额、材料消耗定额和机械台班消耗定额三个相对独立的部分组成。

为了适应组织生产和劳动的需要，施工定额的项目划分很细，是建设工程定额中分项最细、定额子目最多的一种定额，也是建设工程定额中的基础性定额。

1. 劳动定额

劳动定额也称人工消耗定额，是指在正常的施工技术组织条件下，生产单位合格产品所需要的劳动消耗量标准。这个标准是国家和企业对生产工人在单位时间内的劳动数量和质量的综合要求，也是建筑施工企业内部组织生产、编制施工作业计划、签发施工任务单、考核工效、计算报酬的依据。

（1）劳动定额的表现形式　劳动定额的表现形式有时间定额和产量定额两种。

1）时间定额。时间定额也称人工定额，是指某种专业的工人班组或个人，在合理劳动组织与合理使用材料的条件下，完成单位合格产品所必须消耗的工时。定额包括工作时间、辅助工作时间、准备与结束时间、必需休息时间以及不可避免的中断时间。

时间定额以"工日"为单位，如工日/m、工日/m²、工日/m³、工日/t 等。每一个工日工作时间按 8 个小时计算，用公式表示如下：

$$单位产品时间定额（工日）= \frac{1}{每工日的产量}$$

或

$$单位产品时间定额（工日）= \frac{成员工日数总和}{台班产量} \tag{3-1}$$

2）产量定额。产量定额是指某种专业的工人班组或个人，在合理劳动组织与合理使用材料的条件下，单位时间（工日）内应完成合格产品的数量。

产量定额的计量单位是以产品的单位计算，如 m/工日、m²/工日、m³/工日、t/工日等，用公式表示如下：

$$每工日产量 = \frac{1}{单位产品时间定额}$$

或

$$小组台班产量 = \frac{小组成员工日数总和}{单位产品时间定额} \tag{3-2}$$

3）时间定额和产量定额的关系。时间定额和产量定额之间是互为倒数关系。表 3-1 摘自《全国建筑安装工程统一劳动定额》第四分册砖石工程的砖基础。

（2）劳动定额的案例应用　时间定额和产量定额虽是同一劳动定额的不同表现形式，但其作用却不尽相同。时间定额以单位产品的工日数表示，便于计算完成某一分部（分项）工程所需的总工日数，便于核算工资，便于编制施工进度计划和计算分项工期。而产量定额是以单位时间内完成的产品数量表示的，便于小组分配施工任务，考核工人的劳动效率和签发施工任务单。砖墙劳动定额见表 3-2。

表 3-1　砖基础砌体劳动定额

工作内容：清理地槽、砌垛、角、抹防潮层砂浆等。　　　　　　　　　　（计量单位：工日/m³）

项　目	厚　　度			序号
	1 砖	1.5 砖	2 砖及 2 砖以上	
综　合	0.937	0.905	0.876	一
砌　砖	0.390	0.354	0.325	二
运　输	0.449	0.449	0.449	三
调制砂浆	0.098	0.102	0.102	四
编　号	1	2	3	

表 3-2　砖墙劳动定额

工作内容：砌墙面、墙垛、平旋模板、梁板头砌砖、梁下塞砖、楼楞间砌砖、留楼梯踏步斜槽、留孔洞，砌各种凹进处、山墙泛水处，安装木砖、铁件，安放 60kg 以内的预制混凝土门窗过梁、隔板、垫块以及调整立好后的门窗框等。

表 A　　　　　　　　　　　　　　　　　　　　　　　　　（单位：工日/m³）

项　目		双面清水			单面清水					序号
		1 砖	1.5 砖	2 砖及 2 砖以外	0.5 砖	0.75 砖	1 砖	1.5 砖	2 砖及 2 砖以外	
综合	塔式起重机机吊	1.27	1.20	1.12	1.52	1.48	1.23	1.14	1.07	一
		1.48	1.41	1.33	1.73	1.69	1.44	1.35	1.28	二
砌砖		0.726	0.653	0.568	1.00	0.956	0.684	0.593	0.52	三
运输	塔式起重机机吊	0.44	0.44	0.44	0.434	0.437	0.44	0.44	0.44	四
		0.652	0.652	0.652	0.642	0.645	0.652	0.652	0.652	五
调制砂浆		0.101	0.106	0.107	0.085	0.089	0.101	0.106	0.107	六
编　号		4	5	6	7	8	9	10	11	

表 B　　　　　　　　　　　　　　　　　　　　　　　　　（单位：工日/m³）

项　目		混水内墙				混水外墙					序号
		0.5 砖	0.75 砖	1 砖	1.5 砖及 1.5 砖以外	0.5 砖	0.75 砖	1 砖	1.5 砖	2 砖及 2 砖以外	
综合	塔式起重机机吊	1.38	1.34	1.02	0.994	1.5	1.44	1.09	1.04	1.01	一
		1.59	1.55	1.24	1.21	1.71	1.65	1.3	1.25	1.22	二
砌砖		0.865	0.815	0.482	0.448	0.98	0.915	0.549	0.491	0.458	三
运输	塔式起重机机吊	0.434	0.437	0.44	0.44	0.434	0.437	0.44	0.44	0.44	四
		0.642	0.645	0.654	0.654	0.642	0.645	0.652	0.652	0.652	五
调制砂浆		0.085	0.089	0.101	0.106	0.085	0.089	0.101	0.106	0.107	六
编　号		12	13	14	15	16	17	18	19	20	

表 C　　　　　　　　　　　　　　　　　　　　（单位：工日/m³）

项　目		空斗墙		空心砖墙						序号
				内墙			外墙			
		清水	混水	墙体厚度/cm						
				15 以内	25 以内	25 以外	15 以内	25 以内	25 以外	
综合	塔式起重机机吊	0.846	0.722	0.909	0.758	0.671	0.965	0.804	0.712	一
		0.967	0.825	1.14	0.943	0.840	1.20	0.989	0.881	二
	砌砖	0.619	0.477	0.500	0.417	0.370	0.556	0.463	0.411	三
运输	塔式起重机机吊	0.218	0.218	0.364	0.296	0.256	0.364	0.296	0.256	四
		0.321	0.321	0.595	0.481	0.425	0.595	0.481	0.425	五
调制砂浆		0.027	0.027	0.045	0.045	0.045	0.045	0.045	0.045	六
编号		21	22	23	24	25	26	27	28	

注：1. 砌外墙不分里外架子，均执行本标准。

　　2. 女儿墙按外墙相应项目的时间定额执行。

　　3. 地下室墙按内墙塔式起重机相应项目的时间定额执行。

　　4. 空斗墙以不加填充料为准，工程量包括实砌部分。如加填充料时，则按"砖墙加工表"加工。

　　5. 平房、围墙按砖墙机吊相应项目时间定额执行。围墙砌筑包括搭拆简易架子，砌墙垛、墙头、冒出檐不另加工。

　　6. 框架填充墙按相应项目的时间定额执行。

　　7. 空心砖墙包括镶砌标准砖。

【例 3-1】　某砌砖班组有 20 名工人，砌筑某住宅楼 1.5 砖厚混水外墙（机吊）需要 5d 完成，试确定班组完成的砌体体积。

【解】　查表 3-2（表 B）定额编号为 19，时间定额为 1.25 工日/m³

$$产量定额 = \frac{1}{时间定额} = 1/1.25 = 0.8（m^3/工日）$$

砌筑的总工日数 = 20 工日/d × 5d = 100 工日

则：砌体体积 = 100 工日 × 0.8m³/工日 = 80m³

【例 3-2】　某工程有 170m³、砖厚混水内墙（机吊），每天有 14 名专业工人进行砌筑，试计算完成该工程的定额施工天数。

【解】　查表 3-2（表 B）定额编号为 14，时间定额为 1.24 工日/m³

完成砌筑需要的总工日数 = 170m³ × 1.24 工日/m³ = 210.8 工日

则需要的施工天数 = 210.8 工日/14 工日/d ≈ 15d

【例 3-3】　某抹灰班组有 13 名工人，抹一住宅楼混砂墙面，施工 25d 完成，已知产量定额为 10.2m²/工日。试计算抹灰班应完成的抹灰面积。

【解】　13 名工人施工 25d 的总工日数 = 13 × 25 = 325（工日）

抹灰面积 = 10.2 × 325 = 3315（m²）

2. 材料消耗定额

建筑工程材料消耗定额是企业推行经济承包、编制材料计划、进行单位工程核算不可缺少的基础，是促进企业合理使用材料，实行限额领料和材料核算，正确核定材料需要量和储备量，考核、分析材料消耗，反映建筑安装生产技术管理水平的重要依据。

（1）材料消耗定额的概念　材料消耗定额是指在合理和节约使用材料的前提下，生产单位合格产品所必须消耗的建筑材料（半成品、配件、构件、燃料、水、电）的数量标准。包括材料的净用量和不可避免的施工工艺性材料损耗量。

（2）材料净用量和损耗量的确定　直接构成建筑安装工程实体的材料用量称为材料净用量。不可避免的施工废料和施工操作损耗称为材料损耗量。材料的消耗量由材料的净用量和材料损耗量组成。其关系如下：

$$材料消耗量 = 材料净用量 + 材料损耗量$$

材料的损耗一般以损耗率表示，材料损耗率可有两种不同含义，由此材料的消耗量计算有两个不同的公式：

1）

$$材料损耗率 = \frac{材料损耗量}{材料消耗量} \times 100\%$$

则

$$材料消耗量 = \frac{材料净用量}{1 - 材料损耗率} \tag{3-3}$$

2）

$$材料损耗率 = \frac{材料损耗量}{材料净用量} \times 100\% \tag{3-4}$$

或

$$材料消耗量 = 材料净用量 \times (1 + 材料损耗率)$$

材料、成品、半成品损耗率见表 3-3。

表 3-3　材料、成品、半成品损耗率

材料名称	工程项目	损耗率（%）	材料名称	工程项目	损耗率（%）
标准砖	基础	0.4	石灰砂浆	抹墙及墙裙	1
标准砖	实砖墙	1	水泥砂浆	抹顶棚	2.5
标准砖	方砖柱	3	水泥砂浆	抹墙及墙裙	2
白瓷砖		1.5	水泥砂浆	地面、屋面	1
陶瓷锦砖	（陶瓷锦砖）	1	混凝土（现制）	地面	1
铺地砖	（缸砖）	0.8	混凝土（现制）	其余部分	1.5
砂	混凝土工程	1.5	混凝土（现制）	桩基础、梁、柱	1
砾石		2	混凝土（现制）	其余部分	1.5
生石灰		1	钢筋	现、预制混凝土	2
水泥		1	铁件	成品	1
砌筑砂浆	砖砌体	1	钢材		6
混合砂浆	抹墙及墙裙	2	木材	门窗	6
混合砂浆	抹顶棚	3	玻璃	安装	3
石灰砂浆	抹顶棚	1.5	沥青	操作	1

（3）非周转材料消耗定额的确定　通常采用现场观察法、实验室试验法、统计分析法和理论计算法等方法来确定建筑材料净用量、损耗量。

1）每 m^3 砖砌体材料消耗量的计算。

$$砖净用量（块）= \frac{墙厚砖数 \times 2}{墙厚 \times （砖长 + 灰缝）\times （砖厚 + 灰缝）} \tag{3-5}$$

$$砖消耗量 = 砖净用量/（1 - 损耗率）$$

$$砂浆消耗量（m^3）=（1 - 砖净用量 \times 每块砖体积）\times （1 + 损耗率） \tag{3-6}$$

式中，每块标准砖体积 $= 0.24 \times 0.115 \times 0.053 = 0.0014628$（$m^3$）；灰缝为 0.01m；墙厚砖数见表3-4。

表3-4　墙厚砖数

墙厚砖数	$\frac{1}{2}$	$\frac{3}{4}$	1	$1\frac{1}{2}$	2
墙厚/m	0.115	0.18	0.24	0.365	0.49

【例3-4】　计算1.5砖厚标准砖外墙每 m^3 砌体中砖和砂浆的消耗量。砖与砂浆损耗率见表3-3。

【解】

$$砖净用量 = \frac{1.5 \times 2}{0.365 \times （0.24 + 0.01）\times （0.053 + 0.01）} = 522（块）$$

$$砖消耗量 = 522/（1 - 1\%）= 527（块）$$

$$砂浆消耗量 = （1 - 522 \times 0.24 \times 0.115 \times 0.053）/（1 - 1\%）= 0.238（m^3）$$

2）每 $100m^2$ 块料面层材料消耗量计算。块料面层一般是指瓷砖、锦砖、预制水磨石、大理石等。通常以 $100m^2$ 为计量单位，其计算公式如下：

$$面层净用量 = \frac{100}{（块料长 + 灰缝）\times （块料宽 + 灰缝）} \tag{3-7}$$

$$面层消耗量 = 面层净用量/（1 - 损耗率） \tag{3-8}$$

【例3-5】　彩色地面砖规格为 200mm×200mm，灰缝1mm，其损耗率为1.5%，试计算 $100m^2$ 地面砖的消耗量。

【解】

$$地面砖净用量 = \frac{100}{（0.2 + 0.001）\times （0.2 + 0.001）} = 2475（块）$$

$$地面砖消耗量 = 2475/（1 - 0.015）= 2513（块）$$

（4）周转性材料消耗定额的制定　周转性材料是指在施工过程中不是一次消耗完，而是多次使用、逐渐消耗、不断补充的周转工具性材料。对逐渐消耗的那部分应采用分次摊销的办法计入材料消耗量，进行回收。如生产预制钢筋混凝土构件、现浇混凝土及钢筋混凝土工程用的模具，搭设脚手架用的脚手杆、挑板，挖土方用的挡土板、护桩等均属周转性材料。

周转性材料消耗定额，应当按照多次使用、分期摊销方式进行计算。即周转性材料在材料消耗定额中，以摊销量表示。现以钢筋混凝土模板为例，介绍周转性材料摊销量计算。

1）现浇钢筋混凝土模板摊销量。

①材料一次使用量。是指为完成定额单位合格产品，周转性材料在不重复使用条件下的一次性用量，通常根据选定的结构设计图样进行计算。

$$一次使用量 = \frac{每 10m^3 混凝土和模板接触面积 \times 每 m^2 接触面积模板用量}{1 - 模板制作、安装损耗率} \qquad (3-9)$$

②材料周转次数。是指周转性材料从第一次使用起，到报废为止，可以重复使用的次数。一般采用现场观察法或统计分析法来测定材料周转次数，或查相关手册。

③材料补损量。补损量是指周转使用一次后由于损坏需补充的数量，也就是在第二次和以后各次周转中为了修补难于避免的损耗所需要的材料消耗，通常用补损率来表示。

$$补损率 = \frac{平均每次损耗量}{一次使用量} \times 100\% \qquad (3-10)$$

补损率的大小主要取决于材料的拆除、运输和堆放的方法以及施工现场的条件。在一般情况下，补损率要随周转次数增多而加大，所以一般采取平均补损率来计算。

④材料周转使用量。是指周转性材料在周转使用和补损条件下，每周转使用一次平均所需材料数量。

$$周转使用量 = 一次使用量 \times \frac{1 + (周转使用次数 - 1) \times 补损率}{周转次数} \qquad (3-11)$$

一般应按材料周转次数和每次周转发生的补损量等因素，计算生产一定计算单位结构构件的材料周转使用量。

⑤材料回收量。在一定周转次数下，每周转使用一次平均可以回收材料的数量。

$$回收量 = 一次使用量 \times \frac{1 - 补损率}{周转次数} \qquad (3-12)$$

⑥材料摊销量。周转性材料在重复使用条件下，应分摊到每一计量单位结构构件的材料消耗量，这是应纳入定额的实际周转性材料消耗数量。

$$摊销量 = 周转使用量 - 回收量 \qquad (3-13)$$

【例 3-6】　钢筋混凝土构造柱按选定的模板设计图样，每 $10m^3$ 混凝土模板接触面积 $66.7m^2$，每 $10m^2$ 接触面积需木板材 $0.375m^2$，模板的损耗率为 5%，周转次数为 8 次，每次周转补损率为 15%，试计算模板周转使用量、回收量及模板摊销量。

【解】

$$一次使用量 = \frac{每 10m^3 混凝土和模板接触面积 \times 每 m^2 接触面积模板用量}{1 - 模板制作、安装损耗率}$$

$$= \frac{66.7 \times 0.375/10}{1 - 5\%} = 2.633 (m^3)$$

$$周转使用量 = 一次使用量 \times \frac{1 + (周转使用次数 - 1) \times 补损率}{周转次数}$$

$$= 2.633 \times \frac{1 + (8 - 1) \times 15\%}{8} = 0.675 (m^3)$$

$$回收量 = 一次使用量 \times \frac{1 - 补损率}{周转次数} = 2.633 \times \frac{1 - 15\%}{8} = 0.28(\text{m}^3)$$

$$摊销量 = 周转使用量 - 回收量 = 0.675 - 0.28 = 0.395(\text{m}^3)$$

2）预制构件模板计算公式。预制构件模板由于损耗很少，可以不考虑每次周转的补损率，按多次使用平均分摊的办法进行计算。

$$摊销量 = \frac{一次使用量}{周转次数} \tag{3-14}$$

3. 机械台班消耗定额

机械台班消耗定额是指在正常的施工、合理的劳动组织和合理使用施工机械的条件下，生产单位合格产品所必须的一定品种、规格施工机械作业时间的消耗标准。机械台班消耗定额以台班为单位，每一台班按 8h 计算。

（1）机械台班消耗定额的表现形式　机械台班消耗定额的表达形式有机械时间定额和机械台班产量定额两种。

1）机械时间定额。机械时间定额是指在正常的施工条件下，某种机械生产合格单位产品所必须消耗的台班数量，用公式表示如下：

$$机械时间定额 = \frac{1}{机械台班产量定额} \tag{3-15}$$

2）机械台班产量定额。机械台班产量定额是指某种机械在合理的施工组织和正常施工的条件下，单位时间内完成合格产品的数量，用公式表示如下：

$$机械台班产量定额 = \frac{1}{机械时间定额(台班)} \tag{3-16}$$

3）机械时间定额和机械台班产量定额互为倒数关系，即

$$机械时间定额 \times 机械台班产量定额 = 1 \tag{3-17}$$

（2）机械台班人工配合定额　由于机械必须由工人小组配合，机械台班人工配合定额是指机械台班配合用工部分，即机械台班劳动定额。

表现形式为：机械台班配合工人小组的人工时间定额和完成合格产品数量的机械台班产量定额。

即

$$单位产品的时间定额(工日) = \frac{机械台班内工人的总工日数}{机械的台班产量} \tag{3-18}$$

$$机械台班产量定额 = \frac{机械台班内工人的总工日数}{机械时间定额} \tag{3-19}$$

（3）机械台班消耗定额的应用　《全国建筑安装工程统一劳动定额》中，机械台班定额是用一个单机作业的定额定员人数（台班工日）完成的台班产量和时间定额来表示的。

表现形式为

$$\frac{时间定额}{产量定额} 或 \frac{时间定额}{产量定额} \bigg| 台班工日 \tag{3-20}$$

例如混凝土楼板梁、连系梁、悬臂梁、过梁安装机械台班消耗定额见表3-5。

表3-5　混凝土楼板梁、连系梁、悬臂梁、过梁安装机械台班消耗定额

工作内容：包括15m以内构件移位、绑扎起吊、对正中心线、安装在设计位置上、校正、垫好垫铁。每1台班的劳动定额。　　　　　　　　　　　　　　　　　　　　　　　　　　（单位：根）

项目	施工方法	楼板梁（t以内）			连系梁、悬臂梁、过梁（t以内）			序号
		2	4	6	1	2	3	
高度安装层以内	三　履带式	$\dfrac{0.22}{59}$ ∣13	$\dfrac{0.271}{48}$ ∣13	$\dfrac{0.317}{41}$ ∣13	$\dfrac{0.217}{60}$ ∣13	$\dfrac{0.245}{53}$ ∣13	$\dfrac{0.277}{47}$ ∣13	一
	轮胎式	$\dfrac{0.26}{50}$ ∣13	$\dfrac{0.317}{41}$ ∣13	$\dfrac{0.371}{35}$ ∣13	$\dfrac{0.255}{51}$ ∣13	$\dfrac{0.289}{45}$ ∣13	$\dfrac{0.325}{40}$ ∣13	二
	塔式	$\dfrac{0.191}{68}$ ∣13	$\dfrac{0.236}{65}$ ∣13	$\dfrac{0.277}{47}$ ∣13	$\dfrac{0.188}{69}$ ∣13	$\dfrac{0.213}{61}$ ∣13	$\dfrac{0.241}{54}$ ∣13	三
	六　塔式	$\dfrac{0.21}{62}$ ∣13	$\dfrac{0.25}{52}$ ∣13	$\dfrac{0.302}{43}$ ∣13	$\dfrac{0.232}{56}$ ∣13	$\dfrac{0.26}{50}$ ∣13	$\dfrac{0.31}{42}$ ∣13	四
	七　塔式	$\dfrac{0.232}{56}$ ∣13	$\dfrac{0.283}{46}$ ∣13	$\dfrac{0.342}{58}$ ∣13				五
编号		676	677	678	679	680	681	

【例3-7】 某6层砖混结构办公楼，塔式起重机安装楼板梁，每根梁尺寸为6.0m×0.70m×0.3m。试求吊装楼板梁的机械时间定额、人工时间定额和台班产量定额（工人配合）。

【解】 　　　　每根楼板自重 $6.0 \times 0.7 \times 0.3 \times 2.5 = 3.15$（t）

由表3-5查定额为 $\dfrac{0.25}{52}$ ∣13　则

$$台班产量定额 = 52（根/台班）$$
$$机械时间定额 = 1/52 = 0.019（台班/根）$$
$$人工时间定额 = 13/52 = 0.25（工日/根）$$
$$台班产量定额（工人配合） = 1/0.25 = 4（根/工日）$$

4. 施工定额的应用

（1）施工定额的主要内容　施工定额是由总说明和分册章节说明、定额项目表以及有关的附录及加工表等三部分内容组成的。

1）总说明和分册章节说明。总说明包括说明该定额的编制依据、适用范围、工程质量要求，各项定额的有关规定及说明，以及编制施工预算的若干说明。

分册章节说明，主要说明本册章节定额的工作内容、施工方法、有关规定及说明工程量计算规则等内容。

2）定额项目表。定额项目表由完成本定额子目的工作内容、定额表、附注组成，见表3-6。

①工作内容。工作内容是指除说明规定的工作内容外，完成本定额子目另外规定的工作内容。通常列在定额表上端。

②定额表。定额表是由定额编号、定额项目名称、计量单位及工料消耗指标所组成。

③附注。某些定额项目设计有特殊要求需要单独说明，写入附注内，通常列在定额表下端。

表 3-6　干粘石 （单位：10m²）

工作内容：包括清扫、打底、弹线、嵌条、筛洗石渣、配色、抹光、起线、粘石等。

编号	项　目			人工			水泥	砂	石渣	108 胶	甲基硅醇钠
				综合	技工	普工	kg				
147	墙面、墙裙			$\dfrac{2.62}{0.38}$	$\dfrac{2.08}{0.48}$	$\dfrac{0.54}{1.85}$	92	324	60		
148	混凝土墙面	不打底	干粘石	$\dfrac{1.85}{0.54}$	$\dfrac{1.48}{0.68}$	$\dfrac{0.37}{2.7}$	53	104	60	0.26	
149			机喷石	$\dfrac{1.85}{0.54}$	$\dfrac{1.48}{0.68}$	$\dfrac{0.37}{2.7}$	49	46	60	4.25	0.4
150	柱		方柱	$\dfrac{3.96}{0.25}$	$\dfrac{3.1}{0.32}$	$\dfrac{0.86}{1.16}$	96	340	60		
151			圆柱	$\dfrac{4.21}{0.24}$	$\dfrac{3.24}{0.31}$	$\dfrac{0.97}{1.03}$	92	324	60		
152	窗盘心			$\dfrac{4.05}{0.25}$	$\dfrac{3.11}{0.32}$	$\dfrac{0.94}{1.06}$	92	324	60		

注：1. 墙面（裙）、方柱以分格为准，不分格者，综合时间定额乘以 0.85。

　　2. 窗盘心以起线为准，不带起线者，综合时间定额乘以 0.8。

3）附录及加工表。附录一般放在定额分册说明之后，包括名词解释、图示及有关参考资料。例如，材料消耗计算附表，砂浆、混凝土配合比表等。

加工表是指在执行某定额项目时，在相应的定额基础上需要增加工日的数量表。

（2）施工定额的应用案例　要正确使用施工定额，首先要熟悉定额编制总说明，册、章、节说明及附注等有关文字说明部分，以便了解定额项目的工作内容、有关规定及说明、工程量计算规则、施工操作方法等。施工定额一般可直接套用，但有时需要换算后才可套用。

1）直接套用定额。当设计要求与施工定额表的工作内容完全一致时，可直接套用定额。

【例 3-8】　某教学楼砖外墙干粘石（墙面分格），按施工定额工程量计算规则计算，干粘石面积为 3200m²，试计算其工料用量。

【解】　由表 3-6，查得定额编号为 147，该设计项目与定额工作内容完全相符，可直接套用施工定额。其工料用量：

工日消耗量 = 2.62 × 3200/10 = 838.4（工日）

水泥用量 = 92 × 3200/10 = 29440（kg）

砂用量 = 324 × 3200/10 = 103680（kg）

石渣用量 = 60 × 3200/10 = 19200（kg）

2）施工定额的换算。当设计要求与定额项目内容不符时，按附注、加工表的有关说明和规定换算定额。

【**例 3-9**】　某办公楼，按施工定额工程量计算规则计算，其窗间墙干粘石面积为 540m²（不分格），试计算其工料用量。

【**解**】　表 3-6 下方表注 1 规定：墙面（裙）、方柱以分格为准，不分格者综合时间定额乘以 0.85。该设计项目与定额内容不符，施工定额编号 147 需按附注说明加以换算。其工料用量为

$$工日消耗量 = 2.62 \times 0.85 \times 540/10 = 120.3(工日)$$
$$水泥用量 = 92 \times 540/10 = 4968(kg)$$
$$砂用量 = 324 \times 540/10 = 17496(kg)$$
$$石渣用量 = 60 \times 540/10 = 3240(kg)$$

3.3.2　预算定额

1. 预算定额概述

（1）预算定额的概念　预算定额是指在正常合理的施工条件下，规定完成一定计量单位的分项工程或结构构件所必需的人工、材料和施工机械台班消耗的数量标准。

预算定额是由国家和主管机关或被授权单位编制并颁发执行的，按照适用对象可以分为建筑工程预算定额、安装工程预算定额、市政工程预算定额、园林与绿化工程预算定额等。

建筑工程预算定额是一种行业定额，反映了全行业为完成单位合格建筑产品，所必需的人工、机械、材料的消耗标准。它有两种表现形式：

一种是计"量"性的定额，由国务院行业主管部门制定发布，如《全国统一建筑工程基础定额》（GJD—101-95）和《全国统一建筑工程基础定额与预算》（2011 年）。

另一种是计"价"性的定额，由各地建设行政主管部门根据《全国统一建筑工程基础定额》结合本地区的实际情况加以确定，如 2003 年的《河北省建筑工程综合基价》中包括了人工、机械、材料的数量标准和费用标准，就是计"价"性的定额。

在现实工作中，应用最广的是计"价"性的预算定额。

（2）预算定额的作用

1）预算定额是编制施工图预算、确定工程预算造价的依据。

2）预算定额是对设计方案进行技术经济评价，对新结构、新材料进行技术经济分析的依据。

3）预算定额是施工企业编制人工、材料、机械台班需要量计划、统计完成工程量、考核工程成本、实行经济核算的依据。

4）预算定额是建筑工程招标、投标中确定标底和报价，实行招标承包制的重要依据。

5）预算定额是编制概算定额和概算指标的基础资料。

6）预算定额是建设单位进行建设资金贷款，拨付工程备料款、进度款及竣工结算的依据。

（3）预算定额与施工定额的关系　预算定额是以施工定额为基础编制出来的，它们都是施工企业实行科学管理的工具，但是两种定额还有许多不同，其主要区别是：

1）预算定额是编制施工图预算、标底、投标报价、工程结算的依据，而施工定额是施工企业内部编制施工预算的依据。

2）预算定额反映大多数企业和地区能达到的水平，是社会平均水平，而施工定额反映

的是个别企业的平均先进水平，比预算定额高出10%左右。

2. 预算定额消耗指标的确定

（1）人工消耗指标的确定

1）人工消耗指标的构成。预算定额中人工消耗指标是指为完成该定额单位分项工程所需的用工数量，即应包括基本用工和其他用工两部分，人工消耗指标可以以现行的《建筑安装工程统一劳动定额》为基础进行计算。

①基本用工。基本用工是指完成某一合格分项工程所必须消耗的技术工种（主要）用工，例如为完成墙体工程中的砌砖、调运砂浆、铺砂浆、运砖等所需要的工日数量。基本用工按技术工种相应劳动定额的工时定额计算，以不同工种列出定额工日。其计算式为

$$相应工序基本用工数量 = \sum（某工序工程量 \times 相应工序的时间定额）\qquad (3-21)$$

②其他用工。其他用工是指辅助基本用工完成生产任务所耗用的人工。按其工作内容的不同可分为辅助用工、超运距用工和人工幅度差三类：

辅助用工是指技术工种劳动定额内不包括但在预算定额内又必须考虑的工时。如筛砂、淋灰用工，其计算式为

$$辅助用工 = \sum（某工序工程数量 \times 相应时间定额）\qquad (3-22)$$

超运距用工是指预算定额中规定的材料、半成品的平均水平运距超过劳动定额规定运输距离的用工，其计算式为

$$超运距用工 = \sum（超运距运输材料数量 \times 相应超运距时间定额）\qquad (3-23)$$

$$超运距 = 预算定额取定运距 - 劳动定额已包括的运距\qquad (3-24)$$

预算定额砖砌体工程材料超运距见表3-7。

表3-7　砖砌体工程材料超运距　　　　　　　　　　　（单位：m）

材料名称	预算定额运距	劳动定额运距	超运距
砂子	80	50	30
石灰膏	150	100	50
标准砖	170	50	120
砂浆	180	50	130

人工幅度差主要是指预算定额与劳动定额由于定额水平不同而引起的水平差。另外还包括定额中未包括，但在一般施工作业中又不可避免的且无法计量的用工。如各工种间工序搭接、交叉作业时不可避免的停歇工时消耗；施工机械转移以及水电线路移动造成的间歇工时消耗；质量检查影响操作消耗的工时；以及施工作业中不可避免的其他零星用工等。

其计算采用乘以系数的方法，即

$$人工幅度差 = （基本用工 + 辅助用工 + 超运距用工）\times 人工幅度差系数\qquad (3-25)$$

人工幅度差系数，一般土建工程为10%，设备安装工程为12%。由此可得

$$人工消耗指标 = 基本用工数量 + 其他用工数量\qquad (3-26)$$

式中，其他用工数量 = 辅助用工数量 + 超运距用工数量 + 人工幅度差用工数量

2）人工消耗指标计算实例。例如砌砖基础10m³，其厚度比例为：一砖厚占50%，一砖半占30%，两砖占20%，求砖基础的定额人工。（人工幅度差系数为10%）

①技术工种用工（砌砖）

一砖基础　$10 \times 50\% \times 0.89 = 4.45$（工日）

一砖半基础　$10 \times 30\% \times 0.86 = 2.58$（工日）

两砖基础　$10 \times 20\% \times 0.833 = 1.666$（工日）

以上计算参数可详细参阅施工定额中劳动定额部分内容。

基础埋深超过 1.5m 占 15%，根据劳动定额附注规定，其超过部分，每 $1m^3$ 砌体增加 0.04 工日。

即 $10 \times 15\% \times 0.04 = 0.06$（工日）

则基本用工 $= 4.45 + 2.58 + 1.666 + 0.06 = 8.756$（工日）

②其他用工量

A. 材料超运距用工。材料超运距由表 3-7 可知：

砂子超运距：30m

超运距用工 $= 2.58 \times 0.0453 = 0.1168$（工日）

石灰膏超运距：50m

超运距用工 $= 0.16 \times 0.128 = 0.0205$（工日）

标准砖超运距：120m

超运距用工 $= 10 \times 0.139 = 1.390$（工日）

砂浆超运距：130m

超运距用工 $= 10 \times 0.0598 = 0.598$（工日）

则材料超运距用工 $= 0.1168 + 0.0205 + 1.390 + 0.598 = 2.1253$（工日）

B. 辅助用工量

筛砂　$2.58 \times 0.196 = 0.5057$（工日）

淋石灰膏　$0.16 \times 0.5 = 0.08$（工日）

则辅助用工量 $= 0.5057 + 0.08 = 0.5857$（工日）

C. 人工幅度差用工

幅度差 $= (8.756 + 2.1253 + 0.5857) \times 10\% = 1.1469$（工日）

则其他用工量 $= 2.1253 + 0.5857 + 1.1469 = 3.8579$（工日）

③定额人工消耗量指标

砖基础定额人工 = 基本用工量 + 其他用工量 $= 8.576 + 3.8579 = 12.6139$（工日）

表 3-8 为预算定额工程项目人工消耗计算表

表 3-8　预算定额工程项目人工消耗计算表

砖石结构　标准砖基础　　　　　　　　　　　　　　　　　　（计量单位：$10m^3$）

工序及工程量			劳动定额			工日数
名称	数量	单位	定额编号	工种	时间定额	
1	2	3	4	5	6	7 = 2×6
基本用工量　一砖基础	5	m^3	§4-1-1	瓦工	0.89	4.45
一砖半基础	3	m^3	§4-1-2	瓦工	0.86	2.58
两砖基础	2	m^3	§4-1-3	瓦工	0.833	1.666
埋深超过 1.5m	1.5	m^3	附　注	瓦工	0.04	0.06
合计						8.756

（续）

工序及工程量			劳动定额			工日数
名称	数量	单位	定额编号	工种	时间定额	
辅助用工						
筛砂子	2.58	m³	§ 1-4-83	普工	0.196	0.5057
淋石灰膏	0.16	m³	§ 1-4-95	普工	0.5	0.08
合计						0.5857
超运距用工						
砂：30	2.58	m³	§ 4-16-192	普工	0.0453	0.1168
石灰膏：50	0.16	m³	§ 4-16-193	普工	0.128	0.0205
标准砖：120	10	m³	§ 4-16-178	普工	0.139	1.3900
砂浆：130	10	m³	§ 4-116-178	普工	0.0598	0.5980
合计						2.1253
人工幅度差	11.469	工日			10%	1.1469
总计						12.6139

（2）材料消耗指标的确定　材料消耗量是指正常施工条件下，完成单位合格产品所必须消耗的材料数量，按用途划分为以下三种：

1）主要材料。是指直接构成工程实体的材料，其中也包括成品、半成品等。

2）辅助材料。是构成工程实体除主要材料外的其他材料，如钉子、钢丝等。

3）周转材料。是指脚手架、模板等多次周转使用的不构成工程实体的摊销材料。

预算定额的材料消耗指标一般由材料的净用量和损耗量构成，其计算方法在本章已介绍过，不再复述。

例如计算两砖厚基础 $1m^3$ 的材料消耗量，由表3-3可知：标准砖施工损耗率为0.4%；砂浆施工损耗率为1%。按定额工程量计算规则应扣除基础管道孔所占体积，经测算基础管道孔所占体积每 $1m^3$ 扣1.4块砖。

$$标准砖净用量 = \frac{10m^3 \times 墙厚砖数 \times 2}{墙厚 \times (砖长 + 灰缝) \times (砖厚 + 灰缝)}$$

$$= \frac{10 \times 2 \times 2}{0.49 \times (0.24 + 0.01) \times (0.053 + 0.01)}$$

$$= 5183(块/10m^3)$$

扣除管道孔体积后标准砖用量为

$$5183 - 1.4 \times 10 = 5169(块/10m^3)$$

则：砖消耗量 $= 5169/(1 - 0.4\%) = 5190(块/10^3)$

砂浆净用量 $= 10 - 0.24 \times 0.115 \times 0.053 \times 5183 = 2.418(m^3/10m^3)$

扣除管道孔体积后砂浆用量为

$2.418 - (0.24 + 0.01) \times (0.115 + 0.01) \times (0.053 + 0.01) \times 1.4 \times 10 = 2.390(m^3/10m^3)$

则：砂浆消耗量 $= 2.390/(1 - 1\%) = 2.414(m^3/10m^3)$

（3）机械台班消耗量指标的确定　预算定额中的机械台班消耗量指标，一般按《全国建筑安装工程统一劳动定额》中的机械台班量，并考虑一定的机械幅度差进行计算，即

分项定额机械台班消耗量 = 施工定额中机械台班用量 + 机械幅度差

机械幅度差是指施工定额内没有包括，实际中必须增加的机械台班。主要是考虑在合理的施工组织条件下机械的停歇时间。

施工机械定额幅度差系数，一般为 $10\% \sim 14\%$。

混凝土搅拌机、塔式起重机、卷扬机等机械是按小组配备的，应以小组产量计算机械台班产量，不另增加定额机械幅度差。其计算公式如下：

$$分项定额机械台班消耗量 = \frac{分项定额计量单位}{小组总产量} \qquad (3\text{-}27)$$

例如：砌砖小组日总产量 $20\text{m}^3/$ 台班，砌砖分项定额计量单位为 10m^3，每台班配备一台卷扬机，其定额机械台班消耗量为 $\dfrac{10}{20} = 0.5$（台班）（不考虑幅度差系数）。

3. 预算定额的换算

预算定额的换算就是将分项工程定额中与设计要求不一致的内容进行调整，取得一致的过程。预算定额换算的基本思路是将设计要求的内容拿进来，把设计不需要的内容（原来的定额内容）拿出去，从而确定与设计要求一致的分项工程基价，换算后的项目应在项目编号（或定额编号）的右下角注明"换"字，以示区别，如 $3.2_{换}$。

定额换算的基本思路是：根据选定的预算定额基价，按规定换入增加的费用，减去扣除的费用。这一思路用下列表达方式表述：

$$\begin{matrix} 换算后的 \\ 定额基价 \end{matrix} = 原定额基价 + 换入的费用 - 换出的费用 \qquad (3\text{-}28)$$

例如，某工程施工图设计用 M15 水泥砂浆砌砖墙，查预算定额中只有 M5、M7.5、M10。水泥砂浆砖墙的项目，这时就需要选用预算定额中的某个项目，再依据定额附录中 M15 水泥砂浆的配合比用量和基价进行换算：

$$\begin{matrix} 换算后定 \\ 额基价 \end{matrix} = \begin{matrix} M5（或 M10）水泥砂 \\ 浆砌砖墙定额基价 \end{matrix} + \begin{matrix} 定额砂 \\ 浆用量 \end{matrix} \begin{matrix} M15 水泥 \\ 砂浆基价 \end{matrix} + \begin{matrix} 定额砂 \\ 浆用量 \end{matrix} \begin{matrix} M5（或 M10） \\ 水泥砂浆基价 \end{matrix}$$

上述项目定额基价换算示意图如图 3-8 所示。

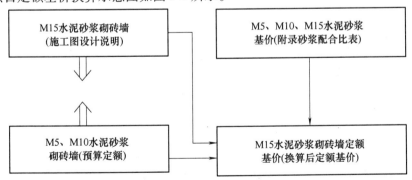

图 3-8　定额基价换算示意图

（1）砌筑砂浆换算　当设计图样要求的砌筑砂浆强度等级在预算额定中缺项时，就需要调整砂浆强度等级，求出新的定额基价。

因为砂浆用量不变，所以人工费、机械费不变，因而只换算砂浆强度等级和调整砂浆材料费。砌筑砂浆换算公式为

$$\text{换算后定} \atop \text{额基价} = {\text{原定额} \atop \text{基价}} + {\text{定额砂} \atop \text{浆用量}} \times \left({\text{换入砂} \atop \text{浆基价}} - {\text{换出砂} \atop \text{浆基价}} \right) \tag{3-29}$$

【例3-10】　M7.5水泥砂浆砌砖基础。

【解】　用砌筑砂浆换算公式换算。

换算定额号：定-1（表3-9）、附-1（表3-10）。

表3-9　建筑工程预算定额（摘录部分）

工程内容：略

	定额编号			定-1	定-2	定-3	定-4
	定额单位			10m³	10m³	10m³	10m²
	项　目	单位	单价/元	M5 水泥砂浆砌砖基础	现浇 C20 钢筋混凝土矩形梁	C15 混凝土地面垫层	1:2 水泥砂浆墙基防潮层
	基价	元		1115.71	6721.44	1673.96	675.29
其中	人工费	元		149.16	879.12	258.72	114.00
	材料费	元		958.99	5684.33	1384.26	557.31
	机械费	元		7.56	157.99	30.98	3.98
人工	基本工	工日	12.00	10.32	52.20	13.46	7.20
	其他工	工日	12.00	2.11	21.06	8.10	2.30
	合计	工日	12.00	12.43	73.26	21.56	9.5
材料	标准砖	千块	127.00	5.23			
	M5 水泥砂浆	m³	124.32	2.36			
	木材	m³	700.00		0.138		
	钢模板	kg	4.60		51.53		
	零星卡具	kg	5.40		23.20		
	钢支撑	kg	4.70		11.60		
	$\phi10$ 内钢筋	kg	3.10		471		
	$\phi10$ 外钢筋	kg	3.00		728		
	C20 混凝土（0.5~4）	m³	146.98		10.15		
	C15 混凝土（0.5~4）	m³	136.02			10.10	
	1:2 水泥砂浆	m³	230.02				2.07
	防水粉	kg	1.20				66.38
	其他材料费	元			26.83	1.23	1.51
	水	m³	0.60	2.31	13.52	15.38	
机械	200L 砂浆搅拌机	台班	15.92	0.475			0.25
	400L 混凝土搅拌机	台班	81.52		0.63	0.38	
	2t 内塔式起重机	台班	170.61		0.625		

表3-10　砌筑砂浆配合比表（摘录部分）　　　　　　　　　　（单位：m³）

	定额编号			附-1	附-2	附-3	附-4
	项　目	单位	单价/元	水泥砂浆			
				M5	M7.5	M10	M15
	基价	元		124.32	144.10	160.14	189.98
材料	42.5 级水泥	kg	0.30	270.00	341.00	397.00	499.00
	中砂	m³	38.00	1.140	1.100	1.080	1.060

换算后定额基价 = 1115. 71 + 2. 36 ×（144. 10 - 124. 32）= 1115. 71 + 2. 36 × 19. 78

$$= 1115.71 + 46.68 = 1162.39（元/10m^3）$$

换算后材料用量（每 10m³ 砌体）：

42. 5 级（MPa）水泥：2. 36 × 341. 00 = 804. 76（kg）

中砂：2. 36 × 1. 10 = 2. 596（m³）

（2）抹灰砂浆换算　当设计图样要求的抹灰砂浆配合比或抹灰厚度与预算定额的抹灰砂浆配合比或厚度不同时，就要进行抹灰砂浆换算。

在换算时有两种情况：

第一种情况：当抹灰厚度不变只换算配合比时，人工费、机械费不变，只调整材料费。

第二种情况：当抹灰厚度发生变化时，砂浆用量要改变，因为人工费、材料费、机械费均要换算。

根据不同情况，其换算公式如下：

第一种情况换算公式：

$$\text{换算后定额基价} = \text{原定额基价} + \text{抹灰砂浆定额用量} \times \left(\text{换入砂浆基价} - \text{换出砂浆基价}\right) \tag{3-30}$$

第二种情况换算公式：

$$\text{换算后定额基价} = \text{原定额基价} + \left(\text{定额人工费} + \text{定额机械费}\right) \times (K-1) +$$

$$\Sigma\left(\text{各层换入砂浆用量} \times \text{换入砂浆基价} - \text{各层换出砂浆用量} \times \text{换出砂浆基价}\right) \tag{3-31}$$

式中 K 为工、机费换算系数，且 $K = \dfrac{\text{设计抹灰砂浆总厚}}{\text{定额抹灰砂浆总厚}}$。

$$\text{各层换入砂浆用量} = \dfrac{\text{定额砂浆用量}}{\text{定额砂浆厚度}} \times \text{设计厚度}$$

$$\text{各层换出砂浆用量} = \text{定额砂浆用量}$$

【例 3-11】　1：2 水泥砂浆底 13mm 厚，1：2 水泥砂浆面 7mm 厚抹砖墙面。

【解】　用式（3-30）换算，即砂浆总厚不变。

换算定额号：定-6（表 3-11），附-6、附-7（表 3-12）。

表 3-11　建设工程预算定额（摘录部分）

工程内容：略

定额编号			定-5	定-6
定额单位			100m²	100m²
项　目	单位	单价/元	C15 混凝土地面面层（60mm 厚）	1：2.5 水泥砂浆抹砖墙面（底 13mm 厚、面 7mm 厚）
基价		元	1018. 38	688. 24
其中	人工费	元	159. 60	184. 80
	材料费	元	833. 51	451. 21
	机械费	元	25. 27	52. 23

（续）

定额编号			定-5	定-6
定额单位			100m²	100m²
项　目	单位	单价/元	C15 混凝土地面面层（60mm 厚）	1:2.5 水泥砂浆抹砖墙面（底 13mm 厚、面 7mm 厚）
人工 基本工	工日	12.00	9.20	13.40
人工 其他工	工日	12.00	4.10	2.00
人工 合计	工日	12.00	13.30	15.40
材料 C15 混凝土（0.5~4）	m³	136.02	6.06	
材料 1:2.5 水泥砂浆	m³	210.72		2.10（底：1.39 面：0.71）
材料 其他材料费	元			4.50
材料 水	m³	0.60	15.38	6.99
机械 200L 砂浆搅拌机	台班	15.92		0.28
机械 400L 混凝土搅拌机	台班	81.52	0.31	
机械 塔式起重机	台班	170.61		0.28

表 3-12　抹灰砂浆配合比表（摘录部分）　　　　　　　　　（单位：m³）

定额编号			附-5	附-6	附-7	附-8
项　目	单　位	单价/元	水泥砂浆			
			1:1.5	1:2	1:2.5	1:3
基价	元		254.40	230.02	210.72	182.82
材料 42.5 级水泥	kg	0.30	734	635	588	465
材料 中砂	m³	38.00	0.90	1.04	1.14	1.14

$$换算后定额基价 = 688.24 + 2.10 \times (230.02 - 210.72) = 688.24 + 2.10 \times 19.30$$
$$= 688.24 + 40.53 = 728.77（元/100m²）$$

换算后材料用量（每 100m²）：

32.5 级水泥：$2.10 \times 635 = 1333.50（kg）$

中砂：$2.10 \times 1.04 = 2.184（m³）$

【例 3-12】　1:3 水泥砂浆底 15mm 厚，1:2.5 水泥砂浆面 7mm 厚抹砖墙面。

【解】　设计抹灰厚度发生了变化，故用式（3-31）换算。换算定额号；定-6（表 3-11）、附-7、附-8（表 3-12）。

$$工、机费换算系数 K = \frac{14+9}{13+7} = \frac{23}{20} = 1.15$$

$$1:2 水泥砂浆用量 = \frac{2.10}{20} \times 23 = 2.415（m³）$$

$$换算后定额基价 = 688.24 + (184.80 + 52.23) \times (1.15 - 1) + 2.415 \times$$
$$230.02 - 2.10 \times 210.72$$
$$= 688.24 + 237.03 \times 0.15 + 555.50 - 442.51$$
$$= 688.24 + 35.55 + 555.50 - 442.51$$
$$= 836.78（元/100m²）$$

换算后材料用量（每 $100m^2$）：

42.5 级水泥：$2.415 \times 635 = 1533.5(kg)$

中砂：$2.415 \times 1.04 = 2.512(m^3)$

（3）构件混凝土换算 当设计要求构件采用的混凝土强度等级，在预算定额中没有相符合的项目时，就产生了混凝土强度等级或石子粒径的换算。

混凝土用量不变，人工费、机械费不变，只换算混凝土强度等级或石子粒径。

其换算公式如下：

$$换算后定额基价 = 原定额基价 + 定额混凝土用量 \times$$
$$（换入混凝土基价 - 换出混凝土基价） \qquad (3\text{-}32)$$

【例 3-13】 现浇 C25 钢筋混凝土矩形梁。

【解】 用式（3-32）换算。

换算定额号：定-2（表 3-9）、附-10、附-11（表 3-13）。

表 3-13 普通塑性混凝土配合比表（摘录部分） （单位：m^3）

定额编号			附-9	附-10	附-11	附-12	附-13	附-14
项 目	单位	单价/元			最大粒径：40mm			
			C15	C20	C25	C30	C35	C40
基价	元		136.02	146.98	162.63	172.41	181.48	199.18
42.5 级水泥	kg	0.30	274	313.00				
52.5 级水泥	kg	0.35			313	343	370	
62.5 级水泥	kg	0.40						368
中砂	m^3	38.00	0.49	0.46	0.46	0.42	0.41	0.41
0.5 ~ 4 砾石	m^3	40.00	0.88	0.89	0.89	0.91	0.91	0.91

换算后定额基价 $= 6721.44 + 10.15 \times (162.63 - 146.98) = 6721.44 + 10.15 \times 15.65$
$$= 6721.44 + 158.85 = 6880.29(元/10m^3)$$

换算后材料用量（每 $10m^3$）：

52.5 级水泥：$10.15 \times 313 = 3176.95(kg)$

中砂：$10.15 \times 0.46 = 4.669(m^3)$

0.5 ~ 4 砾石：$10.15 \times 0.89 = 9.034(m^3)$

（4）楼地面混凝土换算 楼地面混凝土面层的定额单位一般是平方米。因此，当设计厚度与定额厚度不同时，就产生了定额基价的换算。

楼地面混凝土的换算特点与抹砂灰特点相同，请参照前文砂灰特点。

楼地面混凝土换算公式为

$$\begin{aligned}换算后定\\额基价\end{aligned} = \begin{aligned}原定额\\基价\end{aligned} + \left(\begin{aligned}定额\\人工费\end{aligned} + \begin{aligned}定额\\机械费\end{aligned}\right) \times (K-1) + \\ \begin{aligned}换入混凝\\土用量\end{aligned} \times \begin{aligned}换入混凝\\土基价\end{aligned} - \begin{aligned}换出混凝\\土用量\end{aligned} \times \begin{aligned}换出混凝\\土基价\end{aligned} \qquad (3\text{-}33)$$

式中 K——工、机费换算系数。

$$K = \frac{混凝土设计厚度}{混凝土定额厚度}$$

$$换入混凝 \atop 土用量 = \frac{定额混凝土用量}{定额混凝土厚度} \times 设计混凝土厚度$$

$$换出混凝 \atop 土用量 = 定额混凝土用量$$

【例3-14】 C20混凝土地面面层80mm厚。

【解】 用式（3-32）换算。

换算定额号：定-5（表3-11）、附-9、附-10（表3-13）。

$$工、机费换算系数 K = \frac{8}{6} = 1.333$$

$$换入混凝土用量 = \frac{6.06}{6} \times 8 = 8.08(\text{m}^3)$$

$$
\begin{aligned}
换算后定额基价 &= 1018.38 + (159.60 + 25.27) \times (1.333 - 1) + 8.08 \times \\
&\quad 146.98 - 6.06 \times 136.02 \\
&= 1018.38 + 184.87 \times 0.333 + 1187.60 - 824.28 \\
&= 1018.38 + 61.56 + 1187.60 - 824.28 \\
&= 1443.26(元/100\text{m}^2)
\end{aligned}
$$

换算后材料用量（每100m²）：

42.5级水泥：8.08 × 313 = 2529.04（kg）

中砂：8.08 × 0.46 = 3.717（m³）

0.5～4砾石：8.08 × 0.89 = 7.191（m³）

（5）乘系数换算　乘系数换算是指在使用某些预算定额项目时，定额的一部分或全部乘以规定的系数。例如，某地区预算定额规定，砌弧形砖墙时，定额人工费乘以1.10系数；楼地面垫层用于基础垫层时，定额人工费乘以系数1.20。

【例3-15】 C15混凝土基础垫层。

【解】 根据题意按某地区预算定额规定。楼地面垫层定额用于基础垫层时，定额人工费乘以1.20系数。

换算定额号：定-3（表3-9）。

$$
\begin{aligned}
换算后定额基价 &= \frac{原定额}{基价} + \frac{定额}{人工费} \times (系数 - 1) = 1673.96 + 258.72 \times (1.20 - 1) \\
&= 1673.96 + 258.72 \times 0.20 = 1673.96 + 51.74 \\
&= 1725.7(元/10\text{m}^3)
\end{aligned}
$$

其中：人工费 = 258.72 × 1.20 = 310.46（元/10m³）

（6）其他换算　其他换算是指不属于上述几种换算情况的定额基价换算。

【例3-16】 1:2防水砂浆墙基防潮层（加水泥用量8%的防水粉）。

【解】 根据题意和定额"定-4"（表3-9）内容应调整防水粉的用量，换算定额号：定-4（表3-9）、附-6（表3-12）。

$$
\begin{aligned}
防水粉用量 &= 定额砂浆用量 \times 砂浆配合比中的水泥用量 \times 8\% \\
&= 2.07 \times 635 \times 8\% = 105.16(\text{kg})
\end{aligned}
$$

$$换算后定额基价 = \frac{原定额}{基价} + 防水粉单价 \times \left(\frac{防水粉}{换入量} - \frac{防水粉}{换出量} \right)$$

$$= 675.29 + 1.20 \times (105.16 - 66.38)$$

$$= 675.29 + 1.20 \times 38.78 = 675.29 + 46.54$$

$$= 721.83 (元/100m^2)$$

材料用量（每 $100m^2$）：

42.5 级水泥：$2.07 \times 635 = 1314.45$（kg）

中砂：$2.07 \times 1.04 = 2.153$（m^3）

防水粉：$2.07 \times 635 \times 8\% = 105.16$（kg）

4. 安装工程预算定额的换算

安装工程预算定额中，一般不包括主要材料的材料费，定额中称之为未计价材料费。因而，安装工程定额基价是不完全工程单价。若要构成完全定额基价，就要通过换算的形式来计算。

（1）完全定额基价的计算

【例 3-17】　某地区安装工程估价表中，室内 $DN50$ 镀锌钢管螺纹连接的安装基价为 65.16 元/10m，未计价材料 $DN50$ 镀锌钢管用量 10.20m，单价 23.71 元/m，试计算该项目的完全定额基价。

【解】　完全定额基价 = 65.16 + 10.2 × 23.71 = 307.00（元/10m）

（2）乘系数换算　安装工程预算定额中，有许多项目的人工费、机械费，定额规定需乘以系数换算。例如，设置于管道间、管廊内的管道、阀门、法兰、支架的定额项目，人工费乘以系数 1.30。

【例 3-18】　计算安装某宾馆管道间 $DN25$ 镀锌给水钢管的完全定额基价和定额人工费（$DN25$ 镀锌给水钢管基价为 45.79 元/10m，其中人工费为 27.06 元/10m，未计价材料镀锌钢管用量 10.20m，单价 11.43 元/m）。

【解】

$$完全定额基价 = 45.79 + 27.06 \times (1.30 - 1) + 10.20 \times 11.43$$

$$= 45.79 + 27.06 \times 0.30 + 116.59$$

$$= 45.79 + 8.12 + 116.59 = 170.50 (元/10m)$$

其中，定额人工费 = 27.06 × 1.30 = 35.18（元/10m）。

5. 定额基价公式小结

（1）定额基价换算总公式

$$换算后定额基价 = 原定额基价 + 换入费用 - 换出费用$$

（2）定额基价换算通用公式

$$\frac{换算后定}{额基价} = \frac{原定额}{基价} + \left(\frac{定额}{人工费} + \frac{定额}{机械费} \right) \times (K - 1) +$$

$$\Sigma \left(\frac{换入半成}{品用量} \times \frac{换入半成}{品基价} - \frac{换出半成}{品用量} \times \frac{换出半成}{品基价} \right)$$

（3）定额基价换算通用公式的变换　在定额基价换算通用公式中：

1）当半成品为砌筑砂浆时，公式变为

$$\frac{换算后定}{额基价} = \frac{原定额}{基价} + \frac{砌筑砂浆}{定额用量} \times \left(\frac{换入砂}{浆基价} - \frac{换出砂}{浆基价}\right)$$

说明：砂浆用量不变，工、机费不变，$K=1$；换入半成品用量与换出半成品用量同是定额砂浆用量，提相同的公因式；半成品基价定为砌筑砂浆基价。

2）当半成品为抹灰砂浆，砂浆厚度不变，且只有一种砂浆时的换算公式为

$$\frac{换算后定}{额基价} = \frac{原定额}{基价} + \frac{抹灰砂浆}{定额用量} \times \left(\frac{换入砂}{浆基价} - \frac{换出砂}{浆基价}\right)$$

当抹灰砂浆厚度发生变化，且各层砂浆配合比不同时，用以下公式：

$$\frac{换算后定}{额基价} = \frac{原定额}{基价} + \left(\frac{定额}{人工费} + \frac{定额}{机械费}\right) \times (K-1) +$$
$$\Sigma\left(\frac{换入砂}{浆用量} \times \frac{换入砂}{浆基价} - \frac{换出砂}{浆用量} \times \frac{换出砂}{浆基价}\right)$$

3）当半成品为混凝土构件时，公式变为

$$\frac{换算后定}{额基价} = \frac{原定额}{基价} + \frac{定额混凝}{土用量} \times \left(\frac{换入混凝}{土基价} - \frac{换出混凝}{土基价}\right)$$

4）当半成品为楼地面混凝土时，公式变为

$$\frac{换算后定}{额基价} = \frac{原定额}{基价} + \left(\frac{定额}{人工费} + \frac{定额}{机械费}\right) \times (K-1) +$$
$$\frac{换入混凝}{土用量} \times \frac{换入混凝}{土基价} - \frac{换出混凝}{土用量} \times \frac{换出混凝}{土基价}$$

综上所述，只要掌握了定额基价换算的通用公式，就掌握了四种类型的换算方法。

3.3.3　概算定额

1. 概算定额的概述

概算定额是指在相应预算定额的基础上，根据有代表性的设计图样和有关资料，经过适当综合、扩大以及合并而成的，它是介于预算定额和概算指标之间的一种定额。概算定额是确定生产一定计量单位扩大结构构件或扩大分项工程所需的人工、材料和施工机械台班消耗量的标准。它可根据专业性质不同分类，如图3-9所示。

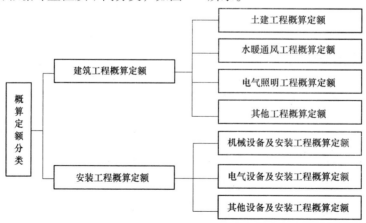

图3-9　概算定额分类

概算定额的应用和预算定额的应用有相似之处，主要表现为：符合概算定额规定的应用范围、工程内容、计量单位及综合程度时，直接套用，必要的调整和换算应严格按定额的文字说明和附录进行，避免重复计算和漏项等。定额项目表形式见表 3-14。

表 3-14 楼地面概算定额项目表

工程内容：1. 混凝土、水泥楼地面包括：垫层、找平层、面层。2. 面层包括：找平层和面层。

定额编号	项目				单位	概算单价/元	人工/工日	混凝土工程量/m³	钢筋/kg	水泥/kg	石灰/kg	砂子/kg	豆石/kg	石子/kg	焦渣/m³
9-3	细石混凝土地面				m²	14.84	0.22			15	21	32	47		
9-4	混凝土地面	面层6cm厚	灰土垫层	无筋	m²	17.08	0.22	0.056		18	21	47		70	
9-5				有筋	m²	24.48	0.24	0.056	2.0	18	21	47		70	
9-6		面层每增减1cm			m²	2.08	0.01	0.009		3		7		12	
9-7	水泥地面	灰土、焦渣垫层			m²	20.72	0.24			28	21	44			0.06
9-8		灰土、混凝土垫层			m²	20.15	0.25	0.048		26	21	74		48	
9-9	防潮水泥地面	灰土、混凝土垫层			m²	54.17	0.61	0.188		63	63	197		234	
9-10		混凝土、细石混凝土垫层			m²	35.43	0.29	0.150		57		162		189	
9-11		灰土、细石混凝土垫层			m²	26.73	0.32	0.056		35	32	82		72	

2. 概算指标

（1）概算指标的概述 概算指标是比概算定额综合、扩大性更强的一种定额指标。它是以每 100m² 建筑面积或 1000m³ 建筑体积、构筑物以座为计算单位规定出人工、材料、机械消耗数量标准或规定出每万元投资所需人工、材料、机械消耗数量及造价的数量标准。

（2）概算指标的编制依据

1）现行的设计标准、规范。

2）现行的概算指标及其他相关资料。

3）国务院各有关部门和各省、自治区、直辖市批准颁发的标准设计图集和有代表性的设计图样。

4）编制期相应地区人工工资标准、材料价格、机械台班费用等。

（3）概算指标的内容与应用

1）概算指标的内容：

①总说明。它主要从总体上说明概算指标的作用、编制依据、适应范围和使用方法等。

②示意图。表明工程的结构形式，工业项目还表示出起重机及起重能力等。

③结构特征。主要对工程的结构形式、层高、层数和建筑面积进行说明，见表 3-15。

表 3-15 内浇外砌住宅结构特征

结构类型	内浇外砌	层数	6 层	层高	2.8m	檐高	17.7m	建筑面积	4206m²

④经济指标。说明该项目每 100m²，每座的造价指标及其中土建、水暖和电照等单位工程的相应造价，见表 3-16。

表 3-16　内浇外砌住宅经济指标（100m² 建筑面积）（单位：元）

造价构成 造价分类		合　计	其　中				
			直接费	间接费	计划利润	其他	税金
单方造价		37745	21860	5576	1893	7323	1093
其中	土建	32424	18778	4790	1626	6291	939
	水暖	3182	1843	470	160	617	92
	电照	2139	1239	316	107	415	62

⑤构造内容及工程量指标。说明该工程项目的构造内容和相应计算单位的工程量指标及人工、材料消耗指标，见表 3-17、表 3-18。

表 3-17　内浇外砌住宅构造内容及工程量指标　　（100m² 建筑面积）

序号		构造特征	工程量	
			单　位	数　量
一	土建			
1	基础	灌注桩	m³	14.64
2	外墙	两砖墙、清水墙勾缝、内墙抹灰刷白	m³	24.32
3	内墙	混凝土墙、一砖墙、抹灰刷白	m³	22.70
4	柱	混凝土柱	m³	0.70
5	地面	碎砖垫层、水泥砂浆面层	m²	13
6	楼面	120mm 预制空心板、水泥砂浆面层	m²	65
7	门窗	木门窗	m²	62
8	屋面	预制空心板、水泥珍珠岩保温、三毡四油卷材防水	m²	21.7
9	脚手架	综合脚手架	m²	100

表 3-18　内浇外砌住宅人工及主要材料消耗指标　　（100m² 建筑面积）

序号	名　称	单　位	数　量	序号	名　称	单　位	数　量
一	土建			1	人工	工日	39
1	人工	工日	506	2	钢管	t	0.18
2	钢筋	t	3.25	3	散热器片	m²	20
3	型钢	t	0.13	4	卫生器具	套	2.35
4	水泥	t	18.10	5	水表	个	1.84
5	白灰	t	2.10	三	电照		
6	沥青	t	0.29	1	人工	工日	20
7	红砖	千块	15.10	2	电线	m	283
8	木材	m³	4.10	3	钢（塑）管	t	(0.04)
9	砂	m³	41	4	灯具	套	8.43
10	砾（碎）石	m³	30.5	5	电表	个	1.84
11	玻璃	m²	29.2	6	配电箱	套	6.1
12	卷材	m²	80.8	四	机械使用费	%	7.5
二	水暖			五	其他材料费	%	19.57

2）概算指标的应用。

概算指标的应用一般有两种情况。第一种情况，如果设计对象的结构特征与概算指标一致时，可直接套用。第二种情况，如果设计对象的结构特征与概算指标的规定局部不同时，要对指标的局部内容调整后再套用。

第4章 工程量计算与实例

4.1 建筑工程工程量计算

4.1.1 工程量计算的基本知识

1. 分部分项目工程的划分

根据《全国统一建筑工程基础定额（土建）》的规定，建筑工程划分为 14 个分部工程，有：土（石）方工程，桩基础工程，脚手架工程，砌筑工程，混凝土及钢筋混凝土工程，构件运输及安装工程，门窗及木结构工程，楼地面工程，屋面及防水工程，防腐、保温、隔热工程，装饰工程，金属结构制作工程，建筑工程垂直运输，建筑物超高降效。

每个分部工程中分为若干分项工程，例如，砌筑分部工程分为砌砖、砌石两个分项工程。分部工程以及分项工程名称见表 4-1。其中建筑工程垂直运输分部适用于檐高大于 3.6m 的建筑工程；建筑物超高降效适用于建筑高度超过 20m（层数 6 层以上）的工程。

表 4-1 建筑工程分部工程以及分项工程名称

序	分部工程名称	分 项 工 程 名 称
1	土石方工程	人工土石方；机械土石方
2	桩基础工程	柴油打桩机打预制钢筋混凝土桩；预制钢筋混凝土桩接桩；液压静力压桩机压预制钢筋混凝土方桩；打拔钢板桩；打孔灌注混凝土桩；长螺旋钻孔灌注混凝土桩；潜水钻机钻孔灌注混凝土桩；泥浆运输；打孔灌注砂、碎石或砂石桩；灰土挤密桩；桩架 90°调面、超运距移动
3	脚手架工程	外脚手架；里脚手架；满堂脚手架；悬空脚手架挑脚手架、防护架；依附斜道；安全网；烟囱（水塔）脚手架、电梯井字架、架空运输道
4	砌筑工程	砌砖、砌石
5	混凝土及钢筋混凝土工程	现浇混凝土模板；预制混凝土模板；构筑物混凝土模板；钢筋；现浇混凝土；预制混凝土；构筑物混凝土；钢筋混凝土构件接头灌缝；集中搅拌；运输、泵输送混凝土
6	构件运输及安装工程	构件运输；预制混凝土构件安装；金属结构件安装
7	门窗及木结构工程	门窗；木结构
8	楼地面工程	垫层；找平层；整体面层；块料面层；栏杆、扶手
9	屋面及防水工程	屋面；防水；变形缝
10	防腐、保温、隔热工程	防腐；保温；隔热
11	装饰工程	墙柱面装饰；顶棚装饰；油漆、涂饰、裱糊
12	金属结构制作工程	钢柱制作；钢屋架、钢托架制作；钢吊车梁、钢制动梁制作；钢起重机轨道制作；钢支撑、钢檩条、钢墙架制作；钢平台、钢梯子、钢栏杆制作；钢漏斗、H 型钢制作；球节点钢网架制作；钢屋架、钢托架制作平台摊销
13	建筑工程垂直运输	建筑物垂直运输；构筑物垂直运输
14	建筑物超高降效	建筑物超高人工、机械降效率；建筑物超高加压水泵台班

每个分项工程中，根据所使用材料、施工对象及构造特征，又分有若干子目。例如：砌砖分项工程中分有 65 个子目，计有砖基础、单面清水砖墙、混水砖墙、弧形砖墙、多孔砖墙、空心砖墙等。

每个子目都有一个定额编号，编号的前面数字表示分部工程序号，后面数字表示该分部工程中子目序号。例如：定额编号 4-10，表示砌筑工程分部，1 砖厚混水砖墙。

2. 分部分项目工程名称

列出分部分项工程项目名称，一般按下述方法进行：先按建筑工程的施工图内容、施工方案及施工条件等，参照《全国统一建筑工程基础定额》中的建筑工程分部、分项工程划分表，确定该建筑工程的分部工程名称。从土石方工程开始，顺序参照施工图内容，逐个确定分部工程名称。例如：多层砖混结构的住宅楼可列有土石方工程、脚手架工程、砌筑工程、混凝土及钢筋混凝土工程、构件运输及安装工程、门窗及木结构工程、楼地面工程、屋面及防水工程、防腐保温隔热工程、装饰工程、垂直运输。

再从每一个分部工程中，顺序参照施工图内容，逐个确定分项工程名称。例如：多层砖混结构的住宅楼混凝土及钢筋混凝土分部工程中，可列有现浇混凝土模板、预制混凝土模板、钢筋、现浇混凝土、预制混凝土五个分项工程。

在每一个分项工程中，按定额编号顺序、参照施工图内容，列出相应的子目名称。凡定额上列的子目名称，施工图上也有此项内容，则按照定额上子目名称列出；凡定额上列的子目名称，施工图上无此内容则不列出这个子目名称；凡定额上没有的子目，而施工图上却有工程任务，则按当地颁发的补充定额列出该子目的名称。例如：多层砖混结构住宅楼砌筑分项工程中应列出砖基础、1 砖混水砖墙、砖平碹、钢筋砖过梁等子目。

列子目名称时，一定要看清定额上所说明该子目所用材料及其规格、构造做法等施工条件。如果与施工图上内容完全相同，则列出该子目名称就够了。若有某一条件不符合，则应再列一个调整的子目名称。例如：某住宅钢门窗刷调合漆三遍，则先列出 11-574 单层钢门窗刷调合漆两遍子目，再补充列出 11-576 单层钢门窗每增加一遍调合漆子目。

一个钢筋混凝土构件要列三个子目，例如：预制钢筋混凝土空心板（板厚 120mm），要列 5-164 空心板模板、5-3236 钢筋（点焊）、5-435 空心板混凝土三个子目。

分部分项子目列出后，应按定额编号顺序，逐个登在工程量计算表上，以便逐个计算其工程量。

3. 分部分项目工程名称实例

施工条件：地基土为二类土，人工开挖；钢筋混凝土多孔板运距为 5km；垂直运输机械用卷扬机。外脚手用钢管架，里脚手用木架。

根据该工程构造情况及施工条件，涉及土石方工程、脚手架工程、砌筑工程、混凝土及钢筋混凝土工程、构件运输及安装工程、门窗及木结构工程、楼地面工程、屋面及防水工程、防腐保温隔热工程、装饰工程、建筑工程垂直运输等 11 个分部工程。

分部分项子目列于表 4-2。

表 4-2　住宅楼分部分项子目

分部	定额编号	分项子目名称	备 注
土石方工程	1—5 1—46 1—48	人工挖沟槽 回填土 平整场地	槽深 2m 以内夯填

（续）

分部	定额编号	分项子目名称	备　注
脚手架工程	3—6 3—15	双排外钢管架 木里脚手架	15m 以内
砌筑工程	4—1 4—10 4—61 4—62	砖基础 1 砖混水砖墙 砖地沟 砖平碹	
混凝土及钢筋 混凝土工程	5—73	现浇单梁模板	组合钢模板、钢支撑
	5—82	现浇圈梁模板	组合钢模板、木支撑
	5—108	现浇平板模板	组合钢模板、钢支撑
	5—119	现浇楼梯模板	木模板木支撑
	5—121	现浇阳台、雨篷模板	木模板木支撑
	5—124	现浇栏板模板	木模板木支撑
	5—129	现浇挑檐模板	木模板木支撑
	5—150	预制过梁模板	木模板
	5—165	预制空心板模板	板厚 180mm 以内
	5—182	预地沟盖板模板	木模板
	5—294	现浇构件 $\phi6.5$ 钢筋	
	5—295	现浇构件 $\phi8$ 钢筋	
	5—296	现浇构件 $\phi10$ 钢筋	
	5—297	现浇构件 $\phi12$ 钢筋	
	5—298	现浇构件 $\phi14$ 钢筋	
	5—321	预制构件冷拔钢丝	点焊
	5—323	预制构件 $\phi6$ 钢筋	点焊
	5—325	预制构件 $\phi8$ 钢筋	点焊
	5—355	$\phi6$ 箍筋	
	5—406	现浇单梁混凝土	
	5—408	现浇圈梁混凝土	
	5—419	现浇平板混凝土	
	5—421	现浇楼梯混凝土	
	5—423	现浇悬挑板混凝土	阳台、雨篷
	5—425	现浇栏板混凝土	
	5—430	现浇挑檐混凝土	
	5—441	预制过梁混凝土	
	5—453	预制空心板混凝土	
	5—469	预制地沟盖板混凝土	
	5—529	预制空心板接头灌缝	
构件运输及 安装工程	6—3 6—333	空心板运输 空心板安装	1 类构件、运距 5km 卷扬机安装，0.3m³ 以内
门窗及木结构工程	7—25	单扇镶板门门框制作	无纱、无亮
	7—26	单扇镶板门门框安装	无纱、无亮
	7—27	单扇镶板门门扇制作	无纱、无亮
	7—28	单扇镶板门门扇安装	无纱、无亮
	7—57	单扇胶合板门门框制作	无纱、有亮
	7—58	单扇胶合板门门框安装	无纱、有亮
	7—59	单扇胶合板门门扇制作	无纱、有亮
	7—60	单扇胶合板门门扇安装	无纱、有亮
	7—89	单扇半截玻璃门门框制作	无纱、有亮
	7—90	单扇半截玻璃门门框安装	无纱、有亮

（续）

分部	定额编号	分项子目名称	备　注
门窗及木结构工程	7—91	单扇半截玻璃门门扇制作	无纱、有亮
	7—92	单扇半截玻璃门门扇安装	无纱、有亮
	7—288	铝合金平开门安装	
	7—291	铝合金平开窗安装	
	7—325	执手锁安装	
	7—326	弹子锁安装	
	7—327	门窗贴脸	
楼地面工程	8—1	灰土垫层	基础及散水垫层
	8—16	混凝土垫层	地面垫层
	8—19	水泥砂浆找平层	
	8—23	水泥砂浆楼地面面层	
	8—24	水泥砂浆楼梯面层	
	8—27	水泥砂浆踢脚板	
	8—43	混凝土散水	面层一次抹光
	8—74	楼地面铺彩釉砖	每块周长 800mm 以上
	8—151	塑料扶手	
	8—153	塑料弯头	
屋面及防水工程	9—18	三元乙丙橡胶卷材屋面	
	9—66	玻璃钢排水管	单屋面排水系统，φ110
	9—70	玻璃钢水斗	φ110
	9—112	防水砂浆	平面
保温工程	10—200	屋面水泥蛭石块保温	
装饰工程	11—25	水泥砂浆外墙裙	砖墙
	11—30	水泥砂浆零星项目	
	11—36	混合砂浆墙面	砖墙面
	11—168	砂浆贴瓷板	墙面
	11—281	硬木窗帘盒	单轨
	11—290	混凝土顶棚抹混合砂浆	一次抹灰
	11—481	单层木门刷清漆两遍	
	11—483	窗帘盒刷清漆两遍	
	11—606	抹灰面刷乳胶漆两遍	
	11—611	阳台、雨篷刷乳胶漆两遍	
垂直运输	13—1	卷扬机垂直运输	住宅、混合结构

4.1.2　土（石）方工程工程量计算

　　土方石工程工程量包括平整场地、挖掘沟槽、基坑、挖土、回土、运土和进点降水等，在计算土石方工程工程量前，应确定下列各项资料：

　　1）土壤及岩石类别的确定。土石方工程土壤及岩石类别的划分，依工程勘测资料与《土壤及岩石分类表》对照后确定（该表在建筑工程预算定额中）。

　　2）地下水位标高及排（降）水方法。

　　3）土方、沟槽、基坑挖（填）土起止标高、施工方法及运距。

　　4）岩石开凿、爆破方法、石碴清运方法及运距。

　　5）其他有关资料。

土方体积，均以挖掘前的天然密实体积为准计算。如遇有必须以天然密实体积折算时，可按表 4-3 所列数值换算。

表 4-3　土方体积折算表

虚方体积	天然密实度体积	夯实后体积	松填体积
1.00	0.77	0.67	0.83
1.30	1.00	0.87	1.08
1.50	1.15	1.00	1.25
1.20	0.92	0.80	1.00

【例 4-1】　已知挖天然密实 $4m^3$ 土方，求虚方体积 V。

【解】　$V = 4.1 \times 1.30 = 5.20$（$m^3$）

挖土一律以设计室外地坪标高为准计算。

1. 平整场地

人工平整场地是指建筑场地挖、填土方厚度在 ±30cm 以内及找平（图 4-1）。挖、填土方厚度超过 ±30cm 以外时，按场地土方平衡竖向布置图另行计算。

图 4-1　平整场地示意图

注意：

1）人工平整场地如图 4-2 所示，超过 ±30cm 的按挖、填土方计算工程量。

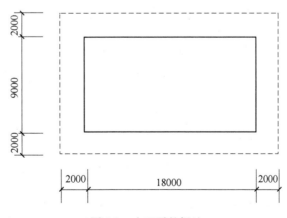

图 4-2　人工平整场地

2）场地土方平衡竖向布置，是将原有地形划分成 20m×20m 或 10m×10m 若干个方格网，将设计标高和自然地形标高分别标注在方格点的右上角和左下角。再根据这些标高数据计算出零线位置，然后确定挖方区和填方区的精度较高的土方工程量计算方法。

平整场地工程量按建筑物外墙外边线（用 $L_外$ 表示）每边各加 2cm，以平方米计算。

【例4-2】 根据图4-2计算人工平整场地工程量

【解】

$$S_平 = (9.0 + 2.0 \times 2) \times (18.0 + 2.0 \times 2)$$
$$= 9.0 \times 18.0 + 9.0 \times 2.0 \times 2 + 2.0 \times 2 \times 18 + 2.0 \times 2 \times 2.0 \times 2$$
$$= 9.0 \times 18.0 + (9.0 \times 2 + 18.0 \times 2) \times 2.0 + 2.0 \times 2.0 \times 4$$
$$= 162 + 54 \times 2.0 + 16$$
$$= 286(m^2)$$

上式中，9.0×18.0 为底面积，用 $S_底$ 表示；54为外墙外边周长，用 $L_外$ 表示；故可以整理为

$$S_平 = S_底 + L_外 \times 2 + 16$$

上式示意图如图4-3所示。

【例4-3】 根据图4-4所示计算人工平整场地工程量。

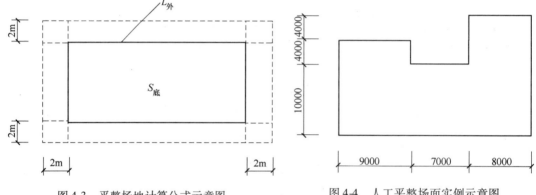

图4-3　平整场地计算公式示意图　　　　图4-4　人工平整场面实例示意图

【解】
$$S_底 = (10.0 + 4.0) \times 9.0 + 10.0 \times 7.0 + 18.0 \times 8.0 = 340(m^2)$$
$$L_外 = (18 + 24 + 4) \times 2 = 92(m)$$
$$S_平 = 340 + 92 \times 2 + 16 = 540(m^2)$$

注：上述平整场地工程量计算公式只适合于由矩形组成的建筑物平面布置的场地平整工程量计算，如果遇其他形状，还需按有关方法计算。

2. 挖掘沟槽、基坑土方的有关规定

（1）沟槽、基坑划分

1）凡图示沟槽底宽在3m以内，且沟槽长大于槽宽3倍以上的，为沟槽，如图4-5所示。

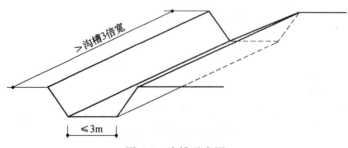

图4-5　沟槽示意图

2）凡图示基坑底面积在 20m² 以内为基坑，如图 4-6 所示。

3）凡图示沟槽底宽 3m 以外，坑底面积 20m² 以外，平整场地挖土方厚度在 30cm 以外，均按挖土方计算。

注意：

1）图示沟槽底宽和基坑底面积的长、宽均不含两边工作面的宽度。

2）根据施工图判断沟槽、基坑、挖土方的顺序是：先根据尺寸判断沟槽是否成立，若不成立再判断是否属于基坑，若还不成立，就一定是挖土方项目。

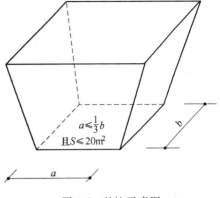

图 4-6　基坑示意图

【例 4-4】　根据表 4-4 中各段挖方的长宽尺寸，分别确定挖土项目。

表 4-4　挖土项目一览表

位置	长/m	宽/m	挖土项目	位置	长/m	宽/m	挖土项目
A 段	3.0	0.8	沟槽	D 段	20.0	3.05	挖土方
B 段	3.0	1.0	基坑	E 段	6.1	2.0	沟槽
C 段	20.0	3.0	沟槽	F 段	6.0	2.0	基坑

（2）放坡系数　计算挖沟槽、基坑、土方工程量需放坡时，放坡系数按表 4-5 规定计算。

表 4-5　放坡系数表

土壤类别	放坡起点/m	人工挖土	机 械 挖 土	
			在坑内作业	在坑上作业
一、二类土	1.20	1:0.5	1:0.33	1:0.75
三类土	1.50	1:0.33	1:0.25	1:0.67
四类土	2.00	1:0.25	1:0.10	1:0.33

注：1. 沟槽、基坑中土壤类别不同时，分别按其放坡起点、放坡系数，依不同土壤厚度加权平均计算。

　　2. 计算放坡时，在交接处的重复工程量不予扣除，原槽、坑作基础垫层时，放坡从垫层上表面开始计算。

注意：

1）放坡起点深是指挖土方时，各类土超过表中的放坡起点深时，才能按表中的系数计算放坡工程量。例如图 4-38 中若是三类土时，$H > 1.50$m 才能计算放坡。

2）表 4-5 中，人工挖四类土超过 2m 深时，放坡系数为 1:0.25，含义是每挖深 1m，放坡宽度 b 就增加 0.25m。

3）从图 4-7 中可以看出，放坡宽度 b 与深度 H 和放坡角度 α 之间的关系是正切函数关系，即 $\tan\alpha = \dfrac{b}{H}$，不同的土壤类别取不同的 α 角度值，所以不难看出，放坡系数就是根据

$\tan\alpha$ 来确定的。例如，三类土的 $\tan\alpha \dfrac{b}{H} = 0.33$，将 $\tan\alpha = K$ 表示放坡系数，故放坡宽度 $b = KH$。

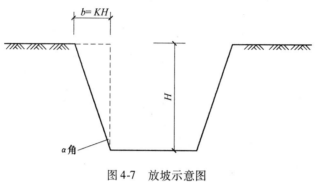

图 4-7　放坡示意图

4）沟槽放坡时，交接处重复工程量不予扣除，如图 4-8 所示。

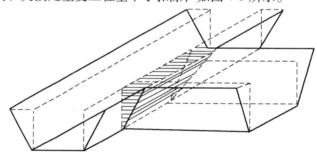

图 4-8　沟槽放坡时，交接处重复工程量示意图

5）原槽、坑作基础垫层时，放坡自垫层上表面开始，如图 4-9 所示。

（3）支挡土板　挖沟槽、基坑需支挡土板时，其挖土宽度按图 4-10 所示沟槽、基坑底宽，单面加 10cm，双面加 20cm 计算。挡土板面积，按槽、坑垂直支撑面积计算。支挡土板后，不得再计算放坡。

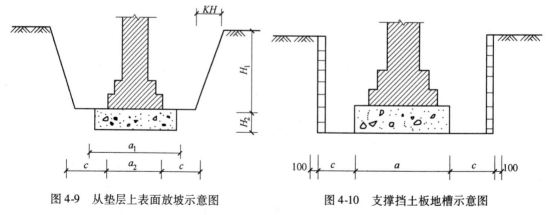

图 4-9　从垫层上表面放坡示意图　　　　图 4-10　支撑挡土板地槽示意图

（4）基础施工所需工作面　按表 4-6 规定计算。

表4-6　基础施工所需工作面宽度计算表

基础材料	每边各增加工作面宽度/mm	基础材料	每边各增加工作面宽度/mm
砖基础	200	混凝土基础支模板	300
浆砌毛石、条石基础	150	基础垂直面做防水层	800
混凝土基础垫层支模板	300		

（5）沟槽长度　挖沟槽长度，外墙按图示中心线长度计算；内墙按图示基础底面之间净长线长度计算；内外凸出部分（垛、附墙烟囱等）体积并入沟槽土方工程量内计算。

【例4-5】　根据图4-11计算地槽长度。

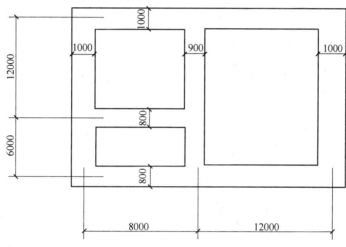

图4-11　地槽及槽底宽平面图

【解】　外墙地槽长（宽1.0m）=(12+6+8+12)×2=76(m)

$$内墙地槽长（宽0.9m）=6+12-\frac{1.0}{2}=17(m)$$

$$内墙地槽长（宽0.8m）=8-\frac{1.0}{2}-\frac{0.9}{2}=7.05(m)$$

（6）人工挖土方超深　深度超过1.5m时，按表4-7的规定增加工日。

表4-7　人工挖土超深增加工日表　　　　（单位：100m³）

深2m以内	深4m以内	深6m以内
5.55工日	17.60工日	26.16工日

（7）挖管道沟槽土方　挖管道沟槽按图示中心线长度计算。沟底宽度，设计有规定的，按设计规定尺寸计算；设计无规定时，可按表4-8规定的宽度计算。

（8）沟槽、基坑、地沟深度　沟槽、基坑深度按图示槽、坑底面至室外地坪深度计算；管道地沟按图示沟底至室外地坪深度计算。

3. 土方工程量计算

（1）地槽（沟）土方

表4-8 管道地沟沟底宽度计算表   （单位：m）

管径/mm	铸铁管、钢管、石棉水泥管	混凝土、钢筋混凝土、预应力混凝土管	陶土管
50～70	0.60	0.80	0.70
100～200	0.70	0.90	0.80
250～350	0.80	1.00	0.90
400～450	1.00	1.30	1.10
500～600	1.30	1.50	1.40
700～800	1.60	1.80	
900～1000	1.80	2.00	
1100～1200	2.00	2.30	
1300～1400	2.20	2.60	

注：1. 按上表计算管道沟土方工程量时，各种井类及管道（不含铸铁给水排水管）接口等处需加宽增加的土方量不另行计算；底面积大于20m²的井类，其增加工程量并入管沟土方内计算。

2. 铺设铸铁给水排水管道时其接口等处土方增加量，可按铸铁给水排水管道地沟土方总量的2.5%计算。

1）有放坡地槽（图4-12）。

计算公式： $V = (a + 2c + KH)HL$

式中 a——基础垫层宽度；

c——工作面宽度；

H——地槽深度；

K——放坡系数；

L——地槽长度。

【例4-6】 某地槽长15.50m，槽深1.60m，混凝土基础垫层宽0.90m，有工作面，三类土，计算人工挖地槽工程量。

【解】 已知：$a = 0.90$m

$c = 0.30$m（查表4-6）

$H = 1.60$m

$L = 15.50$m

$K = 0.33$（查表4-5）

故： $V = (d + 2c + KH)HL$

$= (0.90 + 2 \times 0.30 + 0.33 \times 1.60) \times 1.60 \times 15.50$

$= 2.028 \times 1.60 \times 15.50 = 50.29 (\text{m}^3)$

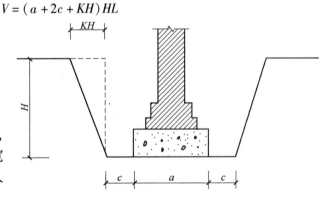

图4-12 有放坡地槽示意图

2）支撑挡土板地槽。

计算公式： $V = (a + 2c + 2 \times 0.10)HL$

式中变量含义同上。

3）有工作面不放坡地槽（图4-13）。

计算公式： $V = (a + 2c)HL$

4）无工作面不放坡地槽（图4-14）。

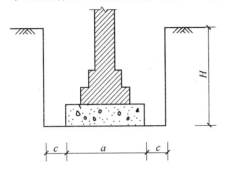

图4-13 有工作面不放坡地槽示意图

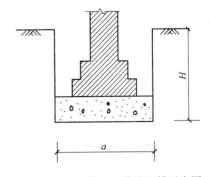

图4-14 无工作面不放坡地槽示意图

计算公式：

$$V = aHL$$

5）自垫层上表面放坡地槽（图4-15）。

计算公式：

$$V = [a_1 H_2 + (a_2 + 2c + KH_1)H_1]L$$

【例4-7】 根据图4-15中的数据计算12.8m长地槽的土方工程量（三类土）。

【解】 已知：$a_1 = 0.90\text{m}$

$a_2 = 0.63\text{m}$

$c = 0.30\text{m}$

$H_1 = 1.55\text{m}$

$H_2 = 0.30\text{m}$

$K = 0.33$（查表4-5）

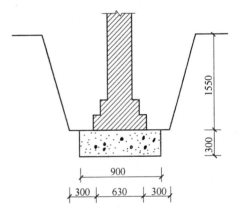

图4-15 自垫层上表面放坡实例

故： $V = [0.9 \times 0.30 + (0.63 + 2 \times 0.30 + 0.33 \times 1.55) \times 1.55] \times 12.8$

$= (0.27 + 2.70) \times 12.80 = 2.97 \times 12.80 = 38.02(\text{m}^3)$

（2）地坑土方

1）矩形不放坡地坑。

计算公式： $V = abH$

2）矩形放坡地坑（图4-16）。

计算公式：

$$V = (a + 2c + KH)(b + 2c + KH)H + \frac{1}{3}K^2 H^3$$

式中 a——基础垫层宽度；

b——基础垫层长度；

c——工作面宽度；

H——地坑深度；

K——放坡系数。

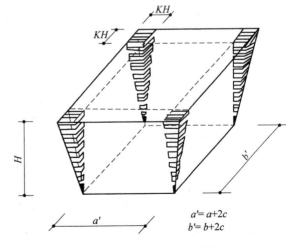

图4-16 放坡地坑示意图

【例4-8】 已知某基础土方为四类土，混凝土基础垫层长、宽为1.50m和1.20m，深度为 2.20m，有工作面，计算该基础工程土方工程量。

【解】 已知：$a = 1.20 \text{m}$

$$b = 1.50 \text{m}$$

$$H = 2.20 \text{m}$$

$K = 0.25$ （查表 4-5）

$c = 0.30$ （查表 4-6）

故： $V = (1.20 + 2 \times 0.30 + 0.25 \times 2.20) \times (1.50 + 2 \times 0.30 + 0.25 \times 2.20) \times$

$$2.20 + \frac{1}{3} \times 0.25^2 \times 2.20^3$$

$$= 2.35 \times 2.65 \times 2.20 + 0.22 = 13.92 (\text{m}^3)$$

3）圆形不放坡地坑。

计算公式： $\qquad\qquad V = \pi r^2 H$

4）圆形放坡地坑（图 4-17）。

计算公式： $V = \frac{1}{3}\pi H [r^2 + (r + KH)^2 + r(r + KH)]$

式中 r——坑底半径（含工作面）；

H——坑深度；

K——放坡系数。

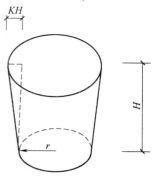

图 4-17 圆形放坡地坑示意图

【例 4-9】 已知一圆形放坡地坑，混凝土基础垫层半径为 0.40m，坑深 1.65m，二类土，有工作面，计算其土方工程量。

【解】 已知：$c = 0.30 \text{m}$ （查表 4-6）

$$r = 0.40 + 0.30 = 0.70 \text{m}$$

$$H = 1.65$$

$$K = 0.50$$ （查表 4-5）

故： $V = \frac{1}{3} \times 3.1416 \times 1.65 \times [0.70^2 + (0.70 + 0.50 \times 1.65)^2 +$

$$0.70 \times (0.70 + 0.50 \times 1.65)]$$

$$= 1.728 \times (0.49 + 2.326 + 1.068)$$

$$= 1.728 \times 3.884 = 6.71 (\text{m}^3)$$

（3）挖孔桩土方 人工挖孔桩土方应按图示桩断面面积乘以设计桩孔中心线深度计算。挖孔桩的底部一般是球冠体（如图 4-18 所示）。

球冠体的体积计算公式为

$$V = \pi h^2 \left(R - \frac{h}{3} \right)$$

由于施工图中一般只标注 r 的尺寸，无 R 尺寸，所以需变换一下求 R 的公式：

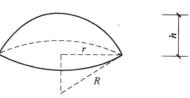

图 4-18 球冠体示意图

已知： $\qquad\qquad r^2 = R^2 - (R - h)^2$

故： $\qquad\qquad r^2 = 2Rh - h^2$

$$R = \frac{r^2 + h^2}{2h}$$

【例 4-10】 根据图 4-19 中的有关数据和上述计算公式，计算挖孔桩土方工程量。

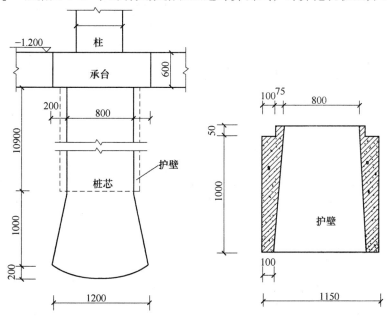

图 4-19　挖孔桩示意图

【解】 （1）桩身部分

$$V = 3.1416 \times \left(\frac{1.15}{2}\right)^2 \times 10.90 = 11.32 \ (\text{m}^3)$$

（2）圆台部分

$$V = \frac{1}{3}\pi h(r^2 + R^2 + rR)$$

$$= \frac{1}{3} \times 3.1416 \times 1.0 \times \left[\left(\frac{0.80}{2}\right)^2 + \left(\frac{1.20}{2}\right)^2 + \frac{0.80}{2} \times \frac{1.20}{2}\right]$$

$$= 1.047 \times (0.16 + 0.36 + 0.24)$$

$$= 1.047 \times 0.76 = 0.80(\text{m}^3)$$

（3）球冠部分

$$R = \frac{\left(\frac{1.20}{2}\right)^2 + (0.2)^2}{2 \times 0.2} = \frac{0.40}{0.4} = 1.0\text{m}$$

$$V = \pi h^2\left(R - \frac{h}{3}\right) = 3.1416 \times (0.20)^2 \times \left(1.0 - \frac{0.20}{3}\right) = 0.12\text{m}^3$$

所以：　　　　　　　挖孔桩体积 = 11.32 + 0.80 + 0.12 = 12.24m^3

（4）挖土方　挖土方是指不属于沟槽、基坑和平整场地厚度超过 ±300mm，按土方平衡竖向布置的挖方。单位工程的挖方或填方工程分别在 2000m^3 以上的及无砌筑管道沟的挖土方时，常用的方法有横截面计算法和方格网计算法两种。

1）横截面计算法，见表4-9。

表4-9　常用不同截面计算公式

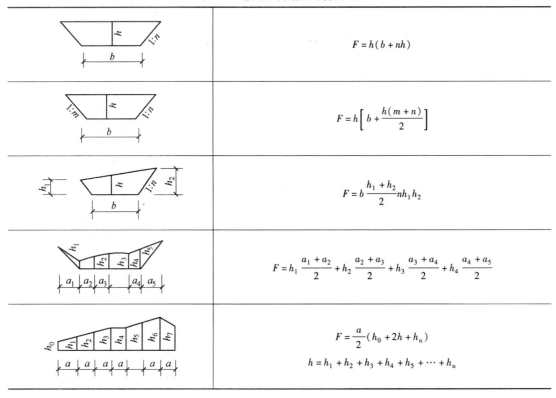

	$F = h(b + nh)$
	$F = h\left[b + \dfrac{h(m+n)}{2} \right]$
	$F = b\dfrac{h_1 + h_2}{2}nh_1 h_2$
	$F = h_1\dfrac{a_1 + a_2}{2} + h_2\dfrac{a_2 + a_3}{2} + h_3\dfrac{a_3 + a_4}{2} + h_4\dfrac{a_4 + a_5}{2}$
	$F = \dfrac{a}{2}(h_0 + 2h + h_n)$ $h = h_1 + h_2 + h_3 + h_4 + h_5 + \cdots + h_n$

计算土方量，按照计算的各截面面积，根据相邻两截面间距离，计算出土方量，其计算公式如下：

$$V = \frac{F_1 + F_2}{2}L$$

式中　V——相邻两截面间土方量（m^3）；

　F_1、F_2——相邻两截面的填、挖方截面（m^2）；

　　　L——相邻两截面的距离（m）。

2）方格网计算法。在一个方格网内同时有挖土和填土时（挖土地段冠以"＋"号，填土地段冠以"－"号），应求出零点（即不填不挖点），零点相连就是划分挖土和填土的零界线（图4-20）。计算零点可采用以下公式：

$$x = \frac{h_1}{h_1 + h_4}a$$

式中　x——施工标高至零界线的距离；

　h_1、h_4——挖土和填土的施工标高；

　　　a——方格网的每边长度。

方格网内的土方工程量计算，有下列几个公式：

图4-20　零界线示意图

①四点均为填土或挖土（图4-21）。

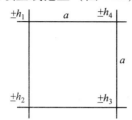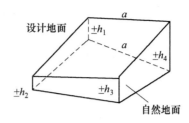

图4-21　四角均为挖土或填土

公式为

$$\pm V = \frac{h_1 + h_2 + h_3 + h_4}{4}a^2$$

式中　　　$\pm V$——填土或挖土的工程量（m^3）；

h_1、h_2、h_3、h_4——施工标高（m）；

　　　　a——方格网的每边长度（m）。

②两点为挖土和两点为填土（图4-22）。

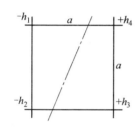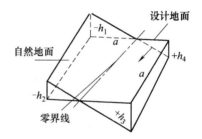

图4-22　两点为挖土和两点为填土

公式为：

$$+ V = \frac{(h_1 + h_2)^2}{4(h_1 + h_2 + h_3 + h_4)}a^2$$

$$- V = \frac{(h_3 + h_4)^2}{4(h_1 + h_2 + h_3 + h_4)}a^2$$

③三点挖土和一点填土或三点填土一点挖土（图4-23）。

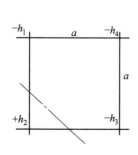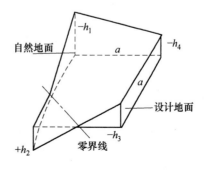

图4-23　三点挖（填）土和一点填（挖）土

公式为

$$+V = \frac{h_2^3}{6(h_1 + h_2)(h_2 + h_3)}a^2$$

$$-V = +V + \frac{a^2}{6}(2h_1 + 2h_2 + h_4 - h_3)$$

④两点挖土和两点填土成对角形（图 4-24）。

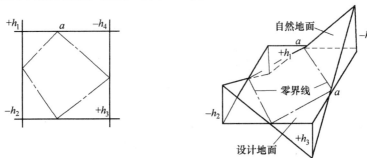

图 4-24　两点挖土和两点填土成对角形

中间一块即四周为零界线，就不挖不填，所以只要计算四个三角锥体，公式为

$$\pm V = \frac{1}{6} \times 底面积 \times 施工标高$$

以上土方工程量计算公式，是假设在自然地面和设计地面都是平面的条件，但自然地面很少符合实际情况的。因此，计算出来的土方工程量会有误差。为了提高计算的精确度，应检查一下计算的精确程度，用 K 值表示：

$$K = \frac{h_2 + h_4}{h_1 + h_3}$$

上式即方格网的两对角点的施工标高总和的比例。当 $K = 0.75 \sim 1.35$ 时，计算精确度为 5%；$K = 0.80 \sim 1.20$ 时，计算精确度为 3%；一般土方工程量计算的精确度为 5%。

【例 4-11】　某建设工程场地大型土方方格网图（图 4-25）。

(43.24)		(43.44)		(43.64)		(43.84)		(43.04)
1 43.24	2 43.72	3 43.93	4 44.09	5 44.56
I	II	III	IV	
(43.14)	(43.34)	(43.54)	(43.74)	(43.94)
6 42.79	7 43.34	8 43.70	9 43.00	10 44.25
V	VI	VII	VIII	
(43.04)	(43.24)	(43.44)	(43.64)	(43.84)
11 42.35	12 42.36	13 43.18	14 43.43	15 43.89

图 4-25　土方方格网图

$a = 30$m，括号内为设计标高，无括号为地面实测标高，单位均为 m。

1）施工标高：

施工标高＝地面实测标高－设计标高（图 4-26）。

2）求零线。先求零点，图中已知 1 和 7 为零点，尚需求 8～13、9～14、14～15 线上的零点，如 8～13 线上的零点为

$$x = \frac{ah_1}{h_1 + h_2} = \frac{30 \times 0.16}{0.26 + 0.16} = 11.4$$

另一段为 $\alpha - x = 30 - 11.4 = 18.6$。

求出零点后，连接各零点即为零线，图上折线为零线，以上为挖方区，以下为填方区。

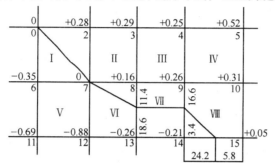

图 4-26 方格网零线图

3）求土方量。计算见表 4-10。

表 4-10 土方工程量计算表

方格编号	挖方（+）	填方（-）
I	$\frac{1}{2} \times 30 \times 30 \times \frac{0.28}{3} = 42$	$\frac{1}{2} \times 30 \times 30 \times \frac{0.35}{3} = 52.5$
II	$30 \times 30 \times \frac{0.29 + 0.16 + 0.28}{4} = 164.25$	
III	$30 \times 30 \times \frac{0.25 + 0.26 + 0.16 + 0.29}{4} = 216$	
IV	$30 \times 30 \times \frac{0.52 + 0.31 + 0.26 + 0.25}{4} = 301.5$	
V		$30 \times 30 \times \frac{0.88 + 0.69 + 0.35}{4} = 432$
VI	$\frac{1}{2} \times 30 \times 11.4 \times \frac{0.16}{3} = 9.12$	$\frac{1}{2}(30 + 18.6) \times 30 \times \frac{0.88 + 0.26}{4} = 207.77$
VII	$\frac{1}{2} \times (11.4 + 16.6) \times 30 \times \frac{0.16 + 0.26}{4} = 44.10$	$\frac{1}{2}(13.4 + 18.6) \times 30 \times \frac{0.21 + 0.26}{4} = 56.40$
VIII	$\left[30 \times 30 - \frac{(30 - 5.8) \times (30 - 16.6)}{2} \times \frac{0.26 + 0.31 + 0.05}{5} \right] = 91.49$	$\frac{1}{2} \times 13.4 \times 24.2 \times \frac{0.21}{3} = 11.35$
合计	868.46	760.02

（5）回填土 回填土分夯填和松填，按图示尺寸和下列规定计算：

1）沟槽、基坑回填土。沟槽、基坑回填土体积以挖方体积减去设计室外地坪以下埋设砌筑物（包括：基础垫层、基础等）体积计算，如图 4-27 所示。

计算公式： V = 挖方体积 – 设计室外地坪以下埋设砌筑物

说明：如图4-27所示，在减去沟槽内砌筑的基础时，不能直接减去砖基础的工程量。因为砖基础与砖墙的分界线在设计室内地面，而回填土的分界线在设计室外地坪，所以要注意调整两个分界线之间相差的工程量。即

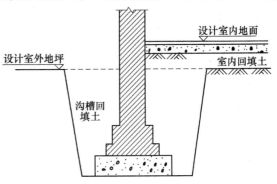

回填土体积 = 挖方体积 – 基础垫层体积 – 砖基础体积 + 高出设计室外地坪砖基础体积

2）房心回填土。房心回填土即室内回填土，按主墙之间的面积乘以回填土厚度计算。

图4-27 沟槽及室内回填土示意图

计算公式： V = 室内净面积 × （设计室内地坪标高 – 设计室外地坪标高 – 地面面层厚 – 地面垫层厚） = 室内净面积 × 回填土厚

3）管道沟槽回填土。管道沟槽回填土以挖方体积减去管道所占体积计算。管径在500mm以下的不扣除管道所占体积；管径超过500mm以上时，按表4-11的规定扣除管道所占体积。

表4-11 管道扣除土方体积表   （单位：m³）

管道名称	管道直径/mm					
	501~600	601~800	801~1000	1001~1200	1201~1400	1401~1600
钢管	0.21	0.44	0.71			
铸铁管	0.24	0.49	0.77			
混凝土管	0.33	0.60	0.92	1.15	1.35	1.55

（6）运土 运土包括余土外运和取土。当回填土方量小于挖方量时，需余土外运；反之，需取土。各地区的预算定额规定，土方的挖、填、运工程量均按自然密实体积计算，不换算为虚方体积。

计算公式：运土体积 = 总挖方量 – 总回填量

式中计算结果为正值时，为余土外运体积；为负值时，为取土体积。

土方运距按下列规定计算：

推土机运距：按挖方区重心至回填区重心之间的直线距离计算。

铲运机运土距离：按挖方区重心至卸土区重心加转向距离45m计算。

自卸汽车运距：按挖方区重心至填土区（或堆放地点）重心的最短距离计算。

4. 井点降水

井点降水分别以轻型井点、喷射井点、大口径井点、电渗井点、水平井点，按不同井管深度的安装、拆除，以根为单位计算，使用按套、天计算。

井点套组成：

轻型井点：50根为一套。

喷射井点：30根为一套。

大口径井点：45 根为一套。

电渗井点阳极：30 根为一套。

水平井点：10 根为一套。

井管间距应根据地质条件和施工降水要求，依施工组织设计确定。施工组织设计没有规定时，可按轻型井点管距 0.8 ~ 1.6m，喷射井点管距 2 ~ 3m 确定。

使用天应以每昼夜 24h 为一天，使用天数应按施工组织设计规定的天数计算。

4.1.3 桩与地基基础工程工程量计算

1. 预制钢筋混凝土桩

（1）打桩 打预制钢筋混凝土桩的体积，按设计桩长（包括桩尖，不扣除桩尖虚体积）乘以桩截面面积计算。管桩的空心体积应扣除。如管桩的空心部分按设计要求灌注混凝土或其他填充材料时，应另行计算。预制桩、桩靴示意图如图 4-28 所示。

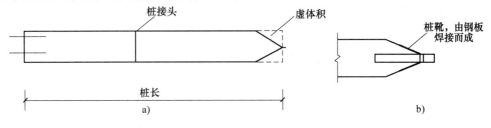

图 4-28 预制柱、桩靴示意图

a）预制桩示意图 b）桩靴示意图

（2）接桩 电焊接桩按设计接头，以个计算（图 4-29）；硫磺胶泥接桩按桩断面面积以平方米计算（图 4-30）。

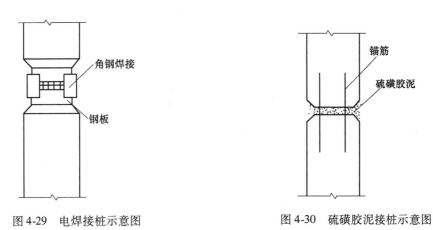

图 4-29 电焊接桩示意图   图 4-30 硫磺胶泥接桩示意图

（3）送桩 送桩按桩截面面积乘以送桩长度（即打桩架底至桩顶面高度或自桩顶面至自然地坪面另加 0.5m）计算。

（4）液压静力压桩机压预制钢筋混凝土方桩 液压静力压桩机压预制钢筋混凝土方桩工程量按不同桩长、土壤级别，以预制钢筋混凝土方桩的体积计算。

2. 钢板桩

打桩机打钢板桩工程量按不同桩长、土壤级别，以钢板桩的重量计算。

打桩机拔钢板桩工程量按不同桩长、土壤级别，以钢板桩的重量计算。

安拆导向夹具工程量按导向夹具的长度计算。

3. 灌注桩

（1）打孔灌注混凝土桩　打孔灌注混凝土桩工程量按不同打桩机类型、桩长、土壤级别，以灌注混凝土桩的体积计算。

灌注混凝土桩体积按设计桩长（包括桩尖）乘以钢管管箍外径断面面积计算，不扣除桩尖虚体积。

打孔后先埋入预制混凝土桩尖，再灌注混凝土者，桩尖部分另行计算。灌注桩体积按设计长度（自桩尖顶面至桩顶面的高度）乘以钢管管箍外径断面面积计算。

（2）长螺旋钻孔灌注混凝土桩　长螺旋钻孔灌注混凝土桩工程量按不同桩机形式、桩长、土壤级别，以钻孔灌注混凝土桩的体积计算。

钻孔灌注混凝土桩体积按设计桩长（包括桩尖）增加 0.25m 乘以桩断面面积计算。

（3）潜水钻机钻孔灌注混凝土桩　潜水钻机钻孔灌注混凝土桩工程量按不同桩直径、土壤级别，以灌注混凝土桩的体积计算。

（4）泥浆运输　泥浆运输工程量按不同运距，以钻孔体积计算。

（5）打孔灌注砂（碎石或砂石）桩　打孔灌注砂（碎石或砂石）桩工程量按不同打桩机形式、桩长、单桩体积、土壤级别，以灌注桩的体积计算。

灌注桩体积按设计桩长（包括桩尖）乘以钢管管箍外径断面面积计算，不扣除桩尖虚体积。

4. 灰土挤密桩

灰土挤密桩工程量按不同桩长、土壤级别，以挤密桩的体积计算。

挤密桩体积按设计桩长乘以桩断面面积计算。

4.1.4　脚手架工程工程量计算

建筑工程施工中所需搭设的脚手架，应计算工程量。目前，脚手架工程量有两种计算方法，即综合脚手架和单项脚手架。具体采用哪种方法计算，应按本地区预算定额的规定执行。

1. 综合脚手架

为了简化脚手架工程工程量的计算，一些地区以建筑面积为综合脚手架的工程量。综合脚手架不管搭设方式，一般综合了砌筑、浇筑、吊装、抹灰等所需脚手架材料的摊销量，综合了木制、竹制、钢管脚手架等，但不包括浇灌满堂基础等脚手架的项目。综合脚手架一般按单层建筑物或多层建筑物分不同檐口高度来计算工程量，若是高层建筑，还须计算高层建筑超高增加费。

2. 单项脚手架

单项脚手架是根据工程具体情况按不同的搭设方式搭设的脚手架，一般包括单排脚手架、双排脚手架、里脚手架、满堂脚手架、悬空脚手架、挑脚手架、防护架、烟囱（水塔）脚手架、电梯井字架、架空运输道等。单项脚手架的项目应根据批准了的施工组织设计或施工方案确定；如施工方案无规定，应根据预算定额的规定确定。

（1）单项脚手架工程工程量计算一般规则

1）建筑物外墙脚手架：凡设计室外地坪至檐口（或女儿墙上表面）的砌筑高度在15m以下的按单排脚手架计算；砌筑高度在15m以上的或砌筑高度虽不足15m，但外墙门窗及装饰面积超过外墙表面积60%以上时，均按双排脚手架计算。采用竹制脚手架时，按双排计算。

2）建筑物内墙脚手架：凡设计室内地坪至顶板下表面（或山墙高度的1/2处）的砌筑高度在3.6m以下的（含3.6m），按里脚手架计算；砌筑高度超过3.6m以上时，按单排脚手架计算。

3）石砌墙体，凡砌筑高度超过1.0m以上时，按外脚手架计算。

4）计算内、外墙脚手架时，均不扣除门、窗洞口、空圈洞口等所占的面积。

5）同一建筑物高度不同时，应按不同高度分别计算。

【例4-12】 根据图4-31所示尺寸，计算建筑物外墙脚手架工程工程量。

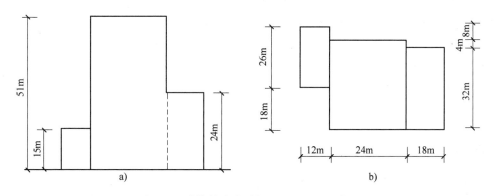

图4-31 计算外墙脚手架工程工程量示意图
a）建筑立面 b）建筑物平面

【解】 单排脚手架(15m 高) = (26 + 12 × 2 + 8) × 15 = 870(m^2)

双排脚手架(24m 高) = (18 × 2 + 32) × 24 = 1632(m^2)

双排脚手架(27m 高):32 × 27 = 864(m^2)

双排脚手架(36m 高) = (26 − 8) × 36 = 648(m^2)

双排脚手架(51m 高) = (18 + 24 × 2 + 4) × 51 = 3570(m^2)

6）现浇钢筋混凝土框架柱、梁按双排脚手架计算。

7）围墙脚手架：凡室外自然地坪至围墙顶面的砌筑高度在3.6m以下的，按里脚手架计算；砌筑高度超过3.6m以上时，按单排脚手架计算。

8）室内顶棚装饰面距设计室内地坪在3.6m以上时，应计算满堂脚手架。计算满堂脚手架后，墙面装饰工程则不再计算脚手架。

9）滑升模板施工的钢筋混凝土烟囱、筒仓，不另计算脚手架。

10）砌筑储仓，按双排外脚手架计算。

11）储水（油）池，大型设备基础，凡距地坪高度超过1.2m以上时，均按双排脚手架计算。

12）整体满堂钢筋混凝土基础，凡其宽度超过3m以上时，按其底板面积计算满堂脚手架。

（2）砌筑脚手架工程工程量计算

1）外脚手架按外墙外边线长度，乘以外墙砌筑高度以平方米计算，凸出墙面宽度在24cm以内的墙垛、附墙烟囱等不计算脚手架；宽度超过24cm以外时按图示尺寸展开计算。并入外脚手架工程量之内。

2）里脚手架按墙面垂直投影面积计算。

3）独立柱按图示柱结构外围周长另加3.6m，乘以砌筑高度以平方米计算，套用相应外脚手架定额。

（3）现浇钢筋混凝土框架脚手架计算

1）现浇钢筋混凝土柱按柱图示周长尺寸另加3.6m，乘以柱高以平方米计算，套用外脚手架定额。

2）现浇钢筋混凝土梁、墙，按设计室外地坪或楼板上表面至楼板底之间的高度，乘以梁、墙净长以平方米计算，套用相应双排外脚手架定额。

（4）装饰工程脚手架工程工程量计算

1）满堂脚手架按室内净面积计算，其高度在3.6~5.2m时，计算基本层；超过5.2m时，每增加1.2m按增加一层计算，不足0.6m的不计，算式表示如下：

$$满堂脚手架增加层 = \frac{室内净高 - 5.2m}{1.2m}$$

【例4-13】　某大厅室内净高9.50m，试计算满堂脚手架增加层数。

$$满堂脚手架增加层 = \frac{9.50 - 5.2}{1.2} = 3 层余 0.7m \approx 4 层$$

【解】

2）挑脚手架按搭设长度和层数，以延长米计算。

3）悬空脚手架按搭设水平投影面积以平方米计算。

4）高度超过3.6m的墙面装饰不能利用原砌筑脚手架时，可以计算装饰脚手架。装饰脚手架按双排脚手架乘以0.3计算。

（5）其他脚手架工程量计算

1）水平防护架按实际铺板的水平投影面积，以平方米计算。

2）垂直防护架按自然地坪至最上一层横杆之间的搭设高度，乘以实际搭设长度，以平方米计算。

3）架空运输脚手架按搭设长度以延长米计算。

4）烟囱、水塔脚手架区别不同搭设高度以座计算。

5）电梯井脚手架按单孔以座计算。

6）斜道区别不同高度，以座计算。

7）砌筑储仓脚手架，不分单筒或储仓组，均按单筒外边线周长乘以设计室外地坪至储仓上口之间高度，以平方米计算。

8）储水（油）池脚手架，按外壁周长乘以室外地坪至池壁顶面之间高度，以平方米计算。

9）大型设备基础脚手架，按其外形周长乘以地坪至外形顶面边线之间高度，以平方米计算。

10）建筑物垂直封闭工程量，按封闭面的垂直投影面积计算。

（6）安全网工程量计算

1）立挂式安全网按网架部分的实挂长度乘以实挂高度计算。

2）挑出式安全网按挑出的水平投影面积计算。

4.1.5 砌筑工程工程量计算

1. 砌墙的一般规定

（1）计算墙体的规定

1）计算墙体时，应扣除门窗洞口、过人洞、空圈、嵌入墙身的钢筋混凝土柱、梁（包括过梁、圈梁及埋入墙内的挑梁）、砖平碹（图 4-32）、平砌砖过梁和散热器壁龛（图 4-33）及内墙板头（图 4-34）的体积，不扣除梁头、外墙板头（图 4-35）、檩头、垫木、木楞头、沿椽木、木砖、门窗框走头（图 4-36）、砖墙内的加固钢筋、木筋、铁件、钢管及每个面积在 0.3m² 以下的孔洞等所占的体积，凸出墙面的窗台虎头砖（图 4-37）、压顶线（图 4-38）、烟囱根（图 4-39、图 4-40）、波砖以内的腰线和挑檐（图 4-41）、山墙泛水（图 4-42）、窗套（图 4-43）等体积也不增加。

图 4-32 砖平碹示意图

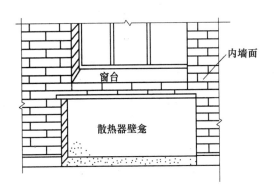

图 4-33 散热器壁龛示意图

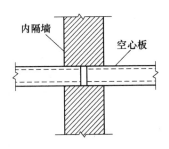

图 4-34 内墙板头示意图

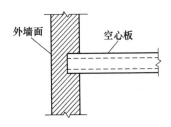

图 4-35 外墙板头示意图

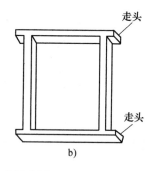

图 4-36   木门窗走头示意图

a) 木头框走头示意图   b) 木窗框走头示意图

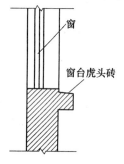

图 4-37   凸出墙面的窗台虎头砖示意图

图 4-38   砖压顶线示意图

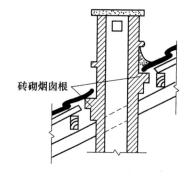

图 4-39   砖烟囱剖面图（平瓦坡屋面）

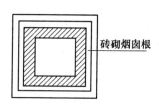

图 4-40   砖烟囱平面图

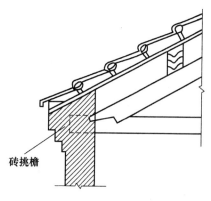

图 4-41   坡屋面砖挑檐示意图

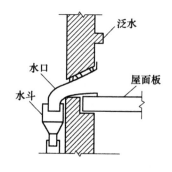

图 4-42   山墙泛水、排水示意图

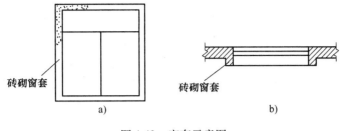

图 4-43　窗套示意图

a）窗套立面图　b）窗套剖面图

2）砖垛、三皮砖以上的腰线和挑檐等体积，并入墙身体积内计算（图 4-44）。

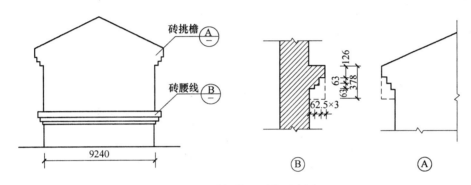

图 4-44　砖挑檐、腰线示意图

3）附墙烟囱（包括附墙通风道、垃圾道）按其外形体积计算，并入所依附的墙体内，不扣除每一个孔洞横截面面积在 0.1m² 以下的体积，但孔洞内的抹灰工程量也不增加。

4）女儿墙（图 4-45）高度，自外墙顶面至图示女儿墙顶面高度，不同墙厚分别并入外墙计算。

5）砖平碹、平砌砖过梁按图示尺寸以立方米计算。如设计无规定时，砖平碹按门窗洞口宽度两端共加 100mm，乘以高度计算（门窗洞口宽小于 1500mm 时，高度为 240mm；大于 1500mm 时，高度为 365mm）；平砌砖过梁按门窗洞口宽度两端共加 500mm，按 440mm 计算。

（2）砌体厚度的规定

1）标准砖尺寸以 240mm×115mm×53mm 为准，其砌体（图 4-46）计算厚度按表 4-12 计算。

2）使用非标准砖时，其砌体厚度应按砖实际规格的设计厚度计算。

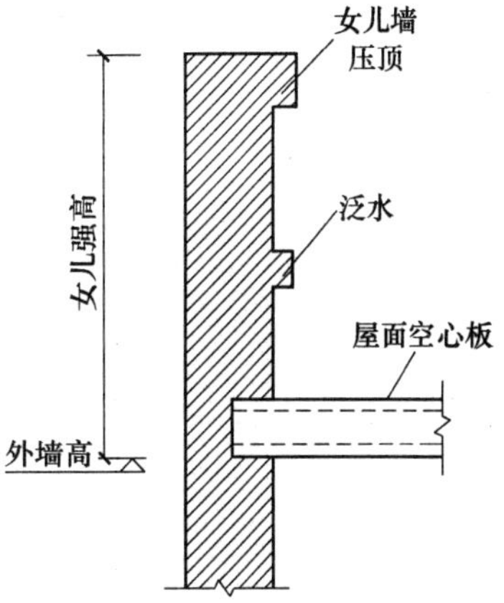

2. 砖的基础概述

（1）基础与墙（柱）身的划分

1）基础与墙（柱）身（图 4-47）使用同一种材料时，以设计室内地面为界；有地下室者，以地下室室内设计地面为界（图 4-48），以下为基础，以上为墙（柱）身。

图 4-45　女儿墙

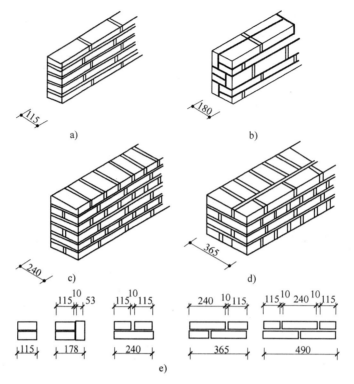

图 4-46　墙厚与标准砖规格的关系
a）1/2 砖砖墙示意图　b）3/4 砖砖墙示意图　c）1 砖砖墙示意图
d）1½砖砖墙示意图　e）墙厚示意图

表 4-12　标准砖砌体计算厚度表

砖数（厚度）	1/4	1/2	3/4	1	1.5	2	2.5	3
计算厚度/mm	53	115	180	240	365	490	615	740

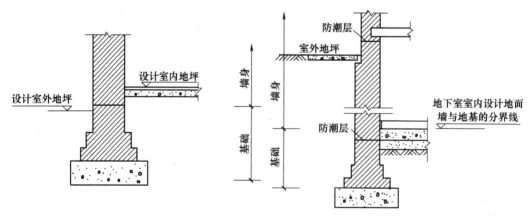

图 4-47　基础与墙身划分示意图   图 4-48　地下室的基础与墙身划分示意图

2）基础与墙身使用不同材料时，位于设计室内地面 ±300mm 以内时，以不同材料为分界线；超过 ±300mm 时，以设计室内地面为分界线。

3）砖、石围墙以设计室外地坪为界线，以下为基础，以上为墙身。

（2）基础长度 外墙墙基按外墙中心线长度计算；内墙墙基按内墙基净长计算。基础大放脚T形接头处的重叠部分以及嵌入基础的钢筋、铁件、管道、基础防潮层及单个面积在0.3m²以内孔洞所占体积不予扣除，但靠墙散热器沟的挑檐也不增加。附墙垛基础宽出部分体积应并入基础工程量内。

砖砌挖孔桩护壁工程量按实砌体积计算。

【例4-14】 根据图4-49基础施工图的尺寸，计算砖基础的长度（基础墙均为240mm厚）。

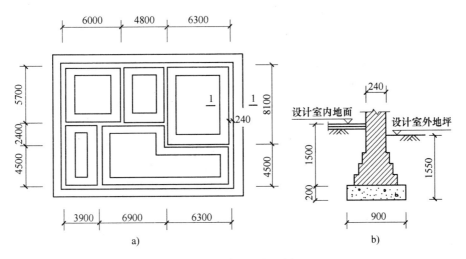

图 4-49 砖基础施工图

a）基础平面图 b）1-1剖面图

【解】

（1）外墙砖基础长（$L_中$）

$$L_中 = \left[(4.5 + 2.4 + 5.7) + (3.9 + 6.9 + 6.3) \right] \times 2$$
$$= (12.6 + 17.1) \times 2$$
$$= 59.40 (m)$$

（2）内墙砖基础净长（$l_内$）

$$l_内 = (5.7 - 0.24) + (8.1 - 0.24) + (4.5 + 2.4 - 0.24) + (6.0 + 4.8 - 0.24) + 6.3$$
$$= 5.46 + 7.86 + 6.66 + 10.56 + 6.30$$
$$= 36.84 (m)$$

（3）有放脚砖墙基础

1）等高式放脚砖基础（图4-50a）。计算公式：

$$V_基 = (基础墙厚 \times 基础墙高 + 放脚增加面积) \times 基础长$$
$$= (dh + \Delta S)l$$
$$= \left[dh + 0.126 \times 0.0625n(n+1) \right]l$$
$$= \left[dh + 0.007875n(n+1) \right]l$$

式中　0.007875——一个放脚标准块面积；

$0.007578n(n+1)$——全部放脚增加面积；

　　　　　　　n——放脚层数；

　　　　　　　d——基础墙厚；

　　　　　　　h——基础墙高；

　　　　　　　l——基础长。

【例4-15】 某工程砌筑的等高式标准砖放脚基础如图4-50a所示，当基础墙高 $h=1.4\mathrm{m}$，基础长 $l=25.65\mathrm{m}$ 时，计算砖基础工程量。

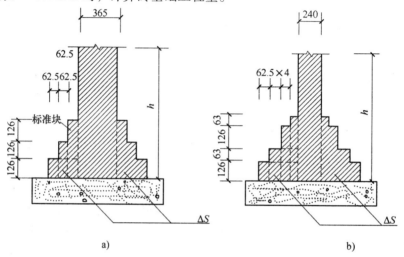

图4-50　大放脚砖基础示意图

a）等高式大放脚砖基础　b）不等高式大放脚砖基础

【解】 已知：$d=0.365$，$h=1.4\mathrm{m}$，$l=25.65\mathrm{m}$，$n=3$

$$V_{砖基}=(0.365\times1.40+0.007875\times3\times4)\times25.65$$

$$=0.6055\times25.65$$

$$=15.53(\mathrm{m}^3)$$

2）不等高式放脚砖基础（图4-50b）。计算公式：

$$V_{基}=\{dh+0.007875[n(n+1)-\sum半层放脚层数值]\}l$$

式中　半层放脚层数值——半层放脚（0.063m）高所在放脚层的值。如图4-50b中为 $1+3=4$。

其余字母含义同上式。

【例4-16】 某工程大放脚砖基础的尺寸如图4-50b所示，当 $h=1.56\mathrm{m}$、基础长 $l=18.5\mathrm{m}$ 时，计算砖基础工程量。

【解】 已知：$d=0.24\mathrm{m}$，$h=1.56\mathrm{m}$，$L=18.5\mathrm{m}$，$n=4$

$$V_{砖基}=\{0.24\times1.56+0.007875\times[4\times5-(1+3)]\}\times18.5$$

$$=(0.3744+0.007875\times16)\times18.5$$

$$=0.5004\times18.5$$

$$=9.26(\mathrm{m}^3)$$

标准砖大放脚基础，放脚面积增加见表4-13。

表 4-13   砖墙基础大放脚面积增加表

放脚层数 (n)	增加断面面积 ΔS/m²		放脚层数 (n)	增加断面面积 ΔS/m²	
	等高	不等高 (奇数层为半层)		等高	不等高 (奇数层为半层)
一	0.01575	0.0079	十	0.8663	0.6694
二	0.04725	0.0394	十一	1.0395	0.7560
三	0.0945	0.0630	十二	1.2285	0.9450
四	0.1575	0.1260	十三	1.4333	1.0474
五	0.2363	0.1654	十四	1.6538	1.2679
六	0.3308	0.2599	十五	1.8900	1.3860
七	0.4410	0.3150	十六	2.1420	1.6380
八	0.5670	0.4410	十七	2.4098	1.7719
九	0.7088	0.5119	十八	2.6933	2.0554

3）基础放脚 T 形接头重复部分（如图 4-51 所示）。

（4）毛条石、毛石基础   毛条石基础断面形状如图 4-52 所示，毛石基础断面形状如图 4-53 所示。

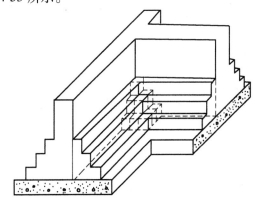

图 4-51   基础放脚 T 形接头重复部分示意图

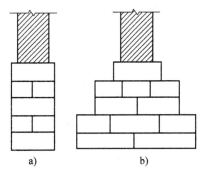

图 4-52   毛条石基础断面形状

a）矩形   b）阶梯形

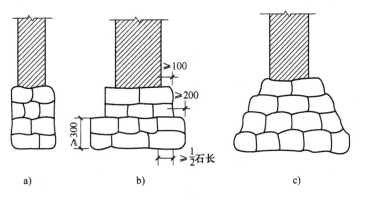

图 4-53   毛石基础断面形状

a）矩形   b）阶梯形   c）梯形

（5）有放脚砖柱基础　有放脚砖柱基础工程量计算分为两部分：一是将柱的体积算至基础底；二是将柱四周放脚体积算出（如图 4-54、图 4-55 所示）。

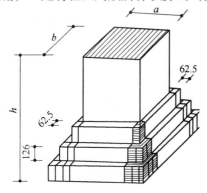

图 4-54　砖柱四周放脚示意图

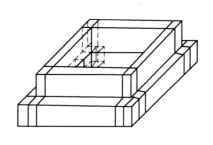

图 4-55　砖柱基四周放脚体积 ΔV 示意图

计算公式：

$$V_{柱基} = abh + \Delta V$$
$$= abh + n(n+1)\left[0.007875(a+b) + 0.000328125(2n+1)\right]$$

式中　a——柱断面长；

b——柱断面宽；

h——柱基高；

n——放脚层数；

ΔV——砖柱四周放脚体积。

【例 4-17】　某工程有 5 个等高式放脚砖柱基础，根据下列条件计算砖基础工程量：

柱断面：$0.36\text{m} \times 0.365\text{m}$

柱基高：1.85m

放脚层数：5 层

$V_{柱基} = 5(根柱基) \times \{0.365 \times 0.365 \times 1.85 + 5 \times 6 \times [0.007875 \times (0.365 + 0.365) +$
　　　　$0.000328125 \times (2 \times 5 + 1)]\}$

　　　$= 5 \times (0.246 + 0.281)$

　　　$= 5 \times 0.527$

　　　$= 2.64(\text{m}^3)$

砖柱基四周放脚体积见表 4-14。

表 4-14　砖柱基四周放脚体积　　　　　　　　　（单位：m^3）

放脚层数 ＼ $a \times b$	0.24×0.24	0.24×0.365	0.365×0.365 0.24×0.49	0.365×0.49 0.24×0.615	0.49×0.49 0.365×0.615	0.49×0.615 0.365×0.74	0.365×0.865 0.615×0.615	0.615×0.74 0.49×0.865	0.74×0.74 0.615×0.865
一	0.010	0.011	0.013	0.015	0.017	0.019	0.021	0.024	0.025
二	0.033	0.038	0.045	0.050	0.056	0.062	0.068	0.074	0.080
三	0.073	0.085	0.097	0.108	0.120	0.132	0.144	0.156	0.167
四	0.135	0.154	0.174	0.194	0.213	0.233	0.253	0.272	0.292

(续)

放脚层数 ＼ $a \times b$	0.24 × 0.24	0.24 × 0.365	0.365 × 0.365 0.24 × 0.49	0.365 × 0.49 0.24 × 0.615	0.49 × 0.49 0.365 × 0.615	0.49 × 0.615 0.365 × 0.74	0.365 × 0.865 0.615 × 0.615	0.615 × 0.74 0.49 × 0.865	0.74 × 0.74 0.615 × 0.865
五	0.221	0.251	0.281	0.310	0.340	0.369	0.400	0.428	0.458
六	0.337	0.379	0.421	0.462	0.503	0.545	0.586	0.627	0.669
七	0.487	0.543	0.597	0.653	0.708	0.763	0.818	0.873	0.928
八	0.674	0.745	0.816	0.887	0.957	1.028	1.095	1.170	1.241
九	0.910	0.990	1.078	1.167	1.256	1.344	1.433	1.521	1.61
十	1.173	1.282	1.390	1.498	1.607	1.715	1.823	1.931	2.04

3. 砖墙

（1）墙的长度　外墙长度按外墙中心线长度计算，内墙长度按内墙净长线计算。墙长计算方法如下：

1）墙长在转角处的计算。墙体在 90°转角时，用中轴线尺寸计算墙长，就能算准墙体的体积。例如，图 4-56 的Ⓐ图中，按箭头方向的尺寸算至两轴线的交点时，墙厚方向的水平断面面积重复计算的矩形部分正好等于没有计算到的矩形面积。因而，凡是 90°转角的墙，算到中轴线交叉点时，就算够了墙长。

2）T 形接头的墙长计算。当墙体处于 T 形接头时，T 形上部水平墙拉通算完长度后，垂直部分的墙只能从墙内边算净长。例如，图 4-56 中的Ⓑ图，当轴上的墙算完长度后，只能从墙内边起计算Ⓑ轴的墙长，故内墙应按净长计算。

3）十字形接头的墙长计算。当墙体处于十字形接头状时，计算方法基本同 T 形接头，如图 4-56 中Ⓒ图的示意。因此，十字形接头处分断的二道墙也应算净长。

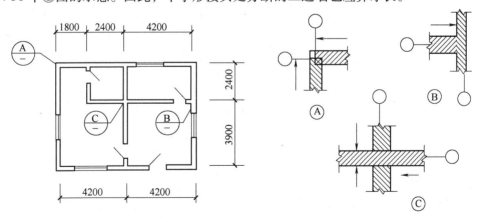

图 4-56　墙长计算示意图

【例 4-18】　根据图 4-56，计算内、外墙长（墙厚均为 240mm）。

【解】　（1）240mm 厚外墙长

$$L_{中} = \left[(4.2 + 4.2) + (3.9 + 2.4) \right] \times 2 = 29.40(\text{m})$$

（2）240mm 厚内墙长

$$L_{中} = (3.9 + 2.4 - 0.24) + (4.2 - 0.24) + (2.4 - 0.12) + (2.4 - 0.12)$$
$$= 14.58(\text{m})$$

（2）墙身高度的规定

1）外墙墙身高度。斜（坡）屋面无檐口顶棚者算至屋面板底；有屋架，且室内外均有顶棚者（图4-57），算至屋架下弦底面另加200mm；无顶棚者算至屋架下弦底面另加300mm（图4-58），出檐宽度超过600mm时，应按实砌高度计算；平屋面算至钢筋混凝土板底（图4-59）。

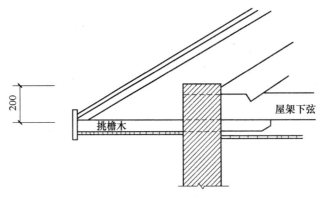

图4-57　室内外均有顶棚时的外墙高度示意图

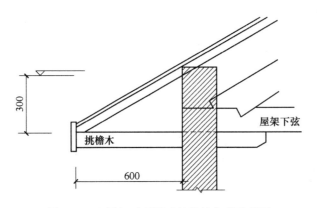

图4-58　有屋架无顶棚时的外墙高度示意图

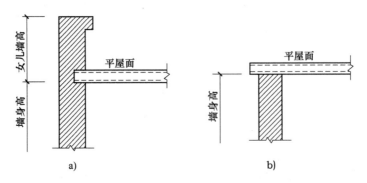

图4-59　平屋面外墙墙身高度示意图

2）内墙墙身高度。内墙位于屋架下弦者（图 4-60），其高度算至屋架底；无屋架者（图 4-61）算至顶棚底另加 100mm；有钢筋混凝土楼板隔层者（图 4-62）算至板底；有框架梁时（图 4-63）算至梁底面。

3）内、外山墙墙身高度，按其平均高计算（图 4-64、图 4-65）。

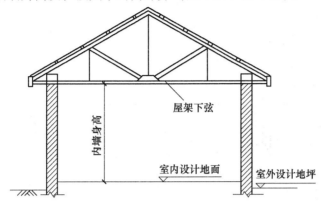

图 4-60　层架下弦的内墙墙身高度示意图

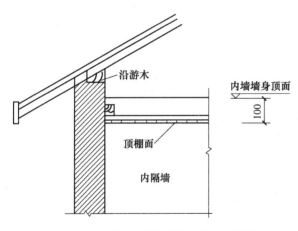

图 4-61　无屋架时的内墙墙身高度示意图

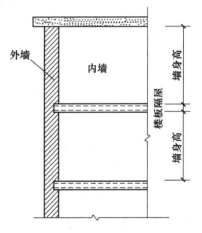

图 4-62　有混凝土楼板隔层时的
内墙墙身高度示意图

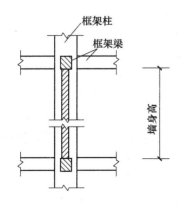

图 4-63　有框架梁时的墙身高度示意图

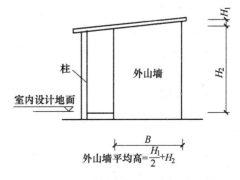

外山墙平均高$=\dfrac{H_1}{2}+H_2$

图 4-64　一坡水屋面外山墙墙高示意图

（3）**框架间砌体** 分别内外墙以框架间的净空面积（图4-63）乘以墙厚计算。框架外表镶贴砖部分也并入框架间砌体工程量内计算。

空花墙按空花部分外形体积以立方米计算，空花部分不予扣除，其中实体部分另行计算（图4-66）。

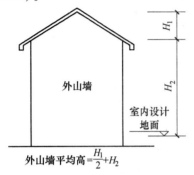

图4-65　二坡水屋面山墙身高度示意图

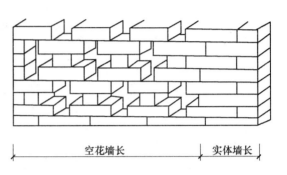

图4-66　空花墙与实体墙划分示意图

（4）**空斗墙** 按外形尺寸以立方米计算，墙角、内外墙交接处，门窗洞口立边，窗台砖及屋檐处的实砌部分已包括在定额内，不另行计算。但窗间墙、窗台下、楼板下、梁头下等实砌部分，应另行计算，套零星砌体定额项目，如图4-67所示。

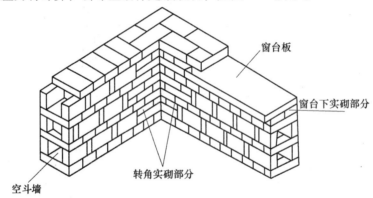

图4-67　空斗墙转角及窗台下实砌部分示意图

（5）**多孔砖、空心砖** 按图示厚度以立方米计算，不扣除其孔、空心部分体积。

（6）**填充墙** 按外形尺寸以立方米计算，其中实砌部分已包括在定额内，不另计算。

（7）**加气混凝土墙、硅酸盐砌块墙、小型空心砌块墙** 按图示尺寸以立方米计算，按设计规定需要镶嵌砖砌体部分已包括在定额内，不另计算。

4. 其他砌体

1）砖砌锅台、炉灶，不分大小，均按图示外形尺寸以立方米计算，不扣除各种空洞的体积。

说明：

①锅台一般是指大食堂、餐厅里用的锅灶。

②炉灶一般是指住宅里每户用的灶台。

2）砖砌台阶（不包括梯带）（图 4-68）按水平投影面积以平方米计算。

3）厕所蹲位、水槽腿、灯箱、垃圾箱、台阶挡墙或梯带、天台、花池、地垄墙及支撑地塄砖墩，房上烟囱、屋面架空隔热层砖墩及毛石墙的门窗立边、窗台虎头砖等实砌体积，以立方米计算，套用零星砌体定额项目，如图 4-69 ~ 图 4-74 所示。

4）检查井及化粪池不分壁厚均以立方米计算，洞口上的砖平拱碹等并入砌体体积内计算。

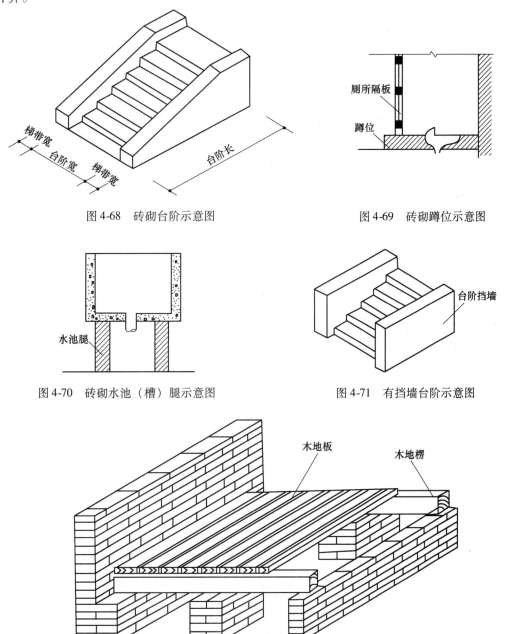

图 4-68　砖砌台阶示意图　　　　　　　　图 4-69　砖砌蹲位示意图

图 4-70　砖砌水池（槽）腿示意图　　　　图 4-71　有挡墙台阶示意图

图 4-72　地垄墙及支撑地塄砖墩示意图

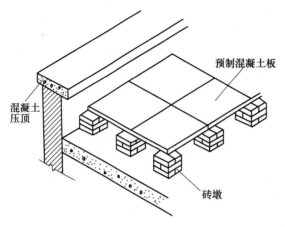

图 4-73　屋面架空隔热层砖墩示意图

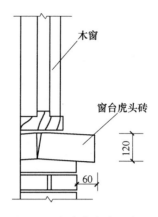

图 4-74　窗台虎头砖示意图

注：石墙的窗台虎头砖单独计算工程量。

5）砖砌地沟不分墙基、墙身合并以立方米计算。石砌地沟按其中心线长度以延长米计算。

5. 砖烟囱

1）筒身：圆形、方形均按图示筒壁平均中心线周长乘以厚度，并扣除筒身各种孔洞、钢筋混凝土圈梁、过梁等体积以立方米计算。其筒壁周长不同时可按下式分段计算：

$$V = \sum (HC\pi D)$$

式中　V——筒身体积；

　　　H——每段筒身垂直高度；

　　　C——每段筒壁厚度；

　　　D——每段筒壁中心线的平均直径。

【例 4-19】　根据图 4-75 中的有关数据和上述公式，计算砖砌烟囱和圈梁工程量。

【解】

1）砖砌烟囱工程量

已知：$H = 9.50\mathrm{m}$，$C = 0.365\mathrm{m}$

①上段

求：
$$D = (1.40 + 1.60 + 0.365) \times \frac{1}{2} = 1.68(\mathrm{m})$$

所以
$$V_{\text{上}} = 9.50 \times 0.365 \times 3.1416 \times 1.68 = 18.30 \ (\mathrm{m}^3)$$

②下段

已知：$H = 9.0\ \mathrm{m}$，$C = 0.490\mathrm{m}$

求：
$$D = (2.0 + 1.60 + 0.365 \times 2 - 0.49) \times \frac{1}{2} = 1.92(\mathrm{m})$$

所以
$$V_{\text{下}} = 9.0 \times 0.49 \times 3.1416 \times 1.92 = 26.60 \ (\mathrm{m}^3)$$
$$V = 18.30 + 26.60 = 44.90 \ (\mathrm{m}^3)$$

2）混凝土圈梁工程量

①上部圈梁

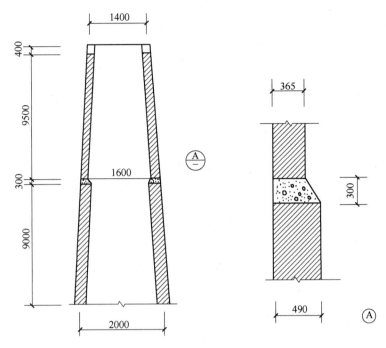

图 4-75　有圈梁砖烟囱示意图

$$V_{上} = 1.40 \times 3.1416 \times 0.4 \times 0.365 = 0.64 \ (\text{m}^3)$$

②中部圈梁

$$圈梁中心直径 = 1.60 + 0.365 \times 2 - 0.49 = 1.84 \ (\text{m})$$

$$圈梁断面面积 = (0.365 + 0.49) \times \frac{1}{2} \times 0.30 = 0.128 \ (\text{m}^2)$$

$$V_{中} = 1.84 \times 3.1416 \times 0.128 = 0.74 \ (\text{m}^3)$$

所以　　　　　　　　　　$$V = 0.74 + 0.64 = 1.38 \ (\text{m}^3)$$

2）烟道、烟囱内衬按不同材料，扣除孔洞后，以图示实体积计算。

3）烟囱内壁表面隔热层，按筒身内壁并扣除各种孔洞后的面积以平方米计算；填料按烟囱内衬与筒身之间的中心线平均周长乘以图示宽度和筒高，并扣除各种孔洞所占体积（但不扣除连接横砖及防沉带的体积）后以立方米计算。

4）烟道砌砖：烟道与炉体的划分以第一道闸门为界，炉体内的烟道部分列入炉体工程量计算。

烟道拱顶（图 4-76）按实体积计算，其计算方法有两种：

①方法一：按矢跨比公式计算。

计算公式：

$$V = 中心线拱跨 \times 弧长系数 \times 拱厚 \times 拱长$$
$$= bPdL$$

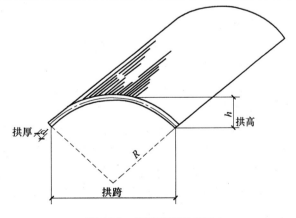

图 4-76　烟道拱顶示意图

注：烟道拱顶弧长系数表见表 4-15。表中弧长系数 P 的计算公式为（当 $h = 1$ 时）

$$P = \frac{1}{90}\left(\frac{0.5}{b} + 0.125b\right)\pi\arcsin\frac{b}{1 + 0.25b^2}$$

例：当矢跨比 $\frac{h}{l} = \frac{1}{7}$ 时，弧长系数 P 为：

$$P = \frac{1}{90} \times \left(\frac{0.5}{7} + 0.125 \times 7\right) \times 3.1416 \times \arcsin\frac{7}{1 + 0.25 \times 7^2}$$

$$= 1.054$$

表 4-15　烟道拱顶弧长系数表

矢跨比 $\frac{h}{b}$	$\frac{1}{2}$	$\frac{1}{3}$	$\frac{1}{4}$	$\frac{1}{5}$	$\frac{1}{6}$	$\frac{1}{7}$	$\frac{1}{8}$	$\frac{1}{9}$	$\frac{1}{10}$
弧长系数 P	1.57	1.27	1.16	1.10	1.07	1.05	1.04	1.03	1.02

【例 4-20】　已知矢高为 1，拱跨为 6，拱厚为 0.15m，拱长为 7.8m，求拱顶体积。

【解】　查表 4-15，知弧长系数 P 为 1.07。

故：　　　　　　　　　　$V = 6 \times 1.07 \times 0.15 \times 7.8 = 7.51$（m³）

②方法二：按圆弧长公式计算。

计算公式：

$$V = 圆弧长 \times 拱厚 \times 拱长$$

$$= ldL$$

式中，$l = \frac{\pi}{180}R\theta$。

【例 4-21】　某烟道拱顶厚 0.18m，半径 4.8m，θ 角为 180°，拱长 10m，求拱顶体积。

【解】　已知：$d = 0.18$m，$R = 4.8$m，$\theta = 180°$，
$L = 10$m

所以　　$V = \frac{3.1416}{180} \times 4.8 \times 180 \times 0.18 \times 10$

$$= 27.14\text{m}^3$$

6. 砖砌水塔

水塔构造及各部分划分示意图如图 4-77 所示。

1）水塔基础与塔身划分：以砖基础的扩大部分顶面为界，以上为塔身，以下为基础，分别套用相应基础砌体定额。

2）塔身以图示实砌体积计算，并扣除门窗洞口和混凝土构件所占的体积，砖平拱碹及砖出檐等并入塔身体积内计算，套水塔砌筑定额。

3）砖水箱内外壁，不分壁厚，均以图示实砌体积计算，套相应的内外砖墙定额。

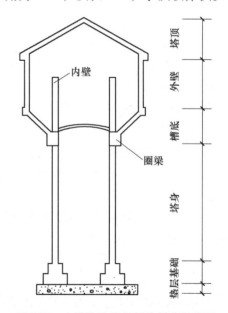

图 4-77　水塔构造及各部分划分示意图

7. 砌体内钢筋加固

砌体内钢筋加固根据设计规定，以吨计算，套用钢筋混凝土章节相应项目（图 4-78、图 4-79、图 4-80）。

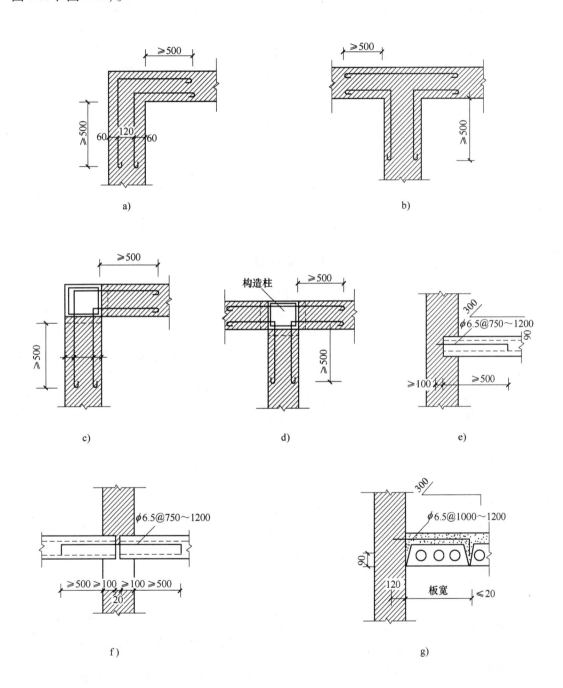

图 4-78　砌体内钢筋加固示意图

a）砖墙转角处　b）砖墙 T 形接头处　c）有构造柱的墙转角处　d）有构造柱的 T 形墙接头处

e）板端与外墙连接　f）板端内墙连接　g）板与纵墙连接

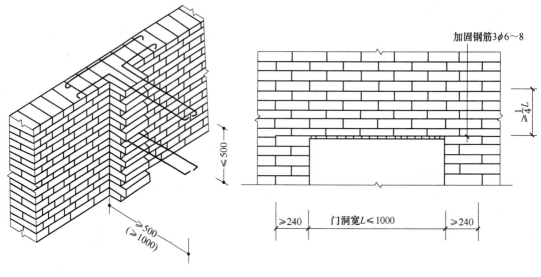

图 4-79 T形接头钢筋加固示意图   图 4-80   钢筋砖过梁

4.1.6   混凝土及钢筋混凝土工程工程量计算

1. 现浇混凝土及钢筋混凝土模板工程工程量

1）现浇混凝土及钢筋混凝土模板工程工程量除另有规定者外，均应区别模板的不同材质，按混凝土与模板接触面积，以平方米计算。

注意：除了底面有垫层、构件（侧面有构件）及上表面不需支撑模板外，其余各个方向的面均应计算模板接触面积。

2）现浇钢筋混凝土柱、梁、板、墙的支模高度（即室外地坪至板底或板面至板底之间的高度）以3.6m以内为准，超过3.6m以上部分，另按超过部分计算增加支撑工程量（图4-81）。

3）现浇钢筋混凝土墙、板上单孔面积在0.3m² 以内的孔洞，不予扣除，洞侧壁模板也不增加；单孔面积在0.3m² 以外时，应予扣除，洞侧壁模板面积并入墙、板模板工程工程量内计算。

4）现浇钢筋混凝土框架的模板，分别按梁、板、柱、墙有关规定计算，附墙柱并入墙内工程量计算。

5）杯形基础杯口高度大于杯口大边长度的，套高杯基础模板定额项目（图4-82）。

6）柱与梁、柱与墙、梁与梁等连接的重叠部分以及伸入墙内的梁头、板头部件，均不计算模板面积。

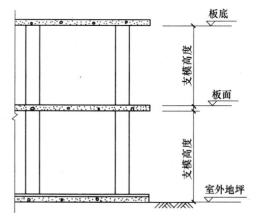

图 4-81   支模高度示意图

7）构造柱外露面均应按图示外露部分计算模板面积。构造柱与墙接触部分不计算模板面积，如图 4-83 所示。

8）现浇钢筋混凝土悬挑板（雨篷、阳台）按图示外挑部件尺寸的水平投影面积计算。挑出墙外的牛腿梁及板边模板不另计算。

注意："挑出墙外的牛腿梁及板边模板"在实际施工时需支模板，为了简化工程量计算。在编制该项定额时已经将该因素考虑在定额消耗内，所以工程量就不单独计算了。

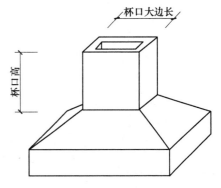

图 4-82　高杯基础示意图
（杯口高大于杯口大边长时）

9）现浇钢筋混凝土楼梯，以图示露明面尺寸的水平投影面积计算，不扣除小于 500mm 楼梯井所占面积。楼梯的踏步、踏步板、平台梁等侧面模板，不另计算。

10）混凝土台阶不包括梯带，按图示台阶尺寸的水平投影面积计算，台阶端头两侧不另计算模板面积。

11）现浇混凝土小型池槽按构件外围体积计算，池槽内、外侧及底部的模板不应另计算。

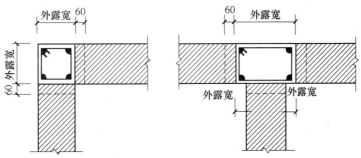

图 4-83　构造柱外露宽需支模板示意图

2. 预制钢筋混凝土构件模板工程量

1）预制钢筋混凝土构件模板工程量除另有规定者外，均按混凝土实体体积以立方米计算。

2）小型池槽按外形体积以立方米计算。

3）预制桩尖按虚体积（不扣除桩尖虚体积部分）计算。

3. 构筑物钢筋混凝土模板工程量

1）构筑物工程的模板工程量，除另有规定者外，区别现浇、预制和构件类别，分别按上面的有关规定计算。

2）大型池槽等分别按基础、墙、板、梁、柱等有关规定计算并套相应定额项目。

3）液压滑升钢模板施工的烟囱、水塔塔身、储仓等，均按混凝土体积，以立方米计算。

4）预制倒圆锥形水塔罐壳模板按混凝土体积，以立方米计算。

5）预制倒圆锥形水塔罐壳组装、提升、就位，按不同容积以座计算。

4. 钢筋工程工程量

（1）钢筋工程工程量有关规定

1）钢筋工程应区别现浇、预制构件、不同钢种和规格，分别按设计长度乘以单位重量，以吨计算。

2）计算钢筋工程量时，设计已规定钢筋搭接长度的，按规定搭接长度计算；设计未规定搭接长度的，已包括在钢筋的损耗率内，不另计算搭接长度。

（2）钢筋长度的确定

钢筋长 = 构件长 − 保护层厚度 ×2 + 弯钩长 ×2 + 弯起钢筋增加值（△L）×2

1）钢筋的混凝土保护层受力钢筋的混凝土保护层，应符合设计要求；当设计无具体要求时，不应小于受力钢筋直径，并应符合表4-16的要求。

表4-16　纵向受力钢筋的混凝土保护层的最小厚度　　　　　（单位：mm）

环境类别		板、墙、壳			梁			柱		
		≤C20	C25 ~ C45	≥C50	≤C20	C25 ~ C45	≥C50	≤C20	C25 ~ C45	≥C50
一		20	15	15	30	25	25	30	30	30
二	a	—	20	20	—	30	30	—	30	30
	b	—	25	20	—	35	30	—	35	30
三		—	30	25	—	40	35	—	40	35

注：1. 基础中纵向受力钢筋的混凝土保护层厚度不应小于40mm；当无垫层时不应小于70mm。

2. 处于一类环境且由工厂生产的预制构件，当混凝土强度等级不低于C20时，其保护层厚度可按表中规定减少5mm，但预应力钢筋的保护层厚度不应小于15mm；处于二类环境且由工厂生产的预制构件，当表面采取有效保护措施时，保护层厚度可按表中一类环境数值取用。预制钢筋混凝土受弯构件钢筋端头的保护层厚度不应小于10mm，预制肋形板主肋钢筋的保护层厚度应按梁的数值取用。

3. 板、墙、壳中分布钢筋的保护层厚度不应小于表中相应数值减10mm，且不应小于10mm；梁、柱中箍筋和构造钢筋的保护层厚度不应小于15mm。

4. 当梁、柱中纵向受力钢筋的混凝土保护层厚度大于40mm时，应对保护层采取有效的防裂构造措施。

5. 有防火要求的建筑物，其保护层厚度尚应符合国家现行有关防火规范的规定。对于四、五类环境中的建筑物，其混凝土保护层厚度尚应符合国家现行有关标准的要求。

2）钢筋的弯钩长度。HPB235级钢筋末端需要做180°、135°、90°弯钩时，其圆弧弯曲直径D不应小于钢筋直径d的2.5倍，平直部分长度不宜小于钢筋直径d的3倍（图4-84）；HRB335级、HRB400级钢筋的弯弧内直径不应小于钢筋直径的4倍，弯钩的弯后平直部分应符合设计要求。

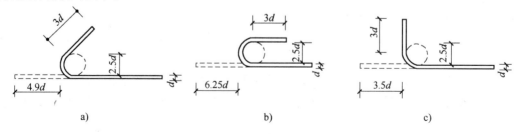

图4-84　钢筋弯钩示意图

a）135°斜弯钩　b）180°半圆弯钩　c）90°直弯钩

由图 4-84 可见：

180°弯钩每个长 = 6.25d

135°弯钩每个长 = 4.9d

90°弯钩每个长 = 3.5d

注：d 为以毫米为单位的钢筋直径。

3）弯起钢筋的增加长度。弯起钢筋的弯起角度，一般有 30°、45°、60°三种，其弯起增加值是指斜长与水平投影长度之间的差值，如图 4-85 所示。

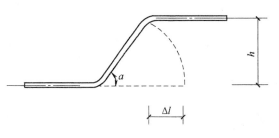

图 4-85　弯起钢筋增加长度示意图

弯起钢筋斜长及增加长度计算方法见表 4-17。

表 4-17　弯起钢筋斜长及增加长度计算方法

形状				
计算方法	斜边长 S	$2h$	$1.414h$	$1.155h$
	增加长度 $\Delta l = S - L$	$0.268h$	$0.414h$	$0.577h$

4）箍筋长度。箍筋的末端应做弯钩，弯钩形式应符合设计要求。当设计无具体要求时，用 HPB235 级钢筋或冷拔低碳钢丝制作的箍筋，其弯钩的弯曲直径应大于受力钢筋直径，且不小于箍筋直径的 2.5 倍；弯钩平直部分的长度，对一般结构，不宜小于箍筋直径的 5 倍；对有抗震要求的结构，不应小于箍筋直径的 10 倍（图 4-86）。

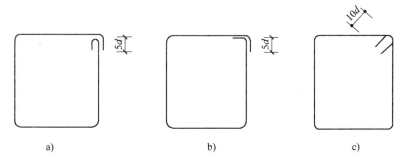

图 4-86　箍筋弯钩长度示意图

a) 90°/180°一般结构　b) 90°/90°一般结构　c) 135°/135°一般结构

箍筋长度可按构件断面外边周长减 8 个混凝土保护层厚度再加弯钩长计算，也可按构件断面外边周长加上增减值计算，公式为

箍筋长度 = 构件断面外边周长 + 箍筋增减值

箍筋增减值见表 4-18。

表 4-18　　箍筋增减值　　　　　　　　　　　　　（单位：mm）

形状		直径 d						备注
		4	6	6.5	8	10	12	
		Δl						
抗震结构		−88	−33	−20	22	78	133	$\Delta l = 200 - 27.8d$
一般结构		−133	−100	−90	−66	−33	0	$\Delta l = 200 - 16.75d$
		−140	−110	−103	−80	−50	−20	$\Delta l = 200 - 15d$

注：本表根据《混凝土结构工程施工质量验收规范》编制。保护层按 25mm 考虑。

5) 钢筋的绑扎接头。根据《混凝土结构工程施工质量验收规范》规定：

当纵向受拉钢筋的绑扎搭接接头面积百分率不大于 25% 时，其最小搭接长度应符合表 4-19 规定（纵向受拉钢筋的绑扎搭接接头面积百分率，梁、板、墙类构件，不宜大于 25%；柱类构件不宜大于 50%）。在任何情况下，受拉钢筋的搭接长度不应小于 300mm。纵向受压钢筋搭接时，其最小搭接长度按表 4-19 及 "注释" 规定确定后，乘以系数 0.7 取用。在任何情况下，受压钢筋的搭接长度不应小于 200mm。

表 4-19　　纵向受拉钢筋最小搭接长度表

钢筋类型		混凝土强度等级			
		C15	C20 ~ C25	C30 ~ C35	≥C40
光圆钢筋	HPB235 级	$45d$	$35d$	$30d$	$25d$
带肋钢筋	HRB335 级	$55d$	$45d$	$35d$	$30d$
	HRB400 级、RRB400 级	—	$55d$	$40d$	$35d$

注：1. 当纵向受拉钢筋的绑扎搭接接头面积百分率大于 25%，但不大于 50% 时，其最小搭接长度应按表中的数值乘以系数 1.2 取用；当接头面积百分率大于 50% 时，应按表中的数值乘以系数 1.35 取用。

　　2. 当符合下列条件时，纵向受拉钢筋的最小搭接长度应根据表及 "注释" 中第一条确定后，按下列规定进行修正：

　　　　1) 当带肋钢筋的直径大于 25mm 时，其最小搭接长度应按相应数值乘以系数 1.1 取用。

　　　　2) 当环氧树脂涂层的带肋钢筋，其最小搭接长度应按相应数值乘以系数 1.25 取用。

　　　　3) 当在混凝土凝固过程中受力钢筋易受扰动时（如滑模施工时），其最小搭接长度应按相应数值乘以系数 1.1 取用。

　　　　4) 对末端采用机械锚固措施的带肋钢筋，其最小搭接长度可按相应数值乘以系数 0.7 取用。

　　　　5) 当带肋钢筋的保护层厚度大于搭接钢筋直径的 3 倍且配有箍筋时，其最小搭接长度可按相应数值乘以系数 0.8 取用。

　　　　6) 对有抗震设防要求的结构构件，其受力钢筋的最小搭接长度，对一、二级抗震等级应按相应数值乘以系数 1.15 采用；对三级抗震等级应按相应数值乘以系数 1.05 采用。

当设计要求的钢筋长度大于盘圆钢筋的实际长度时，就要按要求搭接。为了简化计算过程，可以采用接头系数的方法计算有搭接要求的钢筋长度，计算公式如下：

$$钢筋接头系数 = \frac{钢筋单根长}{钢筋单根长 - 接头长}$$

例如，某地区规定直径 $\phi 25$ 以内的盘圆每 8m 长算一个接头，直径 $\phi 25$ 以上的盘圆每 6m 长算一个接头，有关条件符合图 4-87 所示要求，其钢筋接头系数见表 4-20。

图 4-87　绑扎钢筋搭接长度示意图

表 4-20　钢筋接头系数

钢筋直径/mm	绑扎接头		钢筋直径/mm	绑扎接头		钢筋直径/mm	绑扎接头	
	有弯钩	无弯钩		有弯钩	无弯钩		有弯钩	无弯钩
10	1.063	1.053	18	1.120	1.099	25	1.174	1.143
12	1.077	1.064	20	1.135	1.111	26	1.259	1.242
14	1.091	1.075	22	1.150	1.124	28	1.285	1.266
16	1.105	1.087	24	1.166	1.136	30	1.311	1.290

注：1. 根据上述条件，直径 25mm 以内有弯钩钢筋的搭接长度系数：

$$K_d = \frac{8}{8 - 47.5d} \quad (d \text{ 以 m 为单位})$$

直径 25mm 以上有弯钩钢筋的搭接长度系数：

$$K_d = \frac{6}{6 - 47.5d}$$

2. 直径 25mm 以内无弯钩钢筋的搭接长度系数：

$$K_d = \frac{8}{8 - 40d}$$

直径 25mm 以上无弯钩钢筋的搭接长度系数：

$$K_a = \frac{6}{6 - 45d}$$

3. 上述是受拉钢筋绑扎的搭接长度，受压钢筋绑扎的搭接长度是受拉钢筋搭接长度的 0.7 倍。

4. 有弯钩钢筋接头系数按 HPB235 级钢筋 C20 混凝土计算；无弯钩钢筋接头系数按 HRB400 级钢筋 C30 混凝土计算。

6）钢筋焊接接头。当采用电渣压力焊，其接头按个计算，采用其他焊接形式，不计算搭接长度。

7）钢筋机械连接接头。机械连接的接头常用有套筒挤压接头和锥螺纹接头，其接头按个计算。

（3）钢筋接头系数的应用　$\phi 10$ 以内的盘圆钢筋可以按设计要求的长度下料，但 $\phi 10$ 以上的盘圆钢筋超过一定的长度后就需要接头，绑扎的接头形式如图 4-87 所示，接头增加长度见表 4-20 的规定。

【**例 4-22**】　某工程圈梁钢筋按施工图计算的长度为：$\Phi16$ 184m；$\phi12$ 184m。计算含搭接长度的钢筋总长度。

【**解**】

$\Phi16$ 属无弯钩钢筋，$l = 184 \times 1.087 = 200\text{m}$

$\phi12$ 属有弯钩钢筋，$l = 184 \times 1.077 = 198.17\text{m}$

（4）钢筋的锚固　钢筋的锚固长是指不同构件交接处，彼此的钢筋应相互锚入的长度，如图 4-88 所示。设计图上对钢筋的锚固长度有明确规定，应按图计算。如表示不明确的，按《混凝土结构设计规范》（GB 50010—2010）规定执行。

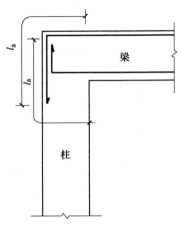

图 4-88　锚固筋示意图

1）受拉钢筋锚固长度。受拉钢筋的锚固长度应按下列公式计算：

普通钢筋　　$l_a = \alpha(f_y / f_t)\,d$

预应力钢筋　$l_a = \alpha(f_{py} / f_t)\,d$

式中　f_y、f_{py}——普通钢筋、预应力钢筋的抗拉强度设计值，按表 4-21 采用；

　　　f_t——混凝土轴心抗拉强度设计值，按表 4-22 采用；当混凝土强度等级高于 C40 时，按 C40 取值；

　　　d——钢筋的公称直径；

　　　α——钢筋的外形系数（光面钢筋 α 取 0.16，带肋钢筋 α 取 0.14）。

表 4-21　普通钢筋强度设计值　　　　　　　　　　（单位：N/mm²）

种　　　类		符号	f_y
热轧钢筋	HPB235（Q235）	ϕ	210
	HRB335（20MnSi）	Φ	300
	HRB400（20MnSiV、20MnSiNb、20MnTi）	Φ	360
	RRB400（K20MnSi）	Φ^R	360

注：HPB235 是指光面钢筋，HRB335 级、HRB400 级钢筋及 RRB400 级余热处理钢筋是指带肋钢筋。

表 4-22　混凝土强度设计值　　　　　　　　　　（单位：N/mm²）

强度种类	混凝土强度等级													
	C15	C20	C25	C30	C35	C40	C45	C50	C55	C60	C65	C70	C75	C80
f_t	0.91	1.10	1.27	1.43	1.57	1.71	1.80	1.89	1.96	2.04	2.09	2.14	2.18	2.22

注：当符合下列条件时，计算的锚固长度应进行修正：

1）当 HRB335、HRB400、RRB400 级钢筋的直径大于 25mm 时，其锚固长度应乘以修正系数 1.1。

2）当 HRB335、HRB400、RRB400 级的环氧树脂涂层钢筋，其锚固长度应乘以修正系数 1.25。

3）当 HRB335、HRB400、RRB400 级钢筋在锚固区的混凝土保护层厚度大于钢筋直径的 3 倍且配有箍筋时，其锚固长度可乘以修正系数 0.8。

4）经上述修正后的锚固长度不应小于按公式计算箍筋长度的 0.7 倍，且不应小于 250mm。

5）纵向受压钢筋的锚固长度不应小于受拉钢筋锚固长度的 0.7 倍。

纵向受拉钢筋的抗震锚固定长度 l_{aE} 应按下列公式计算：

一、二级抗震等级

$$l_{aE} = 1.15 l_a$$

三级抗震等级

$$l_{aE} = 1.05 l_a$$

四级抗震等级

$$l_{aE} = l_a$$

2）圈梁、构造柱钢筋锚固定长度。对于钢筋混凝土圈梁、构造柱等，图样上一般不表示其锚固长度，应按《建筑抗震结构详图》GJBT—465-2002，97G329-2（三）、（四）有关规定执行，如图 4-89 所示，见表 4-23。

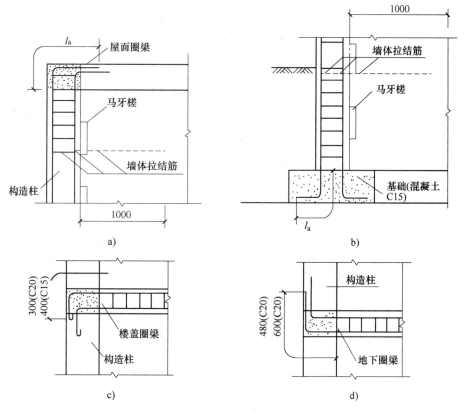

图 4-89　构造柱竖筋和圈梁纵筋的锚固

a）柱内纵筋在柱顶的锚固　b）柱内纵筋在基础内的锚固　c）屋盖、楼盖处圈梁纵筋在构造柱内的锚固　d）地下圈梁纵筋在构造柱内的锚固

表 4-23　关于 l_a 的规定

竖向钢筋	$\phi12$		$\phi14$	
混凝土强度等级	C15	C20	C15	C20
l_a	600	480	700	560

（5）钢筋其他计算问题　在计算钢筋用量时，除了要准确计算出图样所表示的钢筋外，还要注意设计图样未画出以及未明确表示的钢筋，如楼板上负弯矩筋的分布筋、满堂基础底

板的双层钢筋在施工时支撑所用的马凳及混凝土墙施工时所用的拉筋等。这些钢筋在设计图样上，有时只有文字说明，或有时没有文字说明，但这些钢筋在构造上及施工上是必要的，则应按施工验收规范、抗震构造规范等要求补齐，并入钢筋用量中。

（6）钢筋重量计算

1）钢筋理论重量

$$钢筋理论重量 = 钢筋长度 \times 每米重量$$

式中　每米重量 $= 0.006165d^2$

d——以毫米为单位的钢筋直径。

2）钢筋工程量

$$钢筋工程量 = 钢筋分规格长 \times 分规格每米重量$$

3）钢筋工程量计算实例

【例4-23】　根据图4-90计算8根现浇C20钢筋混凝土矩形梁的钢筋工程量，混凝土保护层厚度为25mm。

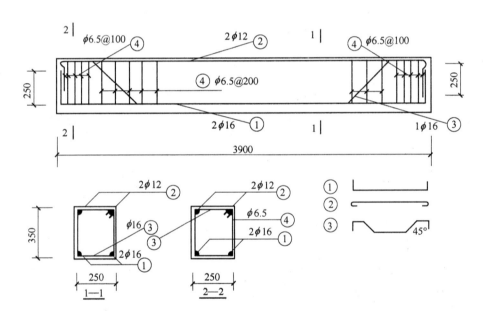

图4-90　现浇C20钢筋混凝土矩形梁

【解】

1）计算一根矩形梁钢筋长度

①号筋（Φ16　2根）

$$l = (3.90 - 0.025 \times 2 + 0.25 \times 2) \times 2$$
$$= 4.35 \times 2 = 8.70 (m)$$

②号筋（ϕ12　2根）

$$l = (3.90 - 0.025 \times 2 + 0.012 \times 6.25 \times 2) \times 2$$
$$= 4.0 \times 2 = 8.0 (m)$$

③号筋（$\phi16$　1 根）

$$l = 3.90 - 0.025 \times 2 + 0.25 \times 2 + (0.35 - 0.025 \times 2 - 0.016) \times 0.414 \times 2$$
$$= 4.35 + 0.284 \times 0.414 \times 2 = 4.35 + 0.24 = 4.59\text{m}$$

④号筋（$\phi6.5$）

$$\text{箍筋根数} = (3.90 - 0.025 \times 2) \div 0.20 + 1 + 4$$
$$= 24（\text{根}）$$
$$\text{箍筋长} = (0.35 + 0.25) \times 2 - 0.02 = 1.18（\text{m}）$$
$$l = \text{箍筋长} \times \text{根数} = 1.18 \times 24 = 28.32（\text{m}）$$

2）计算 8 根矩形梁的钢筋重

$\oplus 16$：$(8.7 + 4.59) \times 8 \times 1.58 = 167.99（\text{kg}）$

$\phi12$：$8.0 \times 8 \times 0.888 = 56.83（\text{kg}）$

$\phi6.5$：$28.32 \times 8 \times 0.26 = 58.91（\text{kg}）$

注：$\oplus 16$ 钢筋每米重 $= 0.006165 \times 16^2 = 1.58（\text{kg/m}）$

　　$\phi12$ 钢筋每米重 $= 0.006165 \times 12^2 = 0.888（\text{kg/m}）$

　　$\phi6.5$ 钢筋每米重 $= 0.006165 \times 6.5^2 = 0.26（\text{kg/m}）$

（7）预应力钢筋　先张法预应力钢筋按构件外形尺寸计算长度，后张法预应力钢筋按设计图样规定的预应力钢筋预留孔道长度，并根据不同的锚具类型分别按下列规定计算：

1）低合金钢筋两端采用螺杆锚具时，预应力钢筋按预留孔道长度减 0.35m 计算，螺杆另行计算。

2）低合金钢筋一端采用镦头插片，另一端采用螺杆锚具时，预应力钢筋长度按预留孔长度计算，螺杆另行计算。

3）低合金钢筋一端采用镦头插片，另一端采用帮条锚具时，预应力钢筋长度按增加 0.15m 计算；两端均采用帮条锚具时，预应力钢筋长度按共增加 0.3m 计算。

4）低合金钢筋采用后张混凝土自锚时，预应力钢筋长度按增加 0.35m 计算。

5）低合金钢筋或钢绞线采用 JM、XM、QM 型锚具，当孔道长度在 20m 以内时，预应力钢筋长度按增加 1m 计算；当孔道长度在 20m 以上时，预应力钢筋长度按增加 1.8m 计算。

6）碳素钢丝采用锥形锚具，当孔道长在 20m 以内时，预应力钢丝长度增加 1m；孔道长度在 20m 以上时，预应力钢丝长度增加 1.8m。

7）碳素钢丝两端采用镦粗头时，预应力钢丝长度按增加 0.35m 计算。

（8）平法钢筋工程量计算

1）梁构件

①在平法楼层框架梁中常见的钢筋形状如图 4-91 所示。

②钢筋长度计算方法。平法楼层框架梁

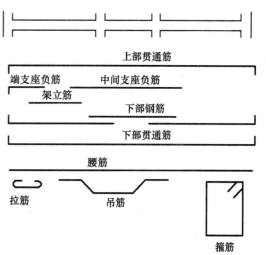

图 4-91　平法楼层框架梁中常见钢筋的形状

常见的钢筋计算方法有以下几种：

A. 上部贯通筋（图4-92）

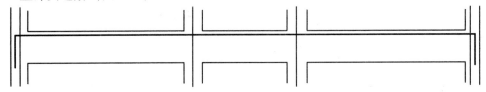

图4-92 上部贯通筋

上部贯通筋长度 = 各跨长之和 − 左支座内侧宽 − 右支座内侧宽 + 锚固长度 + 搭接长度锚固长度取值：

当支座宽度 − 保护层 $\geq l_{aE}$ 且 $\geq 0.5h_c + 5d$ 时，锚固长度 = max $\{l_{aE}, 0.5h_c + 5d\}$。

当支座宽度 − 保护层 $< l_{aE}$ 时，锚固长度 = 支座宽度 − 保护层 + $15d$

说明：h_c 为柱宽；d 为钢筋直径。

B. 端支座负筋（图4-93）

上排钢筋长 $l = l_n/3$ + 锚固长度

下排钢筋长 $l = l_n/4$ + 锚固长度

说明：l_n 为梁净跨长，锚固长度同上部贯通筋。

C. 中间支座负筋（图4-94）

上排钢筋长 $l = 2 \times (l_n/3)$ + 支座长度

下排钢筋长 $l = 2 \times (l_n/4)$ + 支座长度

D. 架立筋（图4-95）

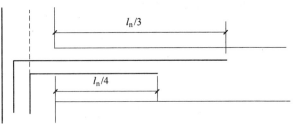

图4-93 端支座负筋

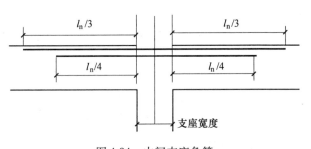

图4-94 中间支座负筋

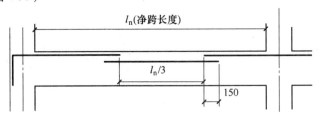

图4-95 架立筋示意图

架立筋长 $l = (l_n/3) + 2 \times$ 搭接长度（可按 2×150 mm 计算）

E. 下部钢筋（图4-96）

$$下部钢筋长 = \sum_{i=1}^{n} \left[净跨长 + 2 \times 锚固长度(或0.5h_c + 5d)\right]_i$$

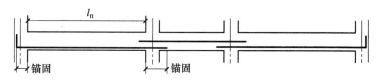

图 4-96　框架梁下部钢筋

F. 下部贯通筋（图 4-97）

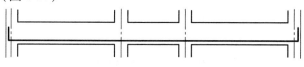

图 4-97　框架梁下部贯通筋

下部贯通筋长 l = 各跨长之和 − 左支座内侧宽 − 右支座内侧宽 + 锚固长度 + 搭接长度

注意：锚固长度同上部贯通筋。

G. 梁侧面钢筋（图 4-98）

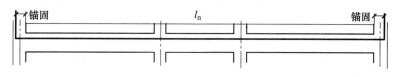

图 4-98　框架梁侧面钢筋

梁侧面钢筋长 l = 各跨长之和 − 左支座内侧宽 − 右支座内侧宽 + 锚固长度 + 搭接长度

注意：当为侧面构造钢筋时，搭接与锚固长度为 $15d$；当为侧面受扭纵向钢筋时，锚固长度同框架梁下部钢筋。

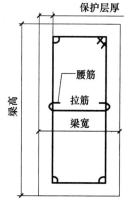

图 4-99　框架梁内拉筋

H. 拉筋（图 4-99）

拉筋长度 l = 梁宽 − 2 × 保护层 + 2 × 11.9d + d

拉筋根数 n =（梁净跨长 − 2 × 50）/（箍筋非加密间距 × 2）+ 1

I. 吊筋（图 4-100）

吊筋长度 l = 2 × 20d（锚固长度）+ 2 × 斜段长度 + 次梁宽度 + 2 × 50

注意：

当梁高 ≤ 800mm 时，斜段长度 =（梁高 − 2 × 保护层）/sin45°

当梁高 > 800mm 时，斜段长度 =（梁高 − 2 × 保护层）/sin60°

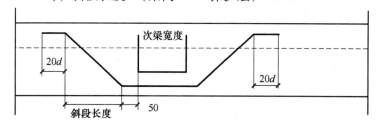

图 4-100　框架梁内吊筋

J. 箍筋（图4-101）

箍筋长度 $l = 2 \times (梁高 - 2 \times 保护层 + 梁宽 - 2 \times 保护层) +$
$\qquad 2 \times 11.9d + 4d$

箍筋根数 $n = 2 \times \left[(加密区长度 - 50)/加密区间距 + 1 \right] +$
$\qquad (非加密区长度/非加密区间距 - 1)$

注意：

当为一级抗震时，箍筋加密区长度为 $\max \{2 \times 梁高, 500\}$。

当为二～四级抗震时，箍筋加密区长度为 $\max \{1.5 \times 梁高, 500\}$。

图4-101　框架
梁内箍筋

K. 屋面框架梁钢筋（图4-102）

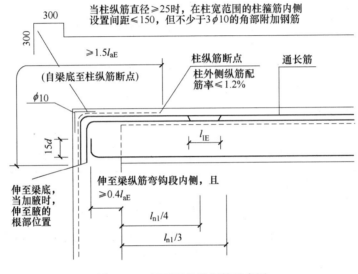

图4-102　屋面框架梁钢筋示意图

屋面框架梁纵筋端部锚固长度 $l = 柱宽 - 保护层 + 梁高 - 保护层$

③悬臂梁钢筋计算（图4-103、图4-104、图4-105）⊖

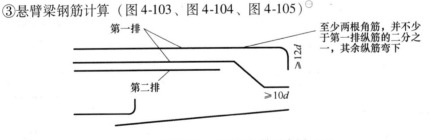

图4-103　悬臂梁钢筋示意图（1）

箍筋长度 $l = 2 \times \left[(H + H_b)/2 - 2 \times 保护层 + 挑梁宽 - 2 \times 保护层 \right] + 11.9d + 4d$

⊖ 1) 当纯悬挑梁的纵向钢筋直锚长度 $\geqslant l_a$ 且 $\geqslant 0.5h_c + 5d$ 时，可不必上下弯锚；当直锚伸至对边仍不足 l_a 时，则应按图示弯锚。当直锚伸至对边仍不足 $0.45l_a$ 时，则应采用较小直径的钢筋。

2) 当悬挑梁由屋框架梁延伸出来时，其配筋构造应由设计者补充。

3) 当梁的上部设有第三排钢筋时，其延伸长度应由设计者注明。

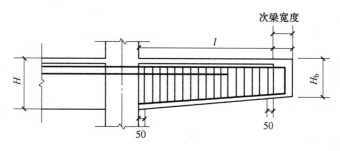

图 4-104　悬臂梁钢筋示意图（2）

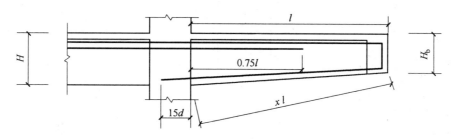

图 4-105　悬臂梁钢筋示意图（3）

箍筋根数 $n = (l - 次梁宽 - 2 \times 50) / 箍筋间距 + 1$

上部上排钢筋 $l = l_n/3 + 支座宽 + l - 保护层 + H_b - 2 \times 保护层 (\geqslant 12d)$

上部下排钢筋 $l = l_n/4 + 支座宽 + 0.75l$

下部钢筋 $l = 15d + xl - 保护层$

2）柱构件。平法柱钢筋主要是纵筋和箍筋两种形式，不同的部位有不同的构造要求。每种类型的柱，其纵筋都会分为基础、首层、中间层和顶层四个部分来设置。

①基础部位钢筋计算（图 4-106）

基础插筋 $l = 基础高度 - 保护层 + 基础弯折 a (\geqslant 150mm) + 基础钢筋外露长度 H_n/3 (H_n 是指楼层净高) + 搭接长度 (焊接时为 0)$

②首层柱钢筋计算（图 4-107）

柱纵筋长度 $= 首层层高 - 基础柱钢筋外露长度 H_n/3 + 本柱层钢筋外露长度 \max\{ \geqslant H_n/6, \geqslant 500mm, \geqslant 柱截面长边尺寸 \} + 搭接长度 (焊接时为 0)$

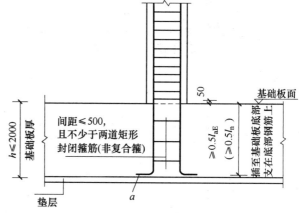

图 4-106　柱插筋构造示意图

③中间柱钢筋计算（图 4-107）

柱纵筋长 $l = 本层层高 - 下层柱钢筋外露长度 \max\{ \geqslant H_n/6, \geqslant 500mm, \geqslant 柱截面长边尺寸 \} + 本层柱钢筋外露长度 \max\{ \geqslant H_n/6, \geqslant 500mm, \geqslant 柱截面长边尺寸 \} + 搭接长度 (对焊接时为 0)$

④顶层柱钢筋计算（图 4-108）

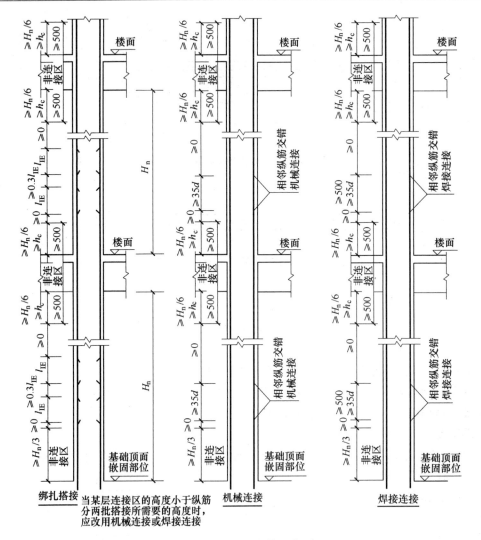

图 4-107　框架柱钢筋示意图

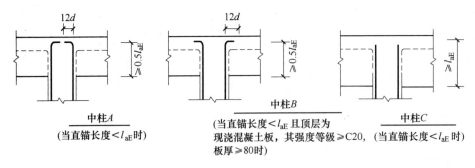

图 4-108　顶层柱钢筋示意图

柱纵筋长 l = 本层层高 − 下层柱钢筋外露长度 max $\{\geqslant H_n/6，\geqslant 500\text{mm}，\geqslant$ 柱截面长边尺寸$\}$ − 屋顶节点梁高 + 锚固长度

锚固长度确定分为三种：

A. 当为中柱时，直锚长度 $< l_{aE}$ 时，锚固长度 = 梁高 − 保护层 + 12d；当柱纵筋的直锚长度（即伸入梁内的长度）不小于 l_{aE} 时，锚固长度 = 梁高 − 保护层。

B. 当为边柱时，边柱钢筋分 2 根外侧锚固和 2 根内侧锚固。外侧钢筋锚固 $\geq 1.5 l_{aE}$，内侧钢筋锚固同中柱纵筋锚固（图4-109）。

C. 当为角柱时，角柱钢筋分为 3 根外侧和 1 根内侧锚固（图4-109）。

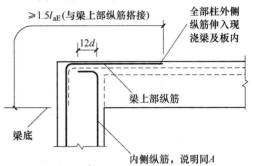

图 4-109 边柱、角柱钢筋示意图

⑤柱箍筋计算

A. 柱箍筋根数计算

基础层柱箍筋根数 n = 在基础内布置间距不少于 500m 且不少于两道矩形封闭非复合箍/设计自行给定

$$底层柱箍筋根数\ n = (底层柱根部加密区高度/加密区间距) + 1 +$$
$$(底层柱上部加密区高度/加密区间距) + 1 +$$
$$(底层柱中间非加密区高度/非加密区间距) - 1$$

$$楼层或顶层柱箍筋根数\ n = (下部加密区高度 + 上部加密区高度)/加密区间距 +$$
$$2 + (柱中间非加密区高度/非加密区间距) - 1$$

B. 非复合箍筋长度计算（图4-110）。各种非复合箍筋长度计算如下（图中尺寸均已扣除保护层厚度）：

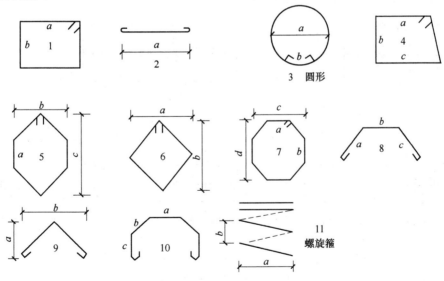

图 4-110 柱非复合箍筋形状示意图

1 号图矩形箍筋长为

$$l = 2(a + b) + 2 \times 弯钩长 + 4d$$

2 号图一字形箍筋长为

$$l = a + 2 \times 弯钩长 + d$$

3 号图圆形箍筋长为

$$l = 3.1416(a + d) + 2 \times 弯钩长 + 搭接长度$$

4 号图梯形箍筋长为

$$l = a + b + c + \sqrt{(c-a)^2 + b^2} + 2 \times 弯钩长 + 4d$$

5 号图六边形箍筋长为

$$l = 2a + 2\sqrt{(c-a)^2 + b^2} + 2 \times 弯钩长 + 6d$$

6 号图平行四边形箍筋长为

$$l = 2\sqrt{a^2 + b^2} + 2 \times 弯钩长 + 4d$$

7 号图八边形箍筋长为

$$l = 2(a + b) + 2\sqrt{(c-a)^2 + (d-b)^2} + 2 \times 弯钩长 + 8d$$

8 号图八字形箍筋长为

$$l = a + b + c + 2 \times 弯钩长 + 4d$$

9 号图转角形箍筋长为

$$l = 2\sqrt{a^2 + b^2} + 2 \times 弯钩长 + 3d$$

10 号图门字形箍筋长

$$l = a + 2(b + c) + 2 \times 弯钩长 + 6d$$

11 号图螺旋形箍筋长

$$l = \sqrt{[3.14(a + d)]^2 + b^2} + 柱高/螺距 b$$

C. 复合箍筋长度计算（如图 4-111 所示）

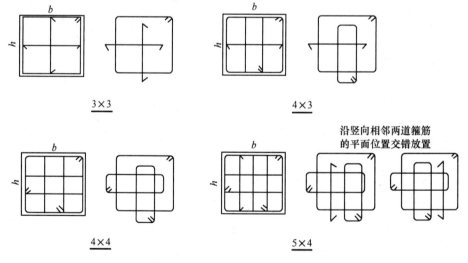

图 4-111　柱复合箍形状示意图

3×3 箍筋长为

$$外箍筋长 \ l = 2(b + h) - 8 \times 保护层 + 2 \times 弯钩长 + 4d$$

内一字箍筋长 = $(h - 2 \times 保护层 + 2 \times 弯钩长 + d) + (b - 2 \times 保护层 + 2 \times 弯钩长 + d)$

4×3 箍筋长为

$$外箍筋长\ l = 2(b + h) - 8 \times 保护层 + 2 \times 弯钩长 + 4d$$
$$内矩形箍筋长\ l_1 = [(b - 2 \times 保护层)/3 + d + h - 2 \times 保护层 + d] \times 2 + 2 \times 弯钩长$$
$$内矩形箍筋长\ l_2 = [(h - 2 \times 保护层)/3 + d + b - 2 \times 保护层 + d] \times 2 + 2 \times 弯钩长$$
$$内一字箍筋长\ l = h - 2 \times 保护层 + 2 \times 弯钩长 + d$$

4×4 箍筋长为

$$外箍筋长\ l = 2(b + h) - 8 \times 保护层 + 2 \times 弯钩长 + 4d$$
$$内矩形箍筋长\ l = [(b - 2 \times 保护层)/3 + d + h - 2 \times 保护层 + d] \times 2 + 2 \times 弯钩长$$
$$内一字箍筋长\ l = b - 2 \times 保护层 + 2 \times 弯钩长 + d$$

5×4 箍筋长为

$$外箍筋长\ l = 2(b + h) - 8 \times 保护层 + 2 \times 弯钩长 + 4d$$
$$内矩形箍筋长\ l_1 = [(b - 2 \times 保护层)/3 + d + h - 2 \times 保护层 + d] \times 2 + 2 \times 弯钩长$$
$$内矩形箍筋长\ l_2 = [(h - 2 \times 保护层)/3 + d + b - 2 \times 保护层 + d] \times 2 + 2 \times 弯钩长$$

3）板构件

①板中钢筋计算

$$板底受力钢筋长\ l = 板跨净长 + 两端锚固 \max\left\{\frac{1}{2}梁宽, 5d\right\}$$

板底受力钢筋根数 $n = (板跨净长 - 2 \times 50)/布置间距 + 1$

板面受力钢筋长 $l = 板跨净长 + 两端锚固$

板面受力钢筋根数 $n = (板跨净长 - 2 \times 50)/布置间距 + 1$

说明：板面受力钢筋在端支座的锚固长度，结合平法和施工实际情况，大致有以下四种构造。

A. 直接取 l_a。

B. $0.4l_a + 15d$。

C. 梁宽 + 板厚 - 2 × 保护层。

D. $\dfrac{1}{2}$ 梁宽 + 板厚 - 2 × 保护层。

②板负筋计算（图 4-112，图 4-113）。

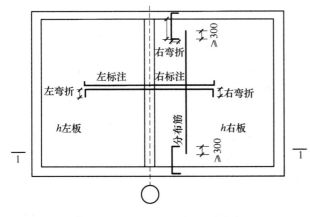

图 4-112　板支座负筋、分布筋示意图

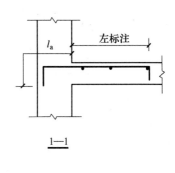

图 4-113　1-1 剖面图

板边支座负筋长 l = 左标注（右标注）+ 左弯折（右弯折）+
锚固长度（同板面钢筋锚固取值）

板中间支座负筋长 l = 左标注 + 右标注 + 左弯折 + 右弯折 + 支座宽度

③板负筋分布钢筋计算（图4-112，图4-113）

中间支座负筋分布钢筋长 l = 净跨 − 两侧负筋标注之和 +
2×300（根据图样实际情况）

中间支座负筋分布钢筋数量 n = （左标注 − 50）/分布筋间距 + 1 +
（右标注 − 50）/分布筋间距 + 1

【例4-24】　根据图4-114，计算ⓒ轴与②轴相交的 KZ4 框架柱的钢筋工程量（柱纵筋为对焊连接，柱本层高3.90m，上层层高3.60m）。

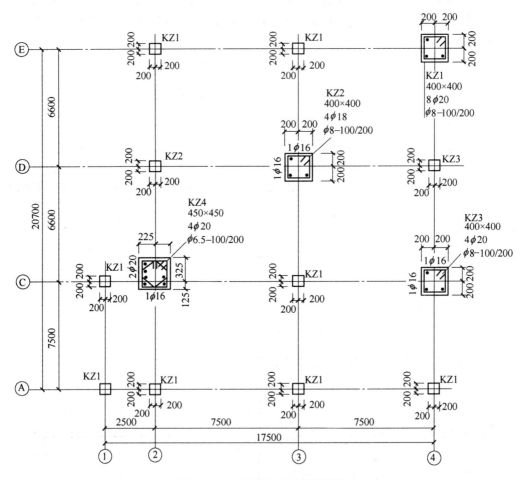

图4-114　三层柱平面整体配筋图

注：本层编号仅用于本层。

标高：8.970m，层高：3.90m，C25 混凝土三级抗震。

【解】　中间层柱钢筋长　l = 本层层高 − 下层柱钢筋外露长度 max｛≥H_n/6，≥500mm，≥柱截面长边尺寸｝+ 本层柱钢筋外露长度 max｛≥H_n/6，≥500mm，≥柱截面长边尺寸｝+

搭接长度 (•焊接时为 0)

六边形箍筋 (图 4-115) 长

$$l = 2a + 2\sqrt{(c-a)^2 + b^2} + 2 \times 弯钩长 + 6d$$

其中：

$$a = (0.45 - 0.03 \times 2)/3 = 0.13 (\text{m})$$

$$b = 0.45 - 0.03 \times 2 = 0.39 (\text{m})$$

$$c = 0.45 - 0.03 \times 2 = 0.39 (\text{m})$$

$$l = 2 \times 0.13 + 2 \times \sqrt{(0.39 - 0.13)^2 + 0.39^2} +$$

$$2 \times 11.9 \times 0.0065 + 6 \times 0.0065$$

$$= 0.26 + 2 \times 0.47 + 0.15 + 0.04$$

$$= 1.39 (\text{m})$$

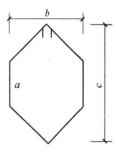

图 4-115　六边形箍筋

矩形箍筋长

$$l = 2 \times (柱长边 - 2 \times 保护层 + 柱短边 - 2 \times 保护层) + 2 \times 弯钩长 + 4d$$

$\phi 6.5$　$l = 2 \times (0.45 - 2 \times 0.03 + 0.45 - 2 \times 0.03) + 2 \times 11.9 \times 0.0065 + 4 \times 0.0065$

$$= 1.56 + 0.15 + 0.03$$

$$= 1.74 (\text{m})$$

箍筋根数 (取整数) $n = (柱下部加密区高度 + 上部加密区高度)/加密区间距 + 2 + (柱中间非加密区高度/非加密区间距) - 1$

故　　　　$n = [(3.90 - 0.25)/16 \times 2 + 0.25/0.10 + 2 +$

$$[(3.90 - 0.25) - (3.90 - 0.25)/6 \times 2]/0.20 - 1$$

$$= (0.61 \times 2 + 0.25)/0.10 + 2 + (3.65 - 0.61 \times 2)/0.20 - 1$$

$$= 1.47/0.10 + 2 + 2.43/0.20 - 1$$

$$= 17 + 13 - 1$$

$$= 29 (根)$$

箍筋长小计　　　　　　$l = (1.39 + 1.74) \times 29$

$$= 90.77 (\text{m})$$

KZ4 钢筋重量：

$\oplus 20$　　　　　　　　$30.80 \times 2.47 = 76.08 (\text{kg})$

$\oplus 18$　　　　　　　　$7.70 \times 2.00 = 15.40 (\text{kg})$

$\phi 6.5$　　　　　　　　$90.77 \times 0.26 = 23.60 (\text{kg})$

重量小计：115.08kg

【例 4-25】　根据图 4-116，计算ⓒ轴和②轴相交的 KZ3 框架柱钢筋工程量（柱纵筋为对焊连接，本层层高 3.60m）。

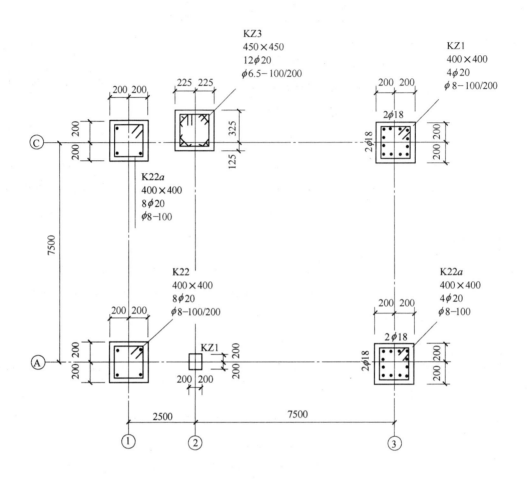

图 4-116　四层柱平面整体配筋图

注：本层编号仅用于本层。

标高：12.870m，层高：3.60m，C25 混凝土三级抗震。

【解】　顶层柱钢筋长　$l =$ 本层层高 − 下层柱钢筋外露长度 max $\{\geqslant H_n/6$，$\geqslant 500$mm，$\geqslant$ 柱截面长边尺寸$\}$ − 屋顶节点梁高 + 锚固长度

$\oplus 20$　$l = [3.60 - (3.60 - 0.25)/6 - 0.25 + (0.25 - 0.03 + 12 \times 0.02)] \times 12$

$\qquad = (3.04 - 0.25 + 0.25 - 0.03 + 0.24) \times 12$

$\qquad = 3.25 \times 12$

$\qquad = 39.00(\text{m})$

六边形箍筋长　　　$l =$（同例 4-24）

$\phi 6.5$　　　　　　　　　　　$l = 1.39$m

矩形箍筋长　　　$l =$（同例 4-24）

$\phi 6.5$　　　　　　　　　　　$l = 1.74$m

箍筋根数（取整数）（同例 4-24）

$$n = \left[(3.60 - 0.25)/6 \times 2 + 0.25 \right]/0.10 + 2 +$$
$$\left[(3.60 - 0.25) - (3.60 - 0.25)/6 \times 2 \right]/0.20 - 1$$
$$= 14 + 2 + 12 - 1 = 27（根）$$

箍筋长小计　　$l = (1.39 + 1.74) \times 27 = 84.51（m）$

KZ3 钢筋重量：

柱纵筋　$\Phi 20$　　　　　　$39.00 \times 2.47 = 96.33（kg）$

箍筋　$\phi 6.5$　　　　　　　$84.51 \times 0.26 = 21.97（kg）$

钢筋重量小计：118.30kg

【例 4-26】　根据图 4-117，计算 WKL2 框架梁钢筋工程量（梁纵长钢筋为对焊连接）。

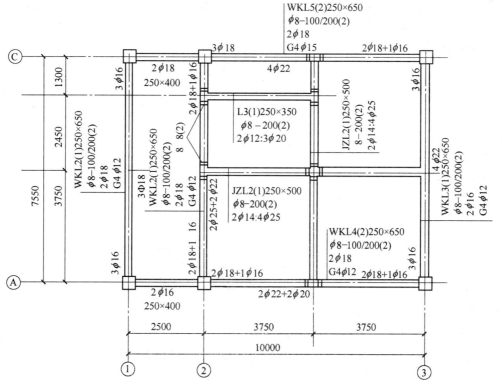

图 4-117　屋面梁平面整体配筋图

结构标高：16.470m，C25 混凝土三级抗震。

【解】　上部贯通筋　l = 各跨长之和 − 左支座内侧宽 − 右支座内侧宽 + 锚固长度

$\Phi 18$　$l = \left[(7.50 - 0.20 - 0.125) + (0.45 - 0.025 + 0.25 - 0.025) + \right.$
$\left. (0.40 - 0.025 + 0.25 - 0.025) \right] \times 2$
$= (7.18 + 0.65 + 0.60) \times 2 = 16.86（m）$

端支座负筋　$l = l_n/3 +$ 锚固长度

$\Phi 16$　$l = \left[(7.50 - 0.20 - 0.125)/3 + (0.45 - 0.025 + 0.25 - 0.025) \right] \times 2 +$
$\left[(7.50 - 0.20 - 0.125)/3 + (0.40 - 0.025 + 0.25 - 0.025) \right] \times 1$

$$= (7.18/3 + 0.65) \times 2 + (7.18/3 + 0.60) \times 1$$
$$= 6.09 + 2.99 = 9.08(\text{m})$$

下部钢筋　$l = $ 净跨长 + 锚固长度

$\oplus 25$　$l = [(7.50 - 0.20 - 0.125) + (0.45 - 0.03 + 15 \times 0.022) +$
$\qquad (0.40 - 0.03 + 15 \times 0.025)] \times 2$
$\qquad = 8.73 \times 2 = 17.46(\text{m})$

$\oplus 22$　$l = [(7.50 - 0.20 - 0.125) + (0.45 - 0.03 + 15 \times 0.02) +$
$\qquad (0.40 - 0.03 + 15 \times 0.022)] \times 2$
$\qquad = (7.18 + 0.75 + 0.70) \times 2 = 8.63 \times 2 = 17.26(\text{m})$

箍筋长　$l = 2 \times ($梁宽 $- 2 \times$ 保护层 $+$ 梁高 $- 2 \times$ 保护层$) + 2 \times 11.9d + 4d$

$\phi 8$　　$l = 2 \times (0.25 - 2 \times 0.025 + 0.65 - 2 \times 0.025) + 2 \times 11.9 \times 0.008 + 4 \times 0.008$
$\qquad = 1.60 + 0.19 + 0.03 = 1.82(\text{m})$

箍筋根数（取整）　$n = 2 \times [($ 加密区长 $-50)/$ 加密区间距 $+1] +$
$\qquad [($ 非加密区长$/$非加密区间距$) - 1] + $ 支梁加密根数
$\qquad = 2 \times [(0.50 - 0.05) \div 0.10 + 1] +$
$\qquad [(7.50 - 0.20 - 0.125 - 0.50 \times 2)/0.20 - 1] + 8 \times 2$ 个节点
$\qquad = 12 + 30 + 16 = 58($ 根$)$

箍筋长小计　　　　$l = 1.82 \times 58 = 105.56(\text{m})$

WKL2 钢筋重量：

梁纵筋	$\oplus 18$	$16.86 \times 2.00 = 33.72(\text{kg})$
	$\oplus 16$	$9.08 \times 1.58 = 14.35(\text{kg})$
	$\oplus 25$	$17.46 \times 3.85 = 67.22(\text{kg})$
	$\oplus 22$	$17.26 \times 2.98 = 51.43(\text{kg})$
箍筋	$\phi 8$	$105.56 \times 0.395 = 41.70(\text{kg})$

钢筋重量小计：208.42kg

【例 4-27】　根据图 4-118 所示，计算钢筋工程量。

【解】　板底钢筋　$l = $ 板跨净长 + 两端锚固 $\max\{1/2$ 梁宽$, 5d\}$

$\phi 8$ 长筋　$l = 7.50 - 0.25 + 0.25 + 2 \times 6.25 \times 0.008 = 7.60(\text{m})$

长筋根数（取整）　$n = ($ 板净跨长 $- 2 \times 50)/$ 间距 $+ 1$
$\qquad = (2.50 - 0.25 - 2 \times 0.05)/25 + 1 = 9 + 1 = 10($ 根$)$

$\phi 8$ 短筋　$l = 2.50 - 0.25 + 0.25 + 2 \times 6.25 \times 0.008$
$\qquad = 2.50 + 0.10 = 2.60(\text{m})$

短筋根数（取整）　$n = (7.5 - 0.25 - 2 \times 0.05)/0.18 + 1 = 41($ 根$)$

①轴负筋　$l = $ 右标注 + 右弯折 + 锚固长度

$\phi 8$　　$l = 0.84 + (0.10 - 2 \times 0.015) + 2 \times 0.008$
$\qquad = 0.84 + 0.07 + 0.22 = 1.13\text{m}$

①轴负筋根数（取整）　$n = [$ 板长（宽）$- 2 \times$ 保护层$]/$ 间距 $+ 1$
$\qquad = (7.5 + 0.25 - 2 \times 0.015)/0.18 + 1 = 43 + 1 = 44($ 根$)$

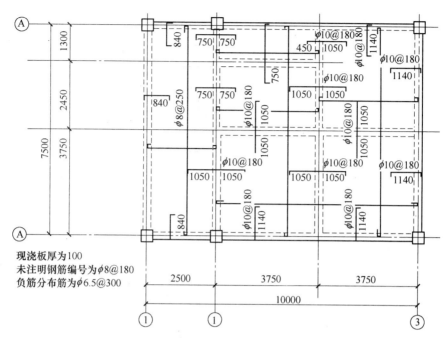

图 4-118　屋面配筋图

屋面结构标高：16.470m，C25 混凝土三级抗震。

①轴负筋分布筋　　　$l =$ 板长（宽）$-2 ×$ 保护层

$\phi 6.5$　　　$l = 7.50 + 0.25 - 2 × 0.015 = 7.72（m）$

①轴负筋分布筋根数　　　$n =$ 左（右）支座标注／间距 $+1$

$$= 0.84/0.30 + 1 = 3 + 1 = 4（根）$$

钢筋长小计：

$\phi 6.5$　　　　　　　　　　　　$7.72 × 4 = 30.88（m）$

$\phi 8$　　　　　　$7.60 × 10 + 2.60 × 41 + 1.13 × 44 = 232.32（m）$

屋面板部分钢筋重量：

$\phi 6.5$　　　　　　　　　　$30.88 × 0.26 = 8.03（kg）$

$\phi 8$　　　　　　　　$232.32 × 0.395 = 91.77（kg）$

钢筋重量小计：99.80kg

5. 铁件工程量

钢筋混凝土构件预埋铁件工程量，按设计图示尺寸，以吨计算。

【例 4-28】　根据图 4-119 所示，计算 5 根预制柱的预埋件工程量。

【解】　（1）每根柱预埋件工程量

M-1：钢板：$0.4 × 0.4 × 78.5 = 12.56（kg）$

$\phi 12$：$2 ×（0.30 + 0.36 × 2 + 12.5 × 0.012）× 0.888 = 2.08（kg）$

M-2：钢板：$0.3 × 0.4 × 78.5 = 9.42（kg）$

$\phi 12$：$2 ×（0.25 + 0.36 × 2 + 12.5 × 0.012）× 0.888 = 1.99（kg）$

M-3：钢板：$0.3 × 0.35 × 78.5 = 8.24（kg）$

$\phi 12$：$2 ×（0.25 + 0.36 × 2 + 12.5 × 0.012）× 0.888 = 1.99（kg）$

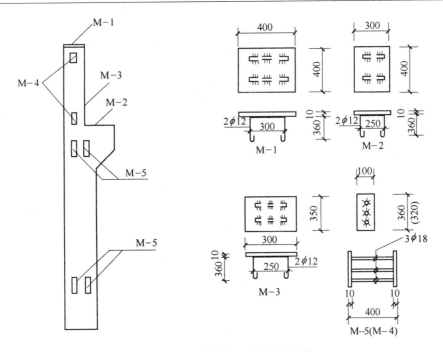

图 4-119　钢筋混凝土预制柱预埋件

M-4:钢板:$2 \times 0.1 \times 0.32 \times 2 \times 78.5 = 10.05(\mathrm{kg})$

$\Phi 18:2 \times 3 \times 0.38 \times 2.00 = 4.56(\mathrm{kg})$

M-5:钢板:$4 \times 0.1 \times 0.36 \times 2 \times 78.5 = 22.61(\mathrm{kg})$

$\Phi 18:4 \times 3 \times 0.38 \times 2.00 = 9.12(\mathrm{kg})$

小计：82.62kg

（2）5 根预埋铁件工程量

$$82.62 \times 5 = 413.1(\mathrm{kg}) = 0.413(\mathrm{t})$$

6. 现浇混凝土工程量

（1）计算规定　混凝土工程量除另有规定者外，均按图示尺寸实体体积以立方米计算。不扣除构件内钢筋、预埋铁件及墙、板中 $0.3\mathrm{m}^2$ 内的孔洞所占体积。

（2）对规定的理解　如图 4-120 ~ 图 4-124 所示。

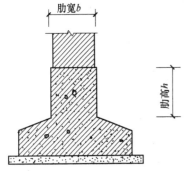

图 4-120　有肋带形基础示意图
注：$h/b > 4$ 时，肋按墙计算。

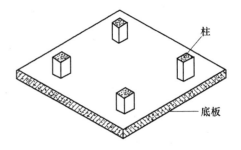

图 4-121　板式（筏形）满堂基础示意图

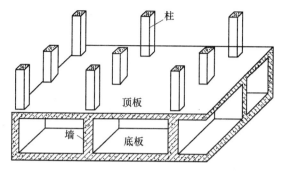

图 4-122 箱形满堂基础示意图

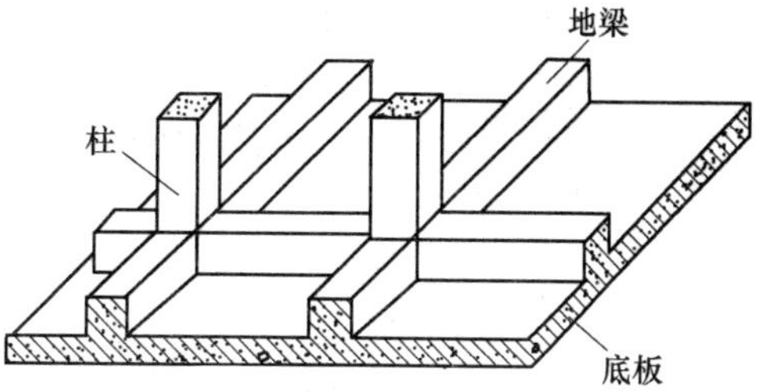

图 4-123 梁板式满堂基础

1）有肋带形混凝土基础（图 4-120），其肋高与肋宽之比在 4：1 以内的，按有肋带形基础计算；超过 4：1 时，其基础底板按板式基础计算，以上部分按墙计算。

2）箱形满堂基础应分别按无梁式满堂基础、柱、墙、梁、板有关规定计算，套相应定额项目（图 4-122）。

3）设备基础除块体外，其他类型设备基础分别按基础、梁、柱、板、墙等有关规定计算，套相应的定额项目。

4）独立基础。钢筋混凝土独立基础与柱在基础上表面分界，如图 4-124 所示。

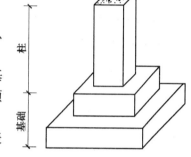

图 4-124 钢筋混凝土独立基础

【例 4-29】 根据图 4-125 计算 3 个钢筋混凝土独立柱基工程量。

【解】 $V = [1.30 \times 1.25 \times 0.30 + (0.2 + 0.4 + 0.2) \times (0.2 + 0.45 + 0.2) \times 0.25] \times 3$ 个

$= (0.488 + 0.170) \times 3 = 1.97 (\mathrm{m}^3)$

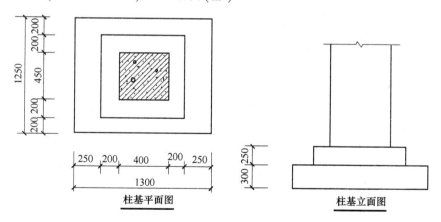

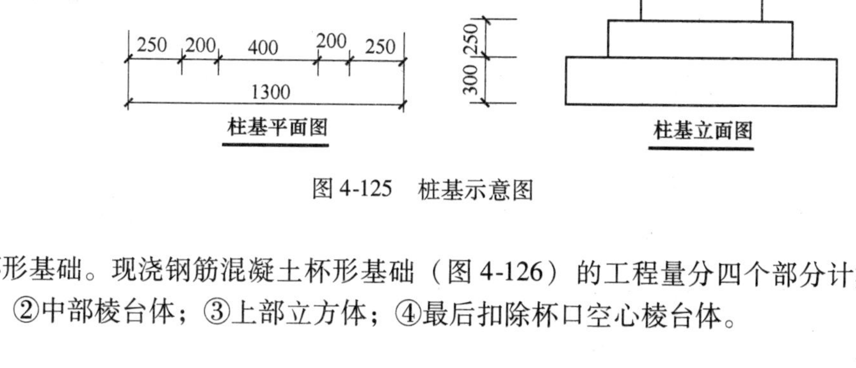

图 4-125 桩基示意图

5）杯形基础。现浇钢筋混凝土杯形基础（图 4-126）的工程量分四个部分计算：①底部立方体；②中部棱台体；③上部立方体；④最后扣除杯口空心棱台体。

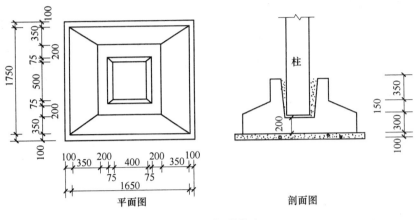

图 4-126　杯形基础

【例 4-30】　根据图 4-127 计算现浇钢筋混凝土杯形基础工程量。

【解】　V = 下部立方体 + 中部棱台体 + 上部立方体 - 杯口空心棱台体

$$= 1.65 \times 1.75 \times 0.30 + \frac{1}{3} \times 0.15 \times [1.65 \times 1.75 + 0.95 \times 1.05 +$$

$$\sqrt{(1.65 \times 1.75) \times (0.95 \times 1.05)}] + 0.95 \times 1.05 \times 0.35 - \frac{1}{3} \times (0.8 - 0.2) \times$$

$$[0.4 \times 0.5 + 0.55 \times 0.65 + \sqrt{(0.4 \times 0.5) \times (0.55 \times 0.65)}]$$

$$= 0.866 + 0.279 + 0.349 - 0.165 = 1.33 (\text{m}^3)$$

（3）柱　柱按图示断面尺寸乘以柱高以立方米计算。柱高按下列规定确定：

1）有梁板的柱高（图 4-127），应自柱基上表面（或楼板上表面）至柱顶高度计算。

2）无梁板的柱高（图 4-128），应自柱基上表面（或楼板上表面）至柱帽下表面之间的高度计算。

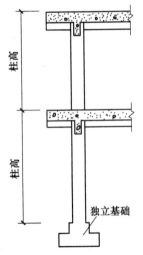

图 4-127　有梁板柱高示意图

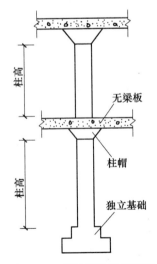

图 4-128　无梁板柱高示意图

3）框架柱的柱高（图 4-129）应自柱基上表面至柱顶高度计算。

4）构造柱按全高计算，与砖墙嵌接部分的体积并入柱身体积内计算。

5）依附柱上的牛腿，并入柱身体积计算。

构造柱的形状、尺寸示意图如图 4-130 ~ 图 4-132 所示。

构造柱体积计算公式：

当墙厚为 240mm 时：

$$V = 构造柱高 \times (0.24 \times 0.24 + 0.03 \times 0.24 \times 马牙槎边数)$$

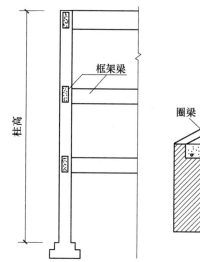

图 4-129 框架柱柱高示意图

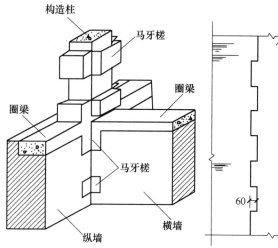

图 4-130 构造柱与砖墙嵌接
部分体积（马牙槎）示意图

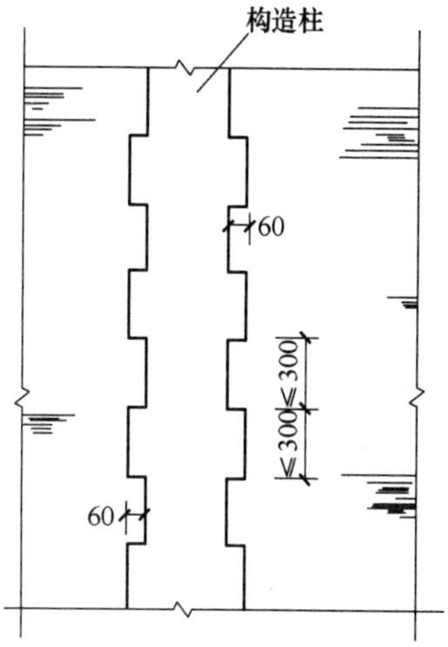

图 4-131 构造柱立面示意图

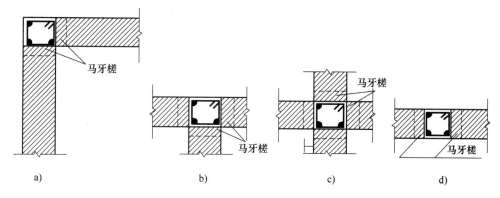

图 4-132 不同平面形状构造柱示意图

a）90°转角 b）T 形接头 c）十字形接头 d）一字形

【例 4-31】 根据下列数据计算构造柱体积。

90°转角：墙厚 240mm，柱高 12.0m

T 形接头：墙厚 240mm，柱高 15.0m

十字形接头：墙厚 365mm，柱高 18.0m

一字形：墙厚240mm，柱高9.5m

【解】 （1）90°转角

$$V = 12.0 \times (0.24 \times 0.24 + 0.03 \times 0.24 \times 2) = 0.864 (\text{m}^3)$$

（2）T形

$$V = 15.0 \times (0.24 \times 0.24 + 0.03 \times 0.24 \times 3) = 1.188 (\text{m}^3)$$

（3）十字形

$$V = 18.0 \times (0.365 \times 0.365 + 0.03 \times 0.365 \times 4) = 3.186 (\text{m}^3)$$

（4）一字形

$$V = 9.5 \times (0.24 \times 0.24 + 0.03 \times 0.24 \times 2) = 0.684 (\text{m}^3)$$

小计：$0.864 + 1.188 + 3.186 + 0.684 = 5.92 (\text{m}^3)$

（4）梁（图4-133～图4-135） 梁按图示断面尺寸乘以梁长以立方米计算，梁长按下列规定确定：

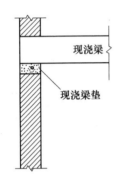

图4-133 现浇梁垫并入现浇梁
体积内计算示意图

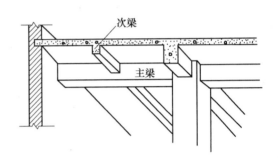

图4-134 主梁、次梁示意图

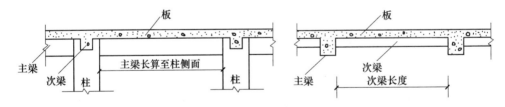

图4-135 主梁、次梁计算长度示意图

1）梁与柱连接时，梁长算至柱侧面。

2）主梁与次梁连接时，次梁长算至主梁侧面。

3）伸入墙内梁头、梁垫体积并入梁体积内计算。

（5）板 现浇板按图示面积乘以板厚以立方米计算。

1）有梁板包括主、次梁与板，按梁板体积之和计算。

2）无梁板按板和柱帽体积之和计算。

3）平板按板实体体积计算。

4）现浇挑檐、天沟与板（包括屋面板、楼板）连接时，以外墙为分界线，与圈梁（包括其他梁）连接时，以梁外边线为分界线。外墙边线以外或梁外边线以外为挑檐、天沟（图4-136）。

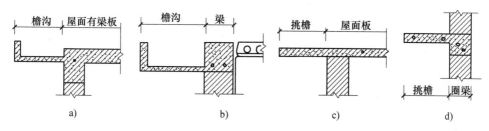

图 4-136　现浇挑檐天沟与板、梁划分

a）、b）屋面檐沟　c）、d）挑檐

5）各类板伸入墙内的板头并入板体积内计算。

（6）墙　现浇钢筋混凝土墙按图示中心线长度乘以墙高及厚度，以立方米计算。应扣除门窗洞口及 0.3m² 以外孔洞的体积，墙垛及凸出部分并入墙体积内计算。

（7）整体楼梯　现浇钢筋混凝土整体楼梯，包括休息平台、平台梁、斜梁及楼梯的连接梁，按水平投影面积计算，不扣除宽度小于 500mm 的楼梯井，伸入墙内部分不另增加。

说明：平台梁、斜梁比楼梯板厚，好像少算了；不扣除宽度小于 500mm 楼梯井，好像多算了；伸入墙内部分不另增加等。这些因素在编制定额时已经做了综合考虑。

【例 4-32】　某工程现浇钢筋混凝土楼梯（图 4-137）包括休息平台至平台梁，试计算该楼梯工程量（建筑物 4 层，共 3 层楼梯）。

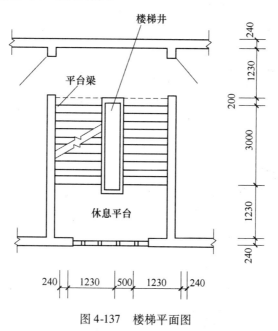

图 4-137　楼梯平面图

【解】　　　　$S = (1.23 + 0.50 + 1.23) \times (1.23 + 3.00 + 0.20) \times 3$

$$= 2.96 \times 4.43 \times 3 = 13.113 \times 3 = 39.34 (\text{m}^2)$$

（8）阳台、雨篷（悬挑板）　阳台、雨篷（悬挑板）按伸出外墙的水平投影面积计算，

伸出外墙的牛腿不另计算。带反挑檐的雨篷按展开面积并入雨篷内计算。各示意图如图4-138、图4-139所示。

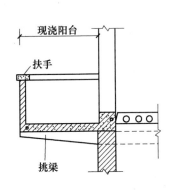

图4-138　有现浇挑梁的现浇阳台

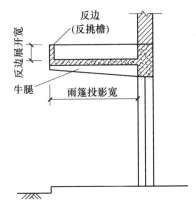

图4-139　带反边雨篷示意图

（9）栏杆、栏板　栏杆按净长度以延长米计算。伸入墙内的长度已综合在定额内。栏板以立方米计算，伸入墙内的栏板，合并计算。

（10）预制板　预制板补现浇板缝时，按平板计算。

（11）预制钢筋混凝土框架柱现浇接头（包括梁接头）　按设计规定断面和长度以立方米计算。

（12）现浇叠合板、梁　现浇叠合板、梁的示意图如图4-140、图4-141所示。

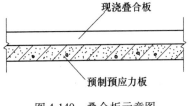

图4-140　叠合板示意图

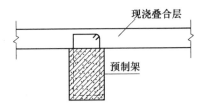

图4-141　叠合梁示意图

7. 预制混凝土工程量

1）预制混凝土工程量均按图示尺寸实体体积以立方米计算，不扣除构件内钢筋、铁件及小于300mm×300mm以内孔洞面积。

【例4-33】　根据图4-142计算20块YKB-3364预应力空心板的工程量。

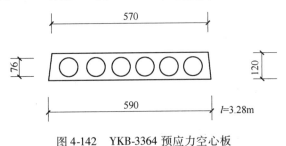

图4-142　YKB-3364预应力空心板

【解】　$V =$ 空心板净断面面积 × 板长 × 块数

$$= \left[0.12 \times (0.57 + 0.59) \times \frac{1}{2} - 0.7854 \times (0.076)^2 \times 6 \right] \times 3.28 \times 20$$

$$= (0.0696 - 0.0272) \times 3.28 \times 20 = 0.0424 \times 3.28 \times 20 = 2.78 (\text{m}^3)$$

【例 4-34】　根据图 4-143 计算 18 块预制天沟板的工程量

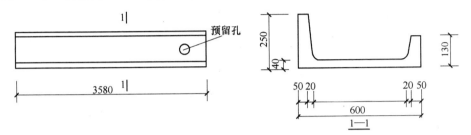

图 4-143　预制天沟板

【解】　$V =$ 断面面积 × 长度 × 块数

$$= \Big[(0.05 + 0.07) \times \frac{1}{2} \times (0.25 - 0.04) + 0.60 \times 0.04 +$$

$$(0.05 + 0.07) \times \frac{1}{2} \times (0.13 - 0.04) \Big] \times 3.58 \times 18 = 0.150 \times 18 = 2.70 (\text{m}^3)$$

【例 4-35】　根据图 4-144 计算 6 根预制工字形柱的工程量。

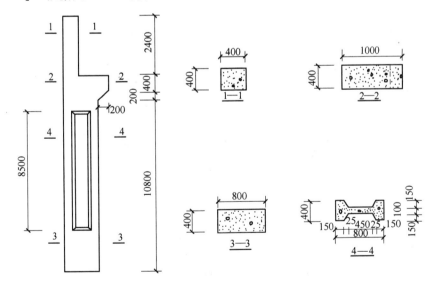

图 4-144　预制工字形柱

【解】　$V =$ (上柱体积 + 牛腿部分体积 + 下柱外形体积 − 工字形槽口体积) × 根数

$$= \Big\{ (0.40 \times 0.40 \times 2.40) + \Big[0.40 \times (1.0 + 0.80) \times \frac{1}{2} \times 0.20 +$$

$$0.40 \times 1.0 \times 0.40 \Big] + (10.8 \times 0.80 \times 0.40) -$$

$$\frac{1}{2} \times (8.5 \times 0.50 + 8.45 \times 0.45) \times 0.15 \times 2\,\text{边} \Big\} \times 6\,\text{根}$$

$$= (0.384 + 0.232 + 3.456 - 1.208) \times 6$$

$$= 2.864 \times 6 = 17.18(\text{m}^3)$$

2）预制桩按桩全长（包括桩尖）乘以桩断面（空心桩应扣除孔洞体积）以立方米计算。

3）混凝土与钢杆件组合的构件，混凝土部分按构件实体体积以立方米计算，钢构件部分按吨计算，分别套相应的定额项目。

8. 固定用支架等

固定预埋螺栓、铁件的支架，固定双层钢筋的铁马凳、垫铁件，按审定的施工组织设计规定计算，套用相应定额项目。

9. 构筑物钢筋混凝土工程量

1）一般规定。构筑物混凝土除另有规定者外，均按图示尺寸扣除门窗洞口及 0.3m^2 以外孔洞所占体积以实体体积计算。

2）水塔

①筒身与槽底以槽底连接的圈梁底为界，以上为槽底，以下为筒身。

②筒式塔身及依附于筒身的过梁、雨篷、挑檐等，并入筒身体积内计算；柱式塔身，柱、梁合并计算。

③塔顶包括顶板和圈梁，槽底包括底板挑出的斜壁板和圈梁等合并计算。

3）储水池不分平底、锥底、坡底，均按池底计算；壁基梁、池壁不分圆形壁和矩形壁，均按池壁计算；其他项目均按现浇混凝土部分相应项目计算。

10. 钢筋混凝土构件接头灌缝

（1）一般规定 钢筋混凝土构件接头灌缝，包括构件坐浆、灌缝、堵板孔、塞板梁缝等，均按预制钢筋混凝土构件实体体积以立方米计算。

（2）柱的灌缝 柱与柱基的灌缝按首层柱体积计算；首层以上柱灌缝，按各层柱体积计算。

（3）空心板堵孔 空心板堵孔的人工、材料，已包括在定额内；如不堵孔时，每 10m^3 空心板体积应扣除 0.23m^3 预制混凝土块和 2.2 个工日。

4.1.7 门窗及木结构工程工程量计算

1. 门窗及木结构工程工程量计算的一般规定

各类门、窗制作、安装工程工程量均按门、窗洞口面积计算。

1）门、窗盖口条、贴脸、披水条，按图示尺寸以延长米计算，执行木装修项目（图 4-145）。

2）普通窗上部带有半圆窗（图 4-146）的工程量，应分别按半圆窗和普通窗计算。其分界线以普通窗和半圆窗之间的横框上裁口线为分界线。

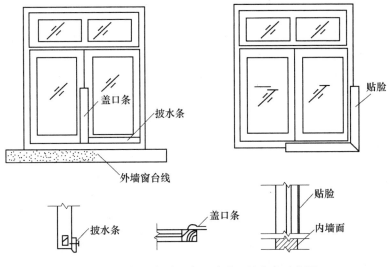

图 4-145　门、窗盖口条、贴脸、披水条示意图

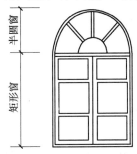

图 4-146　带半圆窗示意图

3）门窗扇包镀锌薄钢板，按门、窗洞口面积以平方米计算（图 4-147）；门窗框包镀锌薄钢板，钉橡胶条、钉毛毡按图示门窗洞口尺寸以延长米计算。

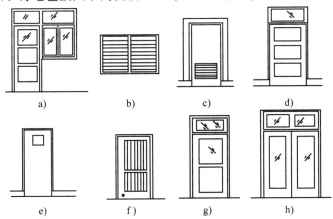

图 4-147　各种门窗示意图

a）门带窗　b）固定百叶窗　c）半截百叶门　d）带亮子镶板门

e）带观察窗胶合板门　f）拼板门　g）半玻门　h）全玻门

2. 套用定额的规定

（1）木材木种分类　全国统一建筑工程基础定额将木材分为以下四类：

一类：红松、水桐木、樟子松。

二类：白松（方杉、冷杉）、杉木、杨木、柳木、椴木。

三类：青松、黄花松、秋子木、马尾松、东北榆木、柏木、苦楝木、梓木、黄菠萝、椿木、楠木、柚木、樟木。

四类：栎木（柞木）、檀木、色木、槐木、荔木、麻栗木（麻栎、青杠）、桦木、荷木、水曲柳、华北榆木。

（2）板、枋材规格分类（表4-24）

表4-24　板、枋材规格分类

项目	按宽厚尺寸比例分类	按板材厚度、枋材宽与厚乘积分类			
板材	宽≥3×厚	名称	薄板	中板	厚板	特厚板
		厚度/mm	<18	19~35	36~65	≥66
枋材	宽<3×厚	名称	小枋	中枋	大枋	特大枋
		宽×厚/cm²	<54	55~100	101~225	≥226

（3）门窗框扇断面的确定及换算

1）框扇断面的确定。定额中所注明的木材断面或厚度均以毛料为准。如设计图样注明的断面或厚度为净料时，应增加刨光损耗；板、枋材一面刨光增加3mm；两面刨光增加5mm。

【例4-36】　根据图4-148中木门框断面的净尺寸计算含刨光损耗的毛断面。

【解】　门框毛断面 = (9.5 + 0.5) × (4.2 + 0.3)

$$= 45(\text{cm}^2)$$

门扇毛断面 = (9.5 + 0.5) × (4.0 + 0.5)

$$= 45(\text{cm}^2)$$

2）框扇断面的换算。当图样设计的木门窗框扇断面与定额规定不同时，应按比例换算。框断面以边框断面为准（框裁口如为钉条者加贴条的断面）；扇断面以主梃断面为准。

框扇断面不同时的定额材积换算公式：

$$换算后材积 = \frac{设计断面（加刨光损耗）}{定额断面} \times 定额材积$$

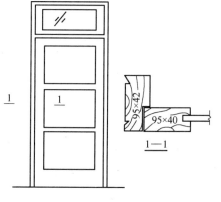

图4-148　木门框断面示意图

【例4-37】　某工程的单层镶板门框的设计断面为60mm×115mm（净尺寸），查定额框断面60mm×100mm（毛料），定额枋材料用量2.037m³/100m²，试计算按图样设计的门框枋材耗用量。

【解】

$$换算后体积 = \frac{设计断面}{定额断面} \times 定额材积 = \frac{63 \times 120}{60 \times 100} \times 2.037 = 2.567(\text{m}^3/100\text{m}^2)$$

3. 铝合金门窗

铝合金门窗制作、安装，铝合金、不锈钢门窗、彩板组角钢门窗、塑料门窗、钢门窗安装，均按设计门窗洞口面积计算。

4. 卷闸门

卷闸门安装按洞口高度增加600mm乘以门实际宽度以平方米计算。电动装置安装以套计算，小门安装以个计算。

【例4-38】　根据图4-149所示尺寸计算卷闸门工程量。

【解】　　　　$S = 3.20 \times (3.60 + 0.60) = 3.20 \times 4.20 = 13.44 (\mathrm{m}^2)$

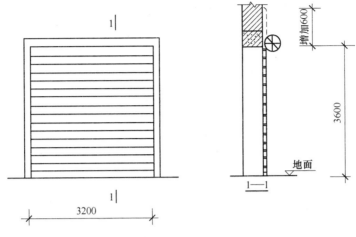

图4-149　卷闸门示意图

5. 包门框、安附框

不锈钢片包门框，按框外表面面积以平方米计算。彩板组角钢门窗附框安装，按延长米计算。

6. 木屋架

1）木屋架制作安装均按设计断面竣工木料以立方米计算，其后备长度及配制损耗均不另行计算。

2）方木屋架一面刨光时增加3mm，两面刨光时增加5mm，圆木屋架按屋架刨光时木材体积每立方米增加$0.05\mathrm{m}^3$计算。附属于屋架的夹板、垫木等已并入相应的屋架制作项目中，不另计算；与屋架连接的挑檐木（附木）、支撑等，其工程量并入屋架竣工木料体积内计算。

3）屋架的制作安装应区别不同跨度，其跨度应以屋架上下弦杆的中心线交点之间的长度为准。带气楼的屋架并入所依附屋架的体积内计算。

4）屋架的马尾、折角和正交部分半屋架（图4-150），应并入相连接屋架的体积内计算。

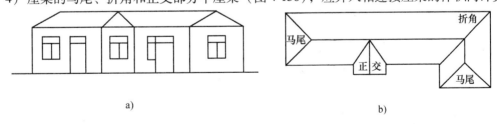

图4-150　屋架的马尾、折角和正交示意图

a）立面图　b）平面图

5）钢木屋架区分圆木、方木，按竣工木料以立方米计算。

6）圆木屋架连接的挑檐木、支撑等如为方木时，其方木部分应乘以系数1.7折合成圆木并入屋架竣工木料内；单独的方木挑檐，按矩形檩木计算。

7）木屋架各杆件长度可用屋架跨度乘以杆件长度系数计算。杆件长度系数见表4-25。

表 4-25　屋架杆件长度系数

屋架形式	角度	杆件编号										
		1	2	3	4	5	6	7	8	9	10	11
	26°34'	1	0.559	0.250	0.280	0.125						
	30°	1	0.577	0.289	0.289	0.144						
	26°34'	1	0.559	0.250	0.236	0.167	0.186	0.083				
	30°	1	0.577	0.289	0.254	0.192	0.192	0.096				
	26°34'	1	0.559	0.250	0.225	0.188	0.177	0.125	0.140	0.063		
	30°	1	0.577	0.289	0.250	0.217	0.191	0.144	0.144	0.072		
	26°34'	1	0.559	0.250	0.224	0.200	0.180	0.150	0.141	0.100	0.112	0.050
	30°	1	0.577	0.289	0.252	0.231	0.200	0.173	0.153	0.116	0.155	0.057

8）圆木材积是根据尾径计算的，国家标准《原木材积表》（GB 4814—2013）规定了原木材积的计算方法和计算公式。在实际工作中，一般都采取查表的方式来确定圆木屋架的材积，见表4-26。

标准规定，检尺径自 4 ~ 12cm 的小径原木材积由下面公式确定：

$$V = 0.7854L(D + 0.45L + 0.2)^2 \div 10000$$

检尺径自 14cm 以上原木材积由下面公式确定：

$$V = 0.7854L[D + 0.5L + 0.005L^2 + 0.000125L(14 - L)^2(D - 10)]^2 \div 10000$$

式中　V——材积（m^3）；

　　　L——检尺长（m）；

　　　D——检尺径（cm）。

表 4-26　原木材积表

检尺径 /cm	检尺长/m														
	2.0	2.2	2.4	2.5	2.6	2.8	3.0	3.2	3.4	3.6	3.8	4.0	4.2	4.4	4.6
	材积/m³														
8	0.013	0.015	0.016	0.017	0.018	0.020	0.021	0.023	0.025	0.027	0.029	0.031	0.034	0.036	0.038
10	0.019	0.022	0.024	0.025	0.026	0.029	0.031	0.034	0.037	0.040	0.042	0.045	0.048	0.051	0.054
12	0.027	0.030	0.033	0.035	0.037	0.040	0.043	0.047	0.050	0.054	0.058	0.062	0.065	0.069	0.074
14	0.036	0.040	0.045	0.047	0.049	0.054	0.058	0.063	0.068	0.073	0.078	0.083	0.089	0.094	0.100
16	0.047	0.052	0.058	0.060	0.063	0.069	0.075	0.081	0.087	0.093	0.100	0.106	0.113	0.120	0.126
18	0.059	0.065	0.072	0.076	0.079	0.086	0.093	0.101	0.108	0.116	0.124	0.132	0.140	0.148	0.156
20	0.072	0.080	0.088	0.092	0.097	0.105	0.114	0.123	0.132	0.141	0.151	0.160	0.170	0.180	0.190
22	0.086	0.096	0.106	0.111	0.116	0.126	0.137	0.147	0.158	0.169	0.180	0.191	0.203	0.214	0.226
24	0.102	0.114	0.125	0.131	0.137	0.149	0.161	0.174	0.186	0.199	0.212	0.225	0.239	0.252	0.266
26	0.120	0.133	0.146	0.153	0.160	0.174	0.188	0.203	0.217	0.232	0.247	0.262	0.277	0.293	0.308
28	0.138	0.154	0.169	0.177	0.185	0.201	0.217	0.234	0.250	0.267	0.284	0.302	0.319	0.337	0.354
30	0.158	0.176	0.193	0.202	0.211	0.230	0.248	0.267	0.286	0.305	0.324	0.344	0.364	0.383	0.404
32	0.180	0.199	0.219	0.230	0.240	0.260	0.281	0.302	0.324	0.345	0.367	0.389	0.411	0.433	0.456
34	0.202	0.224	0.247	0.258	0.270	0.293	0.316	0.340	0.364	0.388	0.412	0.437	0.461	0.486	0.511

检尺径 /cm	检尺长/m														
	4.8	5.0	5.2	5.4	5.6	5.8	6.0	6.2	6.4	6.6	6.8	7.0	7.2	7.4	7.6
	材积/m³														
8	0.040	0.043	0.045	0.048	0.051	0.053	0.056	0.059	0.062	0.065	0.068	0.071	0.074	0.077	0.081
10	0.058	0.061	0.064	0.068	0.071	0.075	0.078	0.082	0.086	0.090	0.094	0.098	0.102	0.106	0.111
12	0.078	0.082	0.086	0.091	0.095	0.100	0.105	0.109	0.114	0.119	0.124	0.130	0.135	0.140	0.146
14	0.105	0.111	0.117	0.123	0.129	0.136	0.142	0.149	0.156	0.162	0.169	0.176	0.184	0.191	0.199
16	0.134	0.141	0.148	0.155	0.163	0.171	0.179	0.187	0.195	0.203	0.211	0.220	0.229	0.238	0.247
18	0.165	0.174	0.182	0.191	0.201	0.210	0.219	0.229	0.238	0.248	0.258	0.268	0.278	0.289	0.300
20	0.200	0.210	0.221	0.231	0.242	0.253	0.264	0.275	0.286	0.298	0.309	0.321	0.333	0.345	0.358

（续）

检尺径 /cm	检尺长/m														
	4.8	5.0	5.2	5.4	5.6	5.8	6.0	6.2	6.4	6.6	6.8	7.0	7.2	7.4	7.6
	材积/m³														
22	0.238	0.250	0.262	0.275	0.287	0.300	0.313	0.326	0.339	0.352	0.365	0.379	0.393	0.407	0.421
24	0.279	0.293	0.308	0.322	0.336	0.351	0.366	0.380	0.396	0.411	0.426	0.442	0.457	0.473	0.489
26	0.324	0.340	0.356	0.373	0.389	0.406	0.423	0.440	0.457	0.474	0.491	0.509	0.527	0.545	0.563
28	0.372	0.391	0.409	0.427	0.446	0.465	0.484	0.503	0.522	0.542	0.561	0.581	0.601	0.621	0.642
30	0.424	0.444	0.465	0.486	0.507	0.528	0.549	0.571	0.592	0.614	0.636	0.658	0.681	0.703	0.726
32	0.479	0.502	0.525	0.548	0.571	0.595	0.619	0.643	0.667	0.691	0.715	0.740	0.765	0.790	0.815
34	0.537	0.562	0.588	0.614	0.640	0.666	0.692	0.719	0.746	0.772	0.799	0.827	0.854	0.881	0.909

注：长度以20cm为增进单位，不足20cm时，满10cm进位，不足10cm舍去；径级以2cm为增进单位，不足2cm
　　时，满1cm的进位，不足1cm舍去。

【例4-39】　根据图4-151中的尺寸计算跨度 $L=12m$ 的圆木屋架工程量。

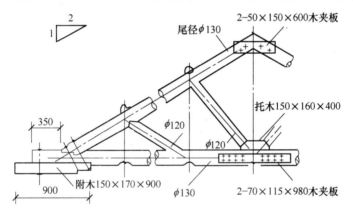

图4-151　圆木屋架

【解】　屋架圆木材积计算见表4-27。

表4-27　屋架圆木材积计算表

名称	尾径/cm	数量	长度/m	单根材积/m³	材积/m³
上弦	Φ13	2	12×0.559=6.708	0.169	0.338
下弦	Φ13	2	6+0.35=6.35	0.156	0.132
斜杠1	Φ12	2	12×0.236=2.832	0.040	0.080
斜杠2	Φ12	2	12×0.186=2.232	0.030	0.060
托木		1	0.15×0.16×0.40×1.70		0.016
挑檐木		2	0.15×0.17×0.90×2×1.70		0.078
小计					0.884

【例4-40】　根据图4-152中尺寸，计算跨度 $L=9.0m$ 的方木屋架工程量。

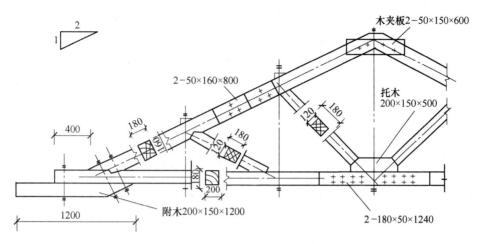

图 4-152　方木屋架

【解】

上弦：　　　　　$9.0 \times 0.559 \times 0.18 \times 0.16 \times 2 = 0.290(\mathrm{m}^3)$

下弦：　　　　　$(9.0 + 0.4 \times 2) \times 0.18 \times 0.20 = 0.353(\mathrm{m}^3)$

斜杆 1：　　　　$9.0 \times 0.236 \times 0.12 \times 0.18 \times 2 = 0.092(\mathrm{m}^3)$

斜杆 2：　　　　$9.0 \times 0.186 \times 0.12 \times 0.18 \times 2 = 0.072(\mathrm{m}^3)$

托木：　　　　　$0.2 \times 0.15 \times 0.5 = 0.015(\mathrm{m}^3)$

挑檐木：　　　　$1.20 \times 0.20 \times 0.15 \times 2 = 0.072(\mathrm{m}^3)$

小计：$0.894\mathrm{m}^3$

注：木夹板、钢拉杆等已包括在定额中。

7. 檩木

1）檩木按竣工木料以立方米计算。简支檩条长度按设计规定计算；如设计无规定者，按屋架或山墙中距增加 200mm 计算，如两端出山，檩条算至博风板。

2）连续檩条的长度按设计长度计算，其接头长度按全部连续檩木总体积的 5% 计算。檩条托木已计入相应的檩木制作安装项目中，不另计算。

3）简支檩条增加长度和连续檩条接头如图 4-153、图 4-154 所示。

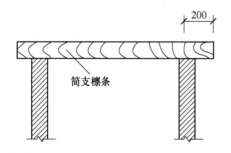

图 4-153　简支檩条增加长度示意图

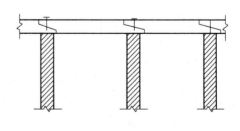

图 4-154　连续檩条接头示意图

8. 屋面木基层

屋面木基层（图4-155）按屋面的斜面积计算。天窗挑檐重叠部分按设计规定计算，屋面烟囱及斜沟部分所占面积不扣除。

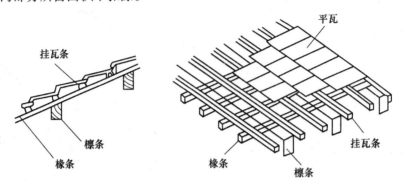

图4-155　屋面木基层示意图

9. 封檐板

封檐板按图示檐口外围长度计算，博风板按斜长计算，每个大刀头增加长度50mm。挑檐木、封檐板、博风板、大刀头示意图如图4-156、图4-157所示。

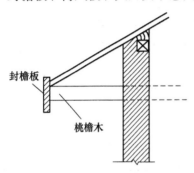 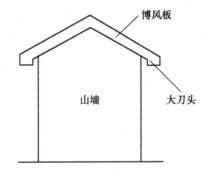

图4-156　挑檐木、封檐板示意图　　　　图4-157　博风板、大刀头示意图

10. 木楼梯

木楼梯按水平投影面积计算，不扣除宽度小于300mm的楼梯井，其踢脚板、平台和伸入墙内部分，不另计算。

4.1.8　楼、地面工程工程量计算

1. 垫层

地面垫层按室内主墙间净空面积乘以设计厚度以立方米计算。应扣除凸出地面的构筑物、设备基础、室内铁道、地沟等所占体积，不扣除柱、垛、间壁墙、附墙烟囱及面积在0.3m² 以内孔洞所占体积。

注意：

1）不扣除间壁墙是因为间壁墙是在地面完成后再做，所以不扣除；不扣除柱、垛及不增加门洞开口部分面积，是一种综合计算方法。

2）凸出地面的构筑物、设备基础等，是先做好后再做室内地面垫层，所以要扣除所占体积。

2. 整体面层、找平层

整体面层、找平层均按主墙间净空面积以平方米计算。应扣除凸出地面构筑物、设备基础、室内管道、地沟等所占面积，不扣除柱、垛、间壁墙、附墙烟囱及面积在 $0.3m^2$ 以内的孔洞所占面积，但门洞、空圈、散热器包槽、壁龛的开口部分也不增加。

注意：

1）整体面层包括水泥砂浆、水磨石、水泥豆石等，如图 4-158、图 4-159 所示。

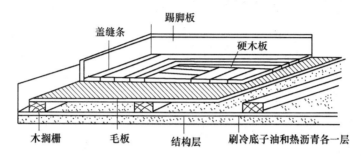

图 4-158　底层上实铺式木地面的构造示意图

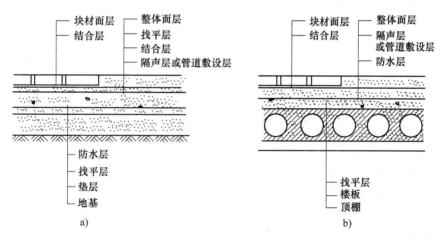

图 4-159　楼地面构造层示意图

a）地面各构造层　b）楼面各构造层

2）找平层，包括水泥砂浆、细石混凝土等。

3）不扣除柱、垛、间壁墙等所占面积，不增加门洞、空圈、散热器包槽、壁龛的开口部分，各种面积经过正负抵消后就能确定定额用量，这是编制定额时采用的综合计算方法。

【例 4-41】　根据图 4-160 计算该建筑物的室内地面面层工程量。

【解】　室内地面面积 = 建筑面积 – 墙结构面积

$$= 9.24 \times 6.24 \times [(9+6) \times 2 + 6 - 0.24 + 5.1 - 0.24] \times 0.24$$
$$= 57.66 - 40.62 \times 0.24 = 57.66 - 9.75 = 47.91 (m^2)$$

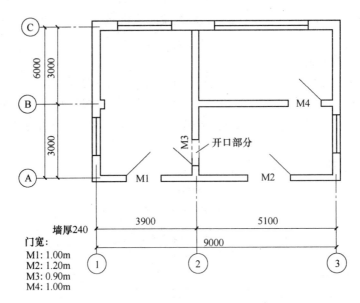

图 4-160　某建筑平面图

3. 块料面层

块料面层，按图示尺寸实铺面积以平方米计算，门洞、空圈、散热器包槽和壁龛的开口部分的工程量并入相应的面层内计算。

注意：

块料面层包括大理石、花岗石、彩釉砖、缸砖、陶瓷锦砖、木地板等。

【例4-42】　根据图 4-160 和【例4-41】的数据，计算该建筑物室内花岗石地面工程量。

【解】　花岗石地面面积 = 室内地面面积 + 门洞开口部分面积

$$= 47.91 + (1.0 + 1.2 + 0.9 + 1.0) \times 0.24$$
$$= 47.91 + 0.98 = 48.89 (\text{m}^2)$$

楼梯面层（包括踏步、平台以及小于 500mm 宽的楼梯井）按水平投影面积计算。

【例4-43】　根据图 4-137 的尺寸计算水泥豆石浆楼梯间面层（只算一层）工程量。

【解】　水泥豆石浆楼梯间面层 $= (1.23 \times 2 + 0.50) \times (0.200 + 1.23 \times 2 + 3.0)$
$$= 2.96 \times 5.66 = 16.75 (\text{m}^2)$$

4. 台阶面层

台阶面层（包括踏步及最上一层踏步外沿 300mm）按水平投影面积计算。

注意：

台阶的整体面层和块料面层均按水平投影面积计算。这是因为定额已将台阶踢脚立面的工料综合到水平投影面积中了。

【例4-44】　根据图 4-161 计算花岗石台阶面层工程量。

【解】　花岗石台阶面层 = 台阶中心线长 × 台阶宽

$$= [(0.30 \times 2 + 2.1) + (0.30 + 1.0) \times 2] \times (0.30 \times 2)$$
$$= 5.30 \times 0.6 = 3.18 (\text{m}^2)$$

5. 其他

1）踢脚板（线）按延长米计算，洞口、空圈长度不予扣除，洞口、空圈、垛、附墙烟

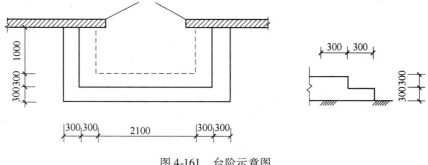

图 4-161 台阶示意图

囡等侧壁长度也不增加。

【例 4-45】 根据图 4-160 计算各房间 150mm 高瓷砖踢脚线工程量。

【解】 $L = \sum$ 房间净空周长

$= (6.0 - 0.24 + 3.9 - 0.24) \times 2 + (5.1 - 0.24 +$

$3.0 - 0.24) \times 2 + (5.1 - 0.24 + 3.0 - 0.24) \times 2$

$= 18.84 + 15.24 \times 2 = 49.32 (\text{m})$

2）散水、防滑坡道按图示尺寸以平方米计算。

散水面积计算公式：

$$S_{散水} = (外墙外边周长 + 散水宽 \times 4) \times 散水宽 - 坡道、台阶所占面积$$

【例 4-46】 根据图 4-162，计算散水工程量。

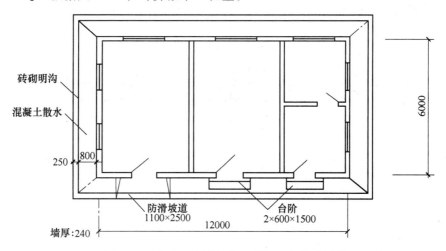

图 4-162 散水、防滑坡道、明沟、台阶示意图

【解】 $S_{散水} = \left[(12.0 + 0.24 + 6.0 + 0.24) \times 2 + 0.80 \times 4 \right] \times 0.80 -$

$2.50 \times 0.80 - 0.60 \times 1.50 \times 2$

$= 40.16 \times 0.80 - 3.80 = 28.33 (\text{m}^2)$

【例 4-47】 根据图 4-162，计算防滑坡道工程量。

【解】 $S_{防滑坡度} = 1.10 \times 2.50 = 2.75 (\text{m}^2)$

3）栏杆、扶手包括弯头长度按延长米计算（图 4-163、图 4-164、图 4-165）。

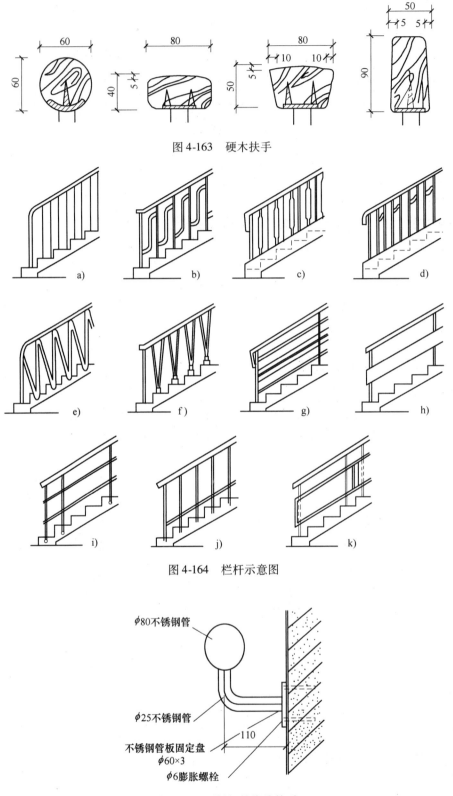

图 4-163　硬木扶手

图 4-164　栏杆示意图

图 4-165　不锈钢管靠墙扶手

【例 4-48】　某大楼有等高的 8 跑楼梯，采用不锈钢管扶手栏杆，每跑楼梯高为 1.80m，每跑楼梯扶手水平长为 3.80m，扶手转弯处为 0.30m，最后一跑楼梯连接的安全栏杆水平长1.55m，求该扶手栏杆工程量。

【解】　不锈钢扶手栏杆长 $= \sqrt{(1.80)^2 + (3.80)^2} \times 8 + 0.30 \times 7 + 1.55$

$\qquad\qquad\qquad\qquad\quad = 4.205 \times 8 + 2.10 + 1.55 = 37.29(m)$

4）防滑条按楼梯踏步两端距离减 300mm，以延长米计算，如图 4-166 所示。

5）明沟按图示尺寸以延长米计算。

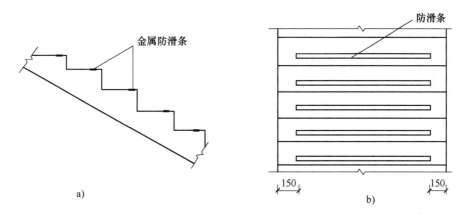

图 4-166　防滑条示意图

a）侧立面　b）平面

明沟长度计算公式：

$$明沟长 = 外墙外边周长 + 散水宽 \times 8 + 明沟宽 \times 4 - 台阶、坡道长$$

【例 4-49】　根据图 4-162，计算砖砌明沟工程量。

【解】　明沟长 $= (12.24 + 6.24) \times 2 + 0.80 \times 8 + 0.25 \times 4 - 2.50$

$\qquad\qquad\quad = 41.86(m)$

4.1.9　防腐、保温、隔热及防水工程工程量计算

1. 坡屋面

（1）相关规则　瓦屋面、金属压型板屋面，均按图示尺寸的水平投影面积乘以屋面坡度系数以平方米计算。不扣除房上烟囱、风帽底座、风道、屋面小气窗、斜沟等所占面积，屋面小气窗的出檐部分也不增加。

（2）屋面坡度系数　利用屋面坡度系数来计算坡屋面工程量是一种简便有效的计算方法。坡度系数的计算方法是：

$$坡度系数 = \frac{斜长}{水平长} = \sec\alpha$$

屋面坡度系数表见表 4-28，示意图如图 4-167 所示。

表 4-28　屋面坡度系数表

坡　度			延尺系数 $C(A=1)$	隔延尺系数 $D(A=1)$
以高度 B 表示（当 $A=1$ 时）	以高跨比表示（$B/2A$）	以角度表示（α）		
1	1/2	45°	1.4142	1.7321
0.75		36°52′	1.2500	1.6008
0.70		35°	1.2207	1.5779
0.666	1/3	33°40′	1.2015	1.5620
0.65		33°01′	1.1926	1.5564
0.60		30°58′	1.1662	1.5362
0.577		30°	1.1547	1.5270
0.55		28°49′	1.1413	1.5170
0.50	1/4	26°34′	1.1180	1.5000
0.45		24°14′	1.0966	1.4839
0.40	1/5	21°48′	1.0770	1.4697
0.35		19°17′	1.0594	1.4569
0.30		16°42′	1.0440	1.4457
0.25		14°02′	1.0308	1.4362
0.20	1/10	11°19′	1.0198	1.4283
0.15		8°32′	1.0112	1.4221
0.125		7°8′	1.0078	1.4191
0.100	1/20	5°42′	1.0050	1.4177
0.083		4°45′	1.0035	1.4166
0.066	1/30	3°49′	1.0022	1.4157

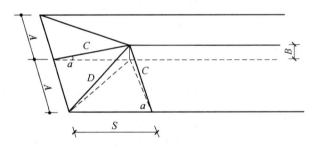

图 4-167　放坡系数各字母含义示意图

注：1. 两坡水排水屋面（当 α 角相等时，可以是任意坡水）面积为屋面水平投影面积乘以延尺系数 C。

　　2. 四坡水排水屋面斜脊长度 $=AD$（当 $S=A$ 时）。

　　3. 沿山墙泛水长度 $=AC$。

【例 4-50】　根据图 4-168 中有关数据，计算 4 根斜脊的长度。

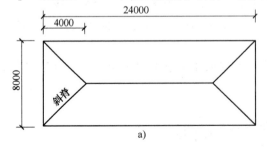

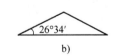

图 4-168　四坡水屋面示意图

a）平面　b）立面

【解】　屋面斜脊长 = 跨长 × 0.5 × 隅延尺系数 D × 4 根

$$= 8.0 × 0.5 × 1.50 × 4 = 24.0 (m)$$

【例 4-51】　根据图 4-169 的图示尺寸，计算六坡水（正六边形）屋面的斜面面积。

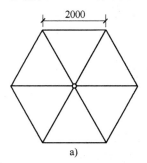 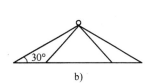

图 4-169　六坡水屋面示意图

a）平面　b）立面

【解】　屋面斜面面积 = 水平面积 × 延尺系数 C

$$= \frac{3}{2} × \sqrt{3} × (2.0)^2 × 1.118$$

$$= 10.39 × 1.118 = 11.62 (m^2)$$

2. 卷材屋面

1）卷材屋面按图示尺寸的水平投影面积乘以规定的坡度系数以平方米计算。但不扣除房上烟囱、风帽底座、风道、屋面小气窗和斜沟所占的面积。屋面女儿墙、伸缩缝和天窗弯起部分（图 4-170、图 4-171），按图示尺寸并入屋面工程量计算；如图样无规定时，伸缩缝、女儿墙的弯起部分可按 250mm 计算，天窗弯起部分可按 500mm 计算。

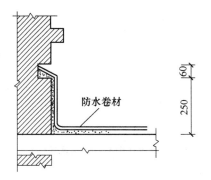 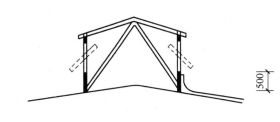

图 4-170　屋面女儿墙防水卷材弯起示意图　　　　图 4-171　卷材屋面天窗弯起部分示意图

2）屋面找坡一般采用轻质混凝土和保温隔热材料。找坡层的平均厚度需根据图示尺寸计算加权平均厚度，以立方米计算。

屋面找坡平均厚计算公式：

$$找坡平均厚 = 坡宽(L) × 坡度系数(i) × \frac{1}{2} + 最薄处厚$$

【例 4-52】　根据图 4-172 所示尺寸和条件计算屋面找坡层工程量。

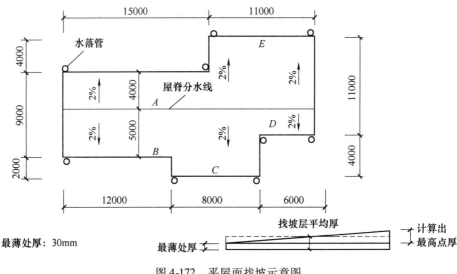

图 4-172 平屋面找坡示意图

【解】 （1）计算加权平均厚

$$A 区 \begin{cases} 面积:15 \times 4 = 60(m^2) \\ 平均厚:4.0 \times 2\% \times \dfrac{1}{2} + 0.03 = 0.07(m) \end{cases}$$

$$B 区 \begin{cases} 面积:12 \times 5 = 60(m^2) \\ 平均厚:5.0 \times 2\% \times \dfrac{1}{2} + 0.03 = 0.08(m) \end{cases}$$

$$C 区 \begin{cases} 面积:8 \times (5 + 2) = 56(m^2) \\ 平均厚:7 \times 2\% \times \dfrac{1}{2} + 0.03 = 0.10(m) \end{cases}$$

$$D 区 \begin{cases} 面积:6 \times (5 + 2 - 4) = 18(m^2) \\ 平均厚:3 \times 2\% \times \dfrac{1}{2} + 0.03 = 0.06(m) \end{cases}$$

$$E 区 \begin{cases} 面积:11 \times (4 + 4) = 88(m^2) \\ 平均厚:8 \times 2\% \times \dfrac{1}{2} + 0.03 = 0.11(m) \end{cases}$$

$$加权平均厚 = \frac{60 \times 0.07 + 60 \times 0.08 + 56 \times 0.10 + 18 \times 0.06 + 88 \times 0.11}{60 + 60 + 56 + 18 + 88}$$

$$= \frac{25.36}{282} = 0.0899 \approx 0.09(m)$$

（2）屋面找坡面体积

$$V = 屋面面积 \times 平均厚 = 282 \times 0.09 = 25.38(m^3)$$

3）卷材屋面的附加层、接缝、收头、找平层的嵌缝、冷底子油已计入定额内，不另计算。

4）涂膜屋面的工程量计算同卷材屋面。涂膜屋面的油膏嵌缝、玻璃布盖缝、屋面分格缝，以延长米计算。

3. 屋面排水

1）薄钢板排水按图示尺寸以展开面积计算，如图样没有注明尺寸时，可按表4-29规定计算。咬口和搭接用量等已计入定额项目内，不另计算。

表4-29 薄钢板排水单体零件折算表

名 称	单位	水落管/m	檐沟/m	水斗/个	漏斗/个	下水口/个		
薄钢板排水	水落管、檐沟、水斗、漏斗、下水口	m²	0.32	0.30	0.40	0.16	0.45		
	天沟、斜沟、天窗窗台泛水、天窗侧面泛水、烟囱泛水、滴水檐头泛水、滴水	m²	天沟/m	斜沟、天窗窗台泛水/m	天窗侧面泛水/m	烟囱泛水/m	通气管泛水/m	滴水檐头泛水/m	滴水/m
			1.30	0.50	0.70	0.80	0.22	0.24	0.11

2）铸铁、玻璃钢水落管区别不同直径按图示尺寸以延长米计算，雨水口、水斗、弯头、短管以个计算。

4. 防水工程

1）建筑物地面防水、防潮层，按主墙间净空面积计算。扣除凸出地面的构筑物、设备基础等所占的面积，不扣除柱、垛、间壁墙、烟囱及0.3m²以内孔洞所占面积。与墙面连接处高度在500mm以内者按展开面积计算，并入平面工程量内；超过500mm时，按立面防水层计算。

2）建筑物墙基防水、防潮层，外墙长度按中心线，内墙长度按净长乘以宽度以平方米计算。

【例4-53】 根据图4-160有关数据，计算墙基水泥砂浆防潮层工程量（墙厚均为240mm）。

【解】

$$S = （外墙中线长 + 内墙净长）× 墙厚$$
$$= [（6.0 + 9.0）× 2 + 6.0 - 0.24 + 5.1 - 0.24] × 0.24$$
$$= 40.62 × 0.24 = 9.75（m²）$$

3）构筑物及建筑物地下室防水层按实铺面积计算，但不扣除0.3m²以内的孔洞面积。平面与立面交接处的防水层，其上卷高度超过500mm时，按立面防水层计算。

4）防水卷材的附加层、接缝、收头、冷底子油等人工材料均已计入定额内，不另计算。

5）变形缝按延长米计算。

4.2 装饰装修工程工程量计算

4.2.1 抹灰工程工程量计算

1. 内墙抹灰工程工程量计算

1）内墙抹灰面积应扣除门窗洞口和空圈所占的面积，不扣除踢脚板、挂镜线（图4-173）、0.3m²以内的孔洞和墙与构件交接处的面积，洞口侧壁和顶面也不增加。

墙垛和附墙烟囱侧壁面积与内墙抹灰工程量合并计算。

2）内墙面抹灰的长度，以主墙间的图示净长尺寸计算，其高度确定如下：

①无墙裙的，其高度按室内地面或楼面至顶棚底面之间距离计算。

②有墙裙的，其高度按墙裙顶至顶棚底面之间距离计算。

③钉板条顶棚的内墙面抹灰，其高度按室内地面或楼面至顶棚底面另加 100mm 计算。

注意：

①墙与构件交接处的面积（如图 4-174 所示），主要是指各种现浇或预制梁头伸入墙内所占的面积。

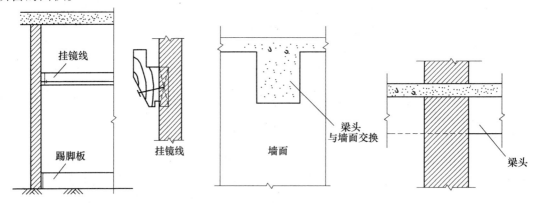

图 4-173　挂镜线、踢脚板示意图　　　　　图 4-174　墙与构件交接处面积示意图

②由于一般墙面先抹灰后做吊顶，所以钉板条顶棚的墙面需抹灰时应抹至顶棚底再加 100mm。

③墙裙单独抹灰时，工程量应单独计算，内墙抹灰也要扣除墙裙工程量。

计算公式：

内墙面抹灰面积 =（主墙间净长 + 墙垛和附墙烟囱侧壁宽）×（室内净高 − 墙裙高）−
　　　　　　　　门窗洞口及大于 $0.3m^2$ 孔洞面积

式中　　　　　室内净高 = $\begin{cases} \text{有吊顶：楼面或地面至顶棚底加 100mm。} \\ \text{无吊顶：楼面或地面至顶棚底净高。} \end{cases}$

3）内墙裙抹灰面积按内墙净长乘以高度计算。应扣除门窗洞口和空圈所占的面积，门窗洞口和空洞的侧壁面积不另增加，墙垛、附墙烟囱侧壁面积并入墙裙抹灰面积内计算。

2. 外墙抹灰工程工程量计算

1）外墙抹灰面积按外墙面的垂直投影面积以平方米计算。应扣除门窗洞口、外墙裙和大于 $0.3m^2$ 孔洞所占面积，洞口侧壁面积不另增加。附墙垛、梁、柱侧面抹灰面积并入外墙面抹灰工程量内计算。栏板、栏杆、窗台线、门窗套、扶手、压顶、挑檐、遮阳板、凸出墙外的腰线等，另按相应规定计算。

2）外墙裙抹灰面积按其长度乘以高度计算，扣除门窗洞口和大于 $0.3m^2$。孔洞所占的面积、门窗洞口及孔洞的侧壁不增加。

3）窗台线、门窗套、挑檐、腰线、遮阳板等展开宽度在 300mm 以内者，按装饰线以延长米计算；如果展开宽度超过 300mm 以上时，按图示尺寸以展开面积计算，套零星抹灰定额项目。

4）栏板、栏杆（包括立柱、扶手或压顶等）抹灰，按立面垂直投影面积乘以系数 2.2 以平方米计算。

5）阳台底面抹灰按水平投影面积以平方米计算，并入相应顶棚抹灰面积内。阳台如带悬臂者，其工程量乘系数1.30。

6）雨篷底面或顶面抹灰分别按水平投影面积以平方米计算，并入相应顶棚抹灰面积内。雨篷顶面带反沿或反梁者，其工程量乘系数1.20；底面带悬臂梁者，其工程量乘以系数1.20。雨篷外边线按相应装饰或零星项目执行。

7）墙面勾缝按垂直投影面积计算，应扣除墙裙和墙面抹灰的面积，不扣除门窗洞口、门窗套、腰线等零星抹灰所占的面积，附墙柱和门窗洞口侧面的勾缝面积也不增加。独立柱、房上烟囱勾缝，按图示尺寸以平方米计算。

3. 外墙装饰抹灰

1）外墙各种装饰抹灰均按图示尺寸以实抹面积计算。应扣除门窗洞口空圈的面积，其侧壁面积不另增加。

2）挑檐、天沟、腰线、栏杆、栏板、门窗套、窗台线、压顶等，均按图示尺寸展开面积以平方米计算，并入相应的外墙面积内。

4. 墙面块料面层

1）墙面贴块料面层均按图示尺寸以实贴面积计算（图4-175、图4-176）。

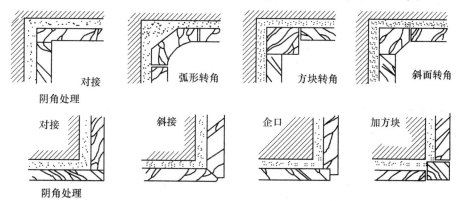

图4-175 阴阳角的构造处理

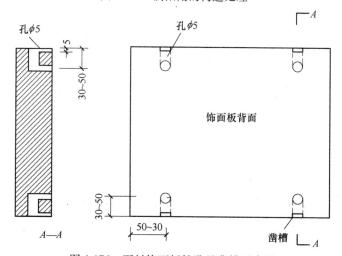

图4-176 石材饰面板钻孔及凿槽示意图

2）墙裙以高度 1500mm 以内为准，超过 1500mm 时按墙面计算；高度低于 300mm 以内时，按踢脚板计算。

5. 隔墙、隔断、幕墙工程

1）木隔墙、墙裙、护壁板，均按图示尺寸长度乘以高度按实铺面积以平方米计算。

2）玻璃隔墙按上横档顶面至下横档底面之间高度乘以宽度（两边立梃外边线之间）以平方米计算。

3）浴厕木隔断，按下横档底面至上横档顶面高度乘以图示长度以平方米计算，门扇面积并入隔断面积内计算。

4）铝合金、轻钢隔墙、幕墙，按四周框外围面积计算。

6. 独立柱

1）一般抹灰、装饰抹灰、镶贴块料按结构断面周长乘以柱的高度，以平方米计算。

2）柱面装饰按柱外围饰面尺寸乘以柱的高，以平方米计算（图 4-177）。

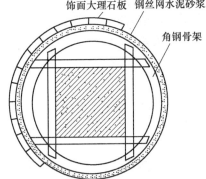

图 4-177　镶贴石材饰面板的圆柱构造

7. 零星抹灰

各种"零星项目"均按图示尺寸以展开面积计算。

4.2.2　顶棚工程工程量计算

1. 顶棚抹灰

1）顶棚抹灰面积，按主墙间的净面积计算，不扣除间壁墙、垛、柱、附墙烟囱、检查口和管道所占的面积。带梁顶棚，梁两侧抹灰面积，并入顶棚抹灰工程量内计算。

2）密肋梁和井字梁顶棚抹灰面积，按展开面积计算。

3）顶棚抹灰如带有装饰线时，区别按三道线以内或五道线以内按延长米计算，线角的道数以一个凸出的棱角为一道线（图 4-178）。

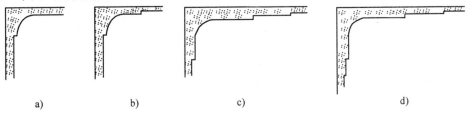

图 4-178　顶棚装饰线示意图

a）一道线　b）二道线　c）三道线　d）四道线

4）檐口顶棚的抹灰面积，并入相同的顶棚抹灰工程量内计算。

5）顶棚中的折线、灯槽线、圆弧形线、拱形线等艺术形式的抹灰，按展开面积计算。

2. 顶棚龙骨

各种吊顶顶棚龙骨（图 4-179）按主墙间净空面积计算，不扣除间壁墙、检查口、附墙

烟囱、柱、垛和管道所占面积。但顶棚中的折线、迭落等圆弧形、高低吊灯槽等面积也不展
开计算。

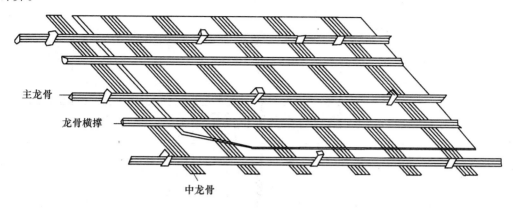

图 4-179 U 形轻钢顶棚龙骨构造示意图

3. 顶棚面装饰

顶棚如图 4-180、图 4-181 所示。

1）顶棚装饰面积，按主墙间实铺面积以平方米计算，不扣除间壁墙、检查口、附墙烟
囱、附墙垛和管道所占面积，应扣除独立柱及与顶棚相连的窗帘盒所占的面积。

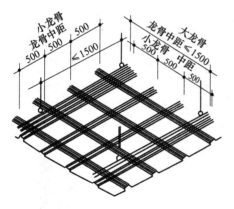

图 4-180 嵌入式铝合金方板顶棚

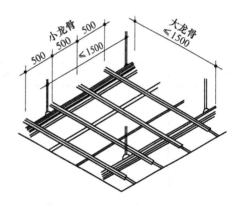

图 4-181 浮搁式铝合金方板顶棚

2）顶棚中的折线、迭落等圆弧形、拱形、高低灯槽及其他艺术形式顶棚面层，均按展
开面积计算。

4.2.3 油漆、涂料、裱糊工程工程量计算

1）楼地面、顶棚面、墙、柱、梁面的喷（刷）涂料、抹灰面、油漆及裱糊工程，均按
楼地面、顶棚面、墙、柱、梁面装饰工程相应的工程量计算规则规定计算。

2）木材面、金属面油漆的工程量分别按表 4-30 ～ 表 4-38 规定计算，并乘以表列系数以
平方米计算。

表 4-30　单屋木门工程量系数表

项目名称	系数	工程量计算方法
单层木门	1.00	按单面洞口面积
双层(一板一纱)木门	1.36	
双层(单裁口)木门	2.00	
单层全玻门	0.83	
木百叶门	1.25	
厂库大门	1.20	

表 4-31　单层木窗工程量系数表

项目名称	系数	工程量计算方法
单层玻璃窗	1.00	按单面洞口面积
双层(一玻一纱)窗	1.36	
双层(单裁口)窗	2.00	
三层(二玻一纱)窗	2.60	
单层组合窗	0.83	
双层组合窗	1.13	
木百叶窗	1.50	

表 4-32　木扶手（不带托板）工程量系数表

项目名称	系数	工程量计算方法
木扶手(不带托板)	1.00	按延长米
木扶手(带托板)	2.60	
窗帘盒	2.04	
封檐板、顺水板	1.74	
挂衣板、黑板框	0.52	
生活园地框、挂镜线、窗帘棍	0.35	

表 4-33　其他木材面工程量系数表

项目名称	系数	工程量计算方法
木板、纤维板、胶合板	1.00	长×宽
顶棚、檐口	1.07	
清水板条顶棚、檐口	1.07	
木方格吊顶	1.20	
吸声板、墙面、顶棚面	0.87	
鱼鳞板墙	2.48	
木护墙、墙裙	0.91	
窗台板、筒子板、盖板	0.82	
散热器罩	1.28	
屋面板(带檩条)	1.11	斜长×宽
木间壁、木隔断	1.90	单面外围面积
玻璃间壁露明墙筋	1.65	
木栅栏、木栏杆(带扶手)	1.82	
木屋架	1.79	跨度(长)×中高× $\frac{1}{2}$
衣柜、壁柜	0.91	投影面积(不展开)
零星木装修	0.87	展开面积

表 4-34　木地板工程量系数表

项目名称	系数	工程量计算方法
木地板、木踢脚线	1.00	长×宽
木楼梯(不包括底面)	2.30	水平投影面积

表 4-35　单层钢门窗工程量系数表

项目名称	系数	工程量计算方法
单层钢门窗	1.00	洞口面积
双层(一玻一纱)钢门窗	1.48	
钢百叶门窗	2.74	
半截百叶钢门	2.22	
满钢门或包薄钢板门	1.63	
钢折叠门	2.30	
射线防护门	2.96	框(扇)外围面积
厂库房平开、推拉门	1.70	
钢丝网大门	0.81	
间壁	1.85	长×宽
平板屋面	0.74	斜长×宽
瓦垄板屋面	0.89	斜长×宽
排水、伸缩缝盖板	0.78	展开面积
吸气罩	1.63	水平投影面积

表 4-36　其他金属面工程量系数表

项目名称	系数	工程量计算方法
钢屋架、天窗架、挡风架、屋架梁、支撑、檩条	1.00	按重量(吨)
墙架(空腹式)	0.50	
墙架(格板式)	0.82	
钢柱、吊车梁花式梁柱、空花构件	0.63	
操作台、走台、制动梁、钢梁车挡	0.71	
钢栅栏门、栏杆、窗栅	1.71	
钢爬梯	1.18	
轻型屋架	1.42	
踏步式钢扶梯	1.05	
零星铁件	1.32	

表 4-37　平板屋面涂刷磷化、锌黄底漆工程量系数表

项目名称	系数	工程量计算方法
平板屋面	1.00	斜长×宽
瓦垄板屋面	1.20	
排水、伸缩缝盖板	1.05	展开面积
吸气罩	2.20	水平投影面积
包镀锌薄钢板门	2.20	洞口面积

表 4-38　抹灰面油漆、涂料工程量系数表

项目名称	系数	工程量计算方法
槽形底板、混凝土折板	1.30	长×宽
有梁板底	1.10	
密肋、井字梁底板	1.50	
混凝土平板式楼梯底	1.30	水平投影面积

4.2.4 金属构件制作工程工程量计算

1. 金属构件制作的一般规则

金属结构制作按图示钢材尺寸以吨计算，不扣除孔眼、切边的重量，焊条、铆钉、螺栓等重量，已包括在定额内不另计算。在计算不规则或多边形钢板重量时均按其几何图形的外接矩形面积计算。

2. 实腹柱、吊车梁

实腹柱、吊车梁、H型钢按图示尺寸计算，其中腹板及翼板宽度按每边增加25mm计算。

3. 制动梁、墙架、钢柱

1）制动梁的制作工程量包括制动梁、制动桁架、制动板重量。

2）墙架的制作工程量包括墙架柱、墙架梁及连接柱杆重量。

3）钢柱的制作工程量包括依附于柱上的牛腿及悬臂梁重量（图4-182）。

4. 轨道

轨道制作工程量，只计算轨道本身重量，不包括轨道垫板、压板、斜垫、夹板及连接角钢等重量。

5. 铁栏杆

铁栏杆制作，仅适用于工业厂房中平台、操作台的钢栏杆。民用建筑中铁栏杆等按定额其他章节有关项目计算。

6. 钢漏斗

钢漏斗制作工程量，矩形按图示分片，

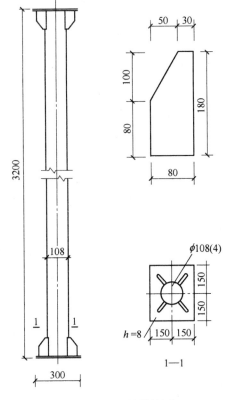

图4-182　钢柱结构图

圆形按图示展开尺寸，并依钢板宽度分段计算，每段均以其上口长度（圆形以分段展开上口长度）与钢板宽度，按矩形计算，依附漏斗的型钢并入漏斗重量内计算。

【例4-54】 根据图4-183图示尺寸，计算柱间支撑的制作工程量。

【解】 角钢每米重量 $= 0.00795 \times$ 厚 $\times$（长边 + 短边 − 厚）

$$= 0.00795 \times 6 \times (75 + 50 - 6) = 5.68(\text{kg/m})$$

钢板每 m^2 重量 $= 7.85 \times$ 厚 $= 7.85 \times 8 = 62.8(\text{kg/m}^2)$

角钢重 $= 5.90 \times 2 \times 5.68 = 67.02(\text{kg})$

钢板重 $= (0.205 \times 0.21 \times 4) \times 62.8 = 0.1722 \times 62.80 = 10.81(\text{kg})$

柱间支撑工程量 $= 67.02 + 10.81 = 77.83(\text{kg})$

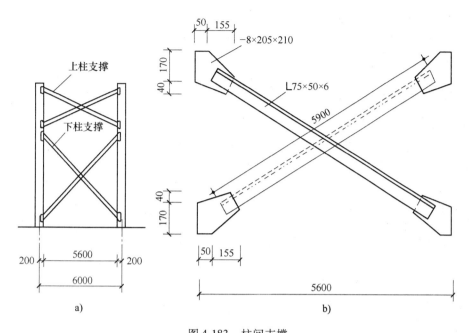

图 4-183　柱间支撑

a）柱间支撑示意图　b）上柱间支撑详图

4.3　安装、运输工程工程量的计算

4.3.1　建筑工程垂直运输工程工程量计算

1. 建筑物

建筑物垂直运输机械台班用量，区分不同建筑物的结构类型及檐口高度按建筑面积以平方米计算。

檐高是指设计室外地坪至檐口的高度（图 4-184），凸出主体建筑屋顶的电梯间、水箱间等不计入檐口高度之内。

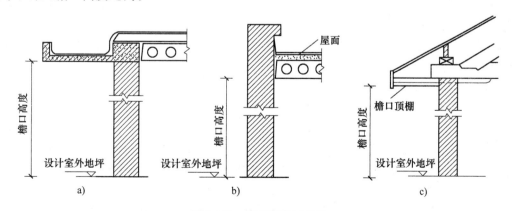

图 4-184　檐口高度示意图

a）有檐沟的檐口高度　b）有女儿墙的檐口高度　c）坡屋面的檐口高度

2. 构筑物

构筑物垂直运输机械台班以座计算。超过规定高度时，再按每增高 1m 定额项目计算；其高度不足 1m 时，也按 1m 计算。

4.3.2　构件运输及安装工程工程量计算

1. 构件运输及安装的一般规定

1）预制混凝土构件运输及安装，均按构件图示尺寸，以实体积计算。

2）钢构件按构件设计图示尺寸以吨计算；所需螺栓、电焊条等重量不另计算。

3）木门窗以外框面积以平方米计算。

2. 构件制作、运输、安装损耗率

预制钢筋构件制作、运输、安装损耗率，按表 4-39 规定计算后并入构件工程量内。其中，预制混凝土屋架、桁架、托架及长度在 9m 以上的梁、板、柱，不计算损耗率。

表 4-39　预制钢筋混凝土构件制作、运输、安装损耗率表

名称	制作废品率	运输堆放损耗率	安装（打桩）损耗率
各类预制构件	0.2%	0.8%	0.5%
预制钢筋混凝土柱	0.1%	0.4%	1.5%

根据上述规定和表 4-39 的规定，预制构件含各种损耗的工程量计算方法如下：

预制构件制作工程量 = 图示尺寸实体积 ×（1 + 1.5%）

预制构件运输工程量 = 图示尺寸实体积 ×（1 + 1.3%）

预制构件安装工程量 = 图示尺寸实体积 ×（1 + 0.5%）

【例 4-55】　根据施工图计算出的预应力空心板体积为 2.78m³，计算空心板的制作、运输、安装工程量。

【解】　空心板制作工程量 = 2.78 ×（1 + 1.5%）= 2.82（m³）

空心板运输工程量 = 2.78 ×（1 + 1.3%）= 2.82（m³）

空心板安装工程量 = 2.78 ×（1 + 0.5%）= 2.79（m³）

3. 构件运输

1）预制混凝土构件运输的最大运输距离取 50km 以内；钢构件和木门窗的最大运输距离按 20km 以内；超过时另行补充。

2）加气混凝土板（块）、硅酸盐块运输，每立方米折合钢筋混凝土构件体积 0.4m³，按 1 类构件运输计算。

构件分类见表 4-40、表 4-41。

表 4-40　预制混凝土构件分类

类别	项　目
1	4m 以内空心板、实心板
2	6m 以内的桩、屋面板、工业楼板、进深梁、基础梁、吊车梁、楼梯休息板、楼梯段、阳台板
3	6m 以上至 14m 的梁、板、柱、桩，各类屋架，桁梁、托架（14m 以上另行处理）
4	天窗架、挡风架、侧板、端壁板、天窗上下档、门框及单件体积在 0.1m³ 以内小构件
5	装配式内、外墙板、大楼板、厕所板
6	隔墙板（高层用）

表 4-41　金属结构构件分类

类别	项　　目
1	钢柱、屋架、托架梁、防风桁架
2	吊车梁、制动梁、型钢檩条、钢支撑、上下挡、钢拉杆、栏杆、盖板、垃圾出灰门、倒灰门、算子、爬梯、零星构件、平台、操作台、走道休息台、扶梯、钢起重机梯台、烟囱紧固箍
3	墙架、挡风架、天窗架、组合檩条、轻型屋架、滚动支架、悬挂支架、管道支架

4. 预制混凝土构件安装

1）焊接形成的预制钢筋混凝土框架结构，其柱安装按框架柱计算，梁安装按框架梁计算；节点浇筑成形的框架，按连体框架梁、柱计算。

2）预制钢筋混凝土工字形柱、矩形柱、空腹柱、双肢柱、空心柱、管道支架等安装，均按柱安装计算。

3）组合屋架安装，以混凝土部分实体体积计算，钢杆件部分不另计算。

4）预制钢筋混凝土多层柱安装，首层柱按柱安装计算，二层及二层以上柱按柱接柱计算。

5. 钢构件安装

1）钢构件安装按图示构件钢材重量以吨计算。

2）依附于钢柱上的牛腿及悬臂梁等，并入柱身主材重量计算。

3）金属结构中所用钢板，设计为多边形者，按矩形计算。矩形的边长以设计尺寸中互相垂直的最大尺寸为准。

4.3.3　建筑物超高增加人工、机械费计算

1. 建筑物超高增加人工、机械费计算的相关规定

1）本规定适用于建筑物檐口高 20m（层数 6 层）以上的工程（图 4-185）。

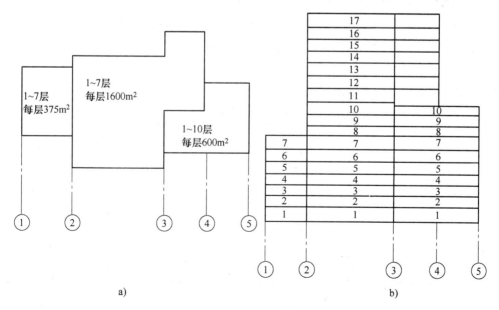

图 4-185　高层建筑示意图

a）平面示意图　b）立面示意图

2）檐高是指设计室外地坪至檐口的高度，凸出主体建筑屋顶的电梯间、水箱间等不计入檐高之内。

3）同一建筑物高度不同时，按不同高度的建筑面积，分别按相应项目计算。

2. 降效系数

1）各项降效系数中包括的内容指建筑物基础以上的全部工程项目，但不包括垂直运输、各类构件的水平运输及各项脚手架。

2）人工降效按规定内容中的全部人工费乘以定额系数计算。

3）吊装机械降效按吊装项目中的全部机械费乘以定额系数计算。

4）其他机械降效按除吊装机械外的全部机械费乘以定额系数计算。

3. 加压水泵台班

建筑物施工用水加压增加的水泵台班，按建筑面积计算。

4. 建筑物超高人工、机械降效率定额摘录（表 4-42）

表 4-42　定额摘录

定额编号		14—1	14—2	14—3	14—4
项目	降效率	檐高（层数）			
		30m(7~10)以内	40m(11~13)以内	50m(14~16)以内	60m(17~19)以内
人工降效	%	3.33	6.00	9.00	13.33
吊装机械降效	%	7.67	15.00	22.20	34.00
其他机械降效	%	3.33	6.00	9.00	13.33

工作内容：

1）工人上下班降低工效、上楼工作前休息及自然休息增加的时间。

2）垂直运输影响的时间。

3）由于人工降效引起的机械降效。

5. 建筑超高加压水泵台班定额摘录（表 4-43）

表 4-43　定额摘录

定额编号		14—11	14—12	14—13	14—14
项目	单位	檐高（层数）			
		30m(7~10)以内	40m(11~13)以内	50m(14~16)以内	60m(17~19)以内
基价	元	87.87	134.12	259.88	301.17
加压用水泵	台班	1.14	1.74	2.14	2.48
加压用水泵停滞	台班	1.14	1.74	2.14	2.48

工作内容：包括由于水压不足所发生的加压用水泵台班。

计量单位：100m^2

4.4　工程量计算实例

4.4.1　某单位食堂建筑施工概述

1. 拟建食堂总平面图

拟建食堂总平面图如图 4-186 所示。

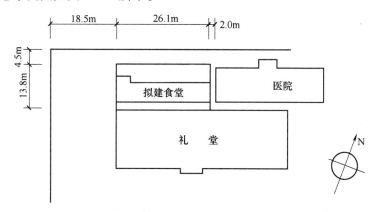

图 4-186　总平面图

2. 建筑施工图

（1）设计说明

1）工程概况：本工程建筑面积 756m²，3 层，底框砖混结构。

2）屋面：PVC 防水屋面，三层屋面设架空隔热层，二布三油塑料油膏防水层，现浇水泥珍珠岩找坡层 60mm 厚（最薄处），1∶3 水泥砂浆找平层 25mm 厚。

3）地面：普通水磨石地面，C10 混凝土垫层 80mm 厚。

4）楼面：卫生间 200mm×200mm 防滑地砖楼面，其余水泥豆石楼面。

5）楼梯：现浇板式楼梯，1∶2 水泥砂浆面 20mm 厚，梯井边做 1∶2 水泥砂浆挡水线。

6）内装修：卫生间及底层操作间 1800mm 高白色瓷砖墙裙，其余混合砂浆墙面；顶棚混合砂浆抹面，抹灰面刷仿瓷涂料两遍。

7）外装修：详见立面图标注说明。

8）油漆：木门窗浅黄色调合漆两遍；钢门窗内外分色，内面为浅黄色调合漆两遍，外面为棕色调合漆两遍，基层按有关规定处理；铝合金窗为银白色，蓝玻璃。

9）未尽事宜，协商解决。

（2）门窗统计表　门窗统计表见表 4-44。

表 4-44　门窗统计表

代号	名称	洞口尺寸		数量	备注
M1	全板夹板门	900	2700	4	
M2	全板夹板门	900	2000	12	
M3	百叶夹板门	700	2000	4	

（续）

代号	名称	洞口尺寸		数量	备注
MC1	钢门带窗	2700	2800	1	
MC2	钢门带窗	3300	2800	1	
C1	铝合金推拉窗	1800	1800	10	
C2	钢平开窗	2400	1800	1	
C3	钢平开窗	3000	1800	2	
C4	铝合金推拉窗	2400	1800	6	
C5	铝合金推拉窗	900	900	4	
C6	铝合金圆形固定窗	$\phi1200$		2	

（3）建筑施工图　建筑施工图见建施 1 ~ 建施 9（图 4-187 ~ 图 4-195）。

3. 结构施工图

（1）设计说明

1）基础部分：基坑、槽开挖至设计标高，应及时通知设计、质监、建设单位派人员共同验收合格后才能进行下道工序的施工；基础按详图施工。

2）混凝土部分：本工程中Φ为 HPB235 级钢，Φ为 HRB335 级钢；本工程使用的水泥、钢筋必须具有出厂合格证，并经复检合格后，才能使用；凡采用标准图集的构件，必须按所选图集要求施工；XKJ-1、2、3 用 C25 混凝土，其余构件用 C20 混凝土。

3）砌体部分：本工程砌体尺寸以建施图为准，附壁柱为 370mm × 490mm；砖砌体用 MU15 标准砖、M5 混合砂浆砌筑；XGZ 从垫层表面做起。

4）其他：预留孔洞详见水电施工图；未尽事宜，协商解决。

（2）预制构件统计表　预制构件统计表见表 4-45。

表 4-45　预制构件统计表

构件代号	二层	三层	屋面	合计	构件代号	二层	三层	屋面	合计
Y-KB365-3	9	9		18	Y-KBW426-2			47	47
Y-KB366-3	30	24		54	Y-KBW275-2			8	8
Y-KB425-3	9	9		18	Y-KBW276-2			23	23
Y-KB426-3	30	24		54	WJB36Al			1	1
Y-KB276-3	3	2		5	XGL4101		6	6	12
Y-KB275-3	3	3		6	XGL4103	4			4
Y-KBW365-2			22	22	XGL4181	2			2
Y-KBW366-2			41	41	XGL4181		4	4	8
Y-KBW425-2			24	24	XGL4241		3	3	6

（3）结构施工图　结构施工图见结施 1 ~ 结施 16（图 4-196 ~ 图 4-211）。

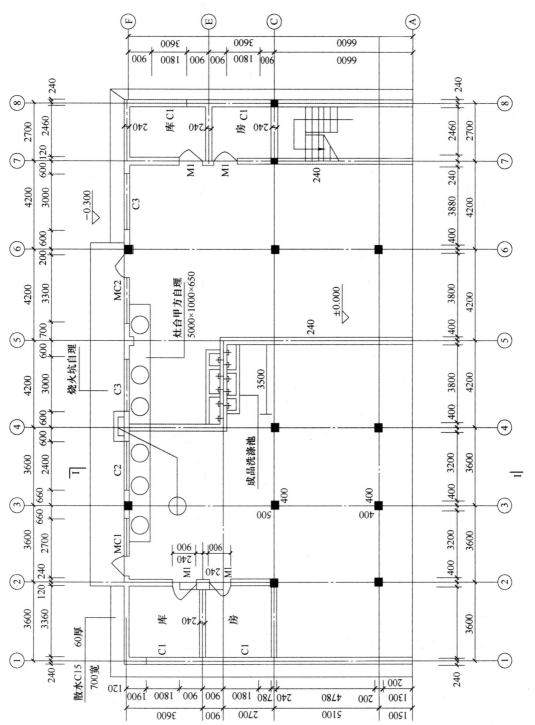

图 4-187　建 1/9 底层平面图

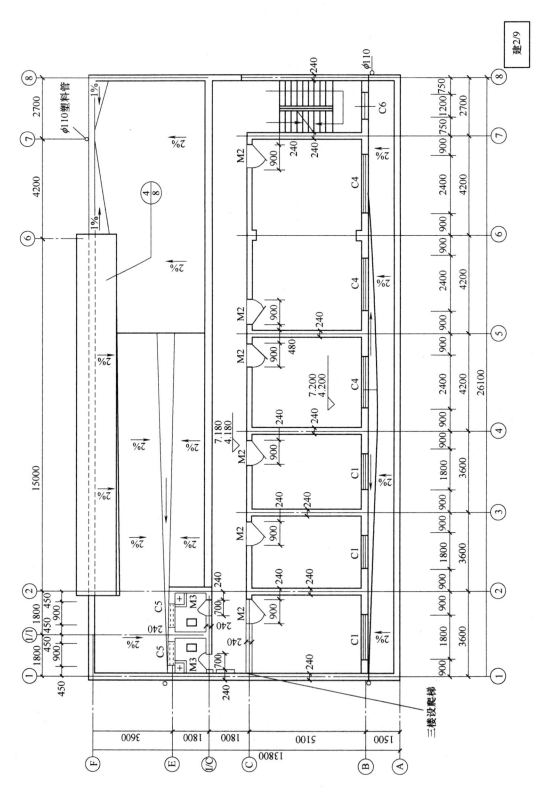

图 4-188　建 2/9 二、三层平面图

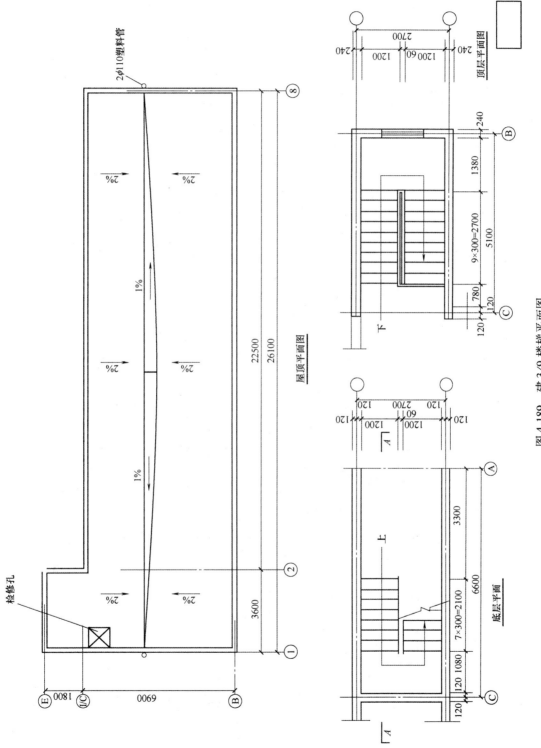

图 4-189　建 3/9 楼梯平面图

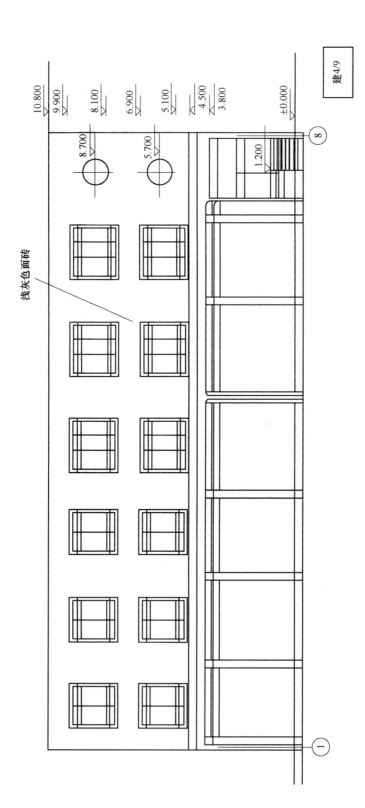

图 4-190　建 4/9①—⑧立面图

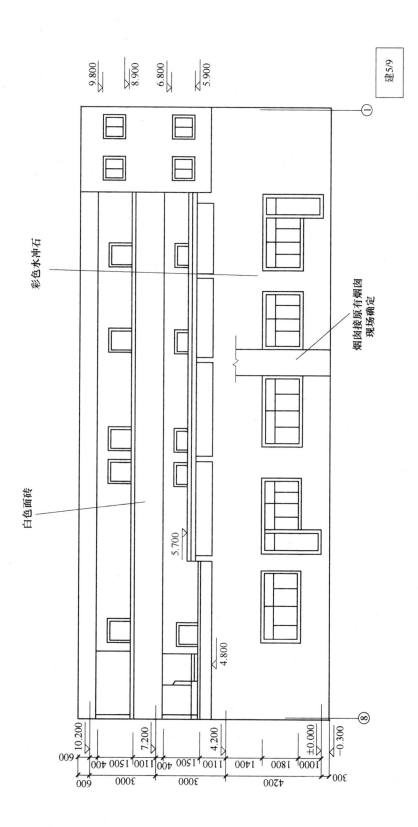

图 4-191　建 5/9⑧—①立面图

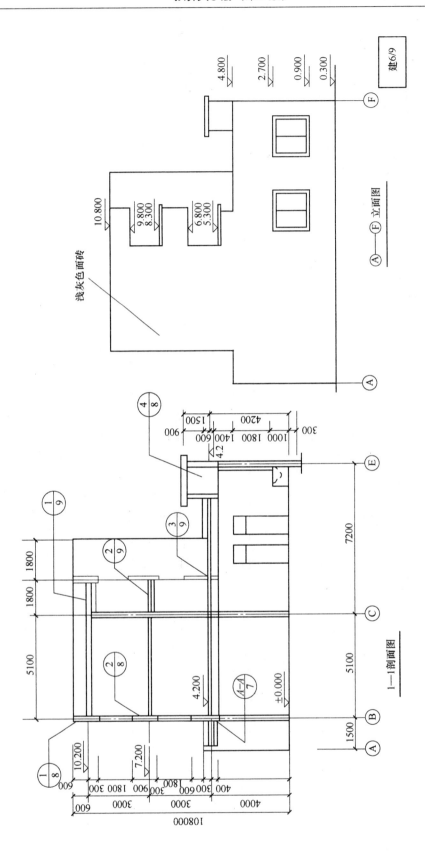

图 4-192　建 6/9

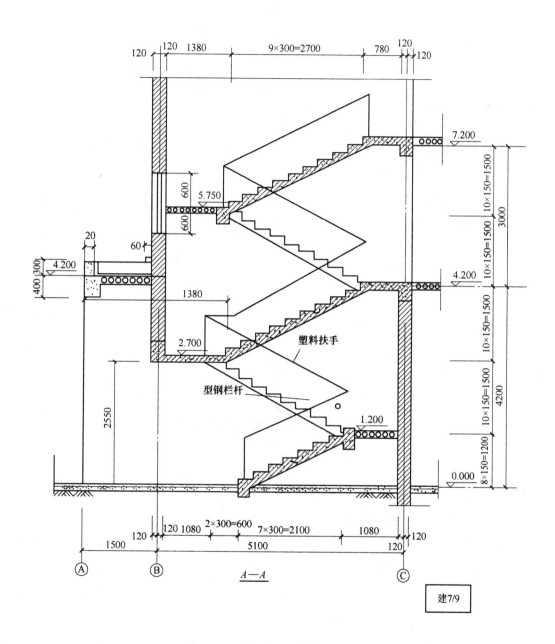

图 4-193　建 7/9

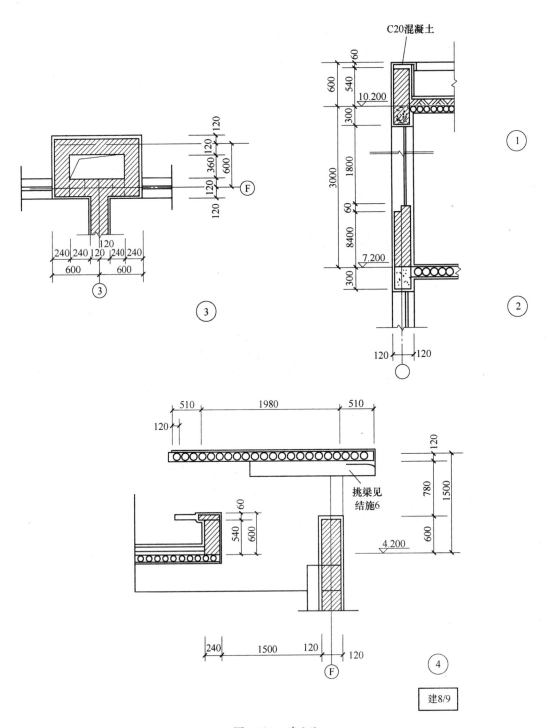

图 4-194　建 8/9

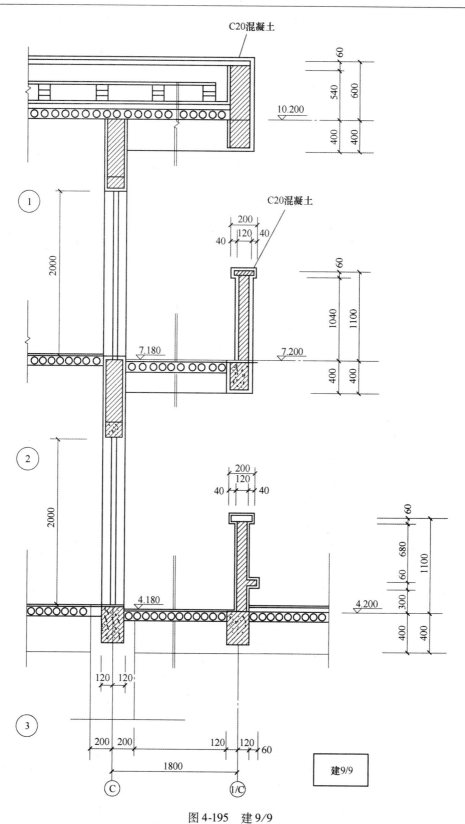

图 4-195　建 9/9

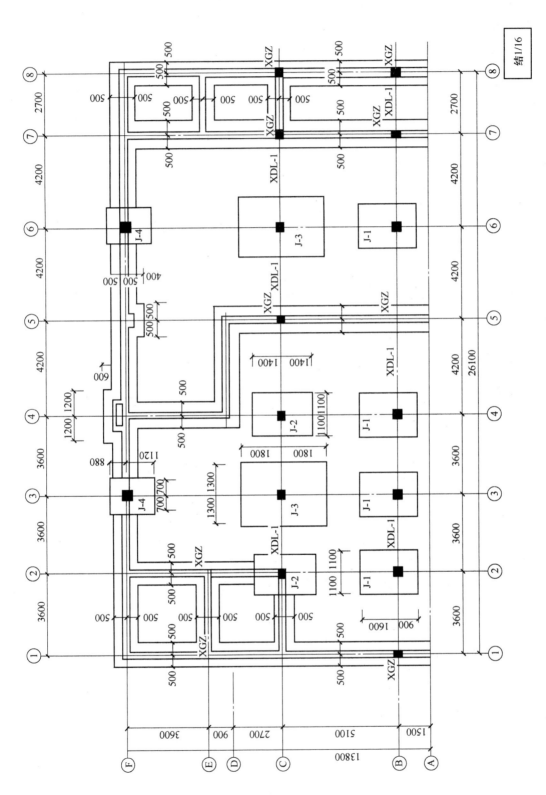

图 4-196　结 1/16　基础平面图

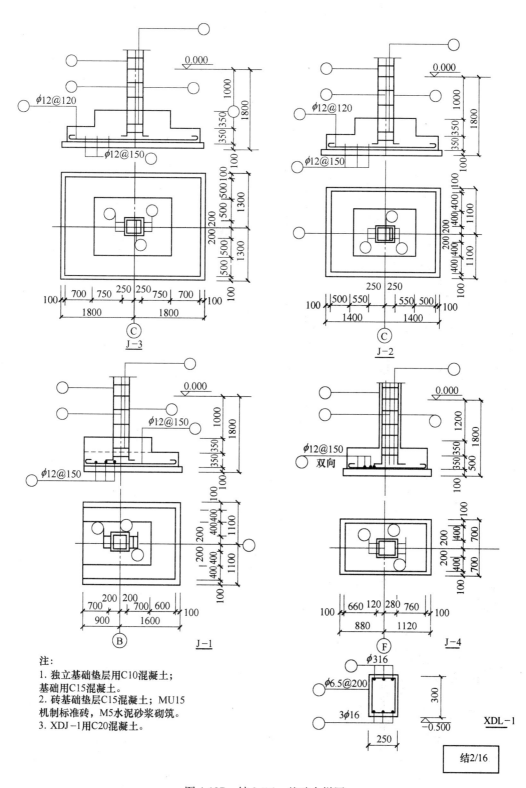

注:
1. 独立基础垫层用C10混凝土;
基础用C15混凝土。
2. 砖基础垫层C15混凝土;MU15
机制标准砖,M5水泥砂浆砌筑。
3. XDJ-1用C20混凝土。

图4-197 结2/16 基础大样图

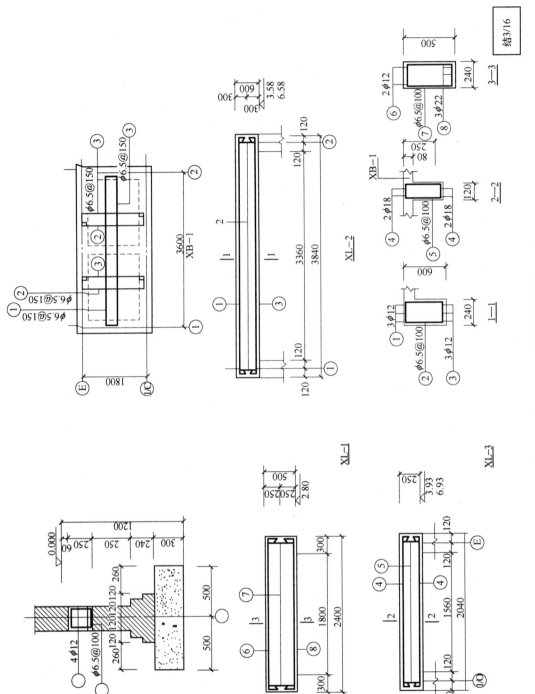

图 4-198　结 3/16　基础及构件大样图（一）

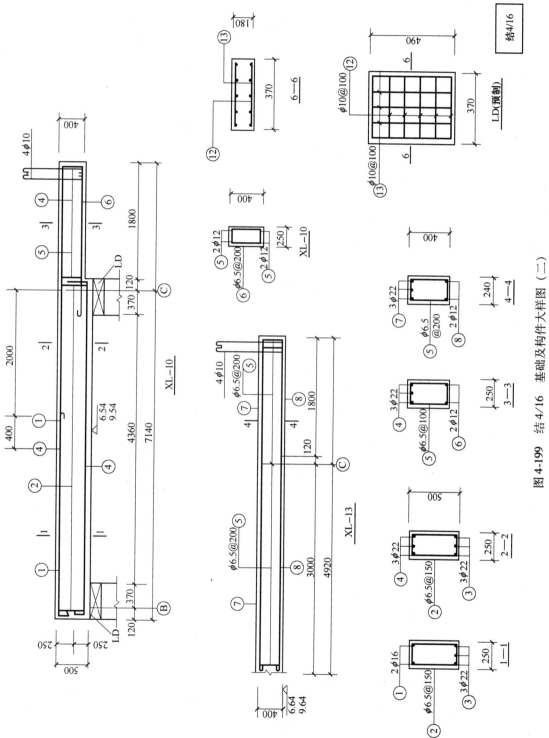

图 4-199 结 4/16 基础及构件大样图（二）

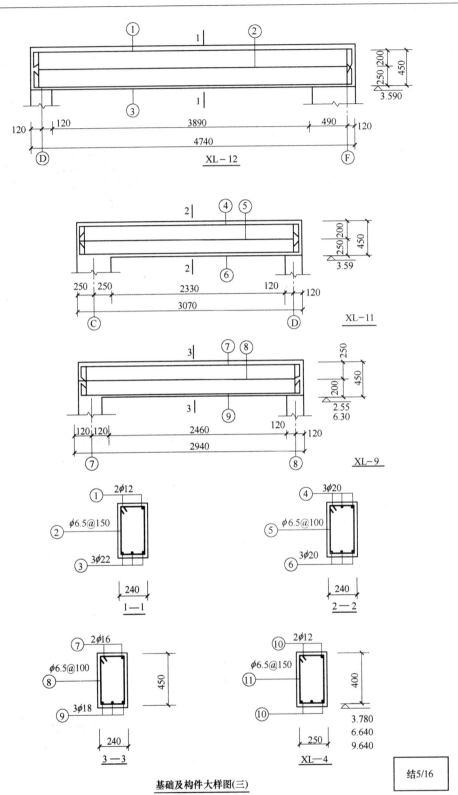

基础及构件大样图(三)

图 4-200   结 5/16   基础及构件大样图（三）

结5/16

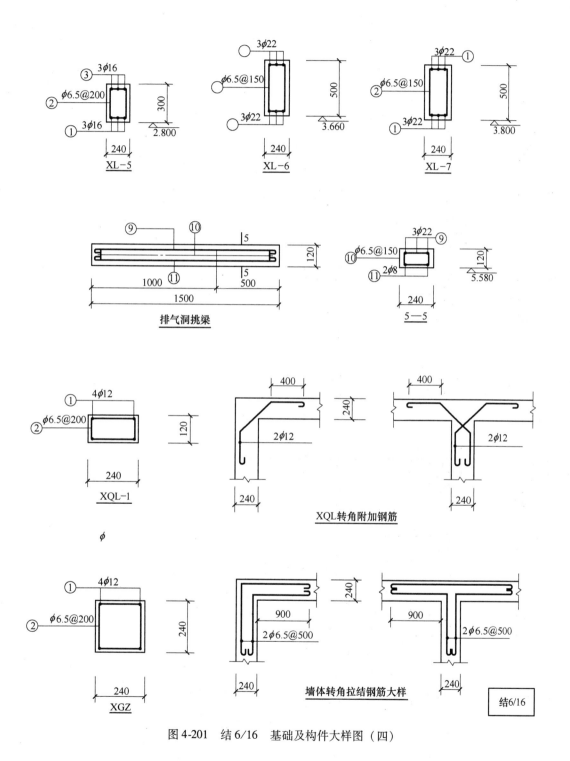

图 4-201　结 6/16　基础及构件大样图（四）

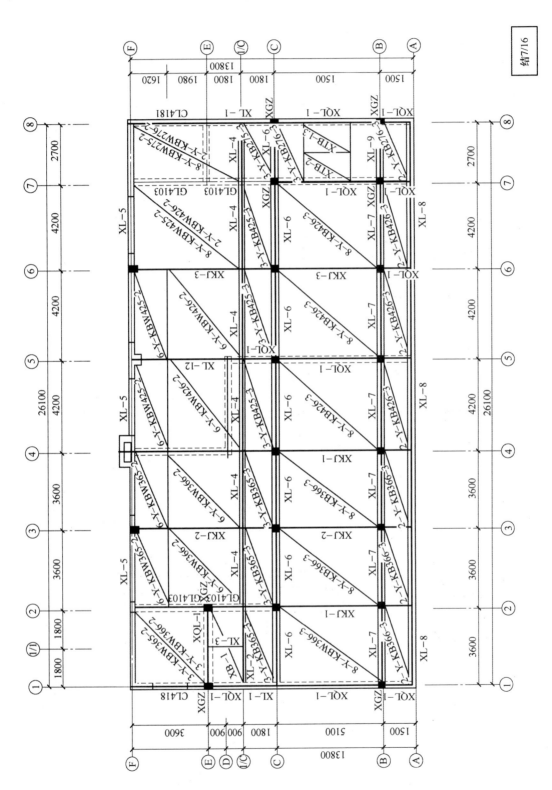

图 4-202　结 7/16　二层结构平面图

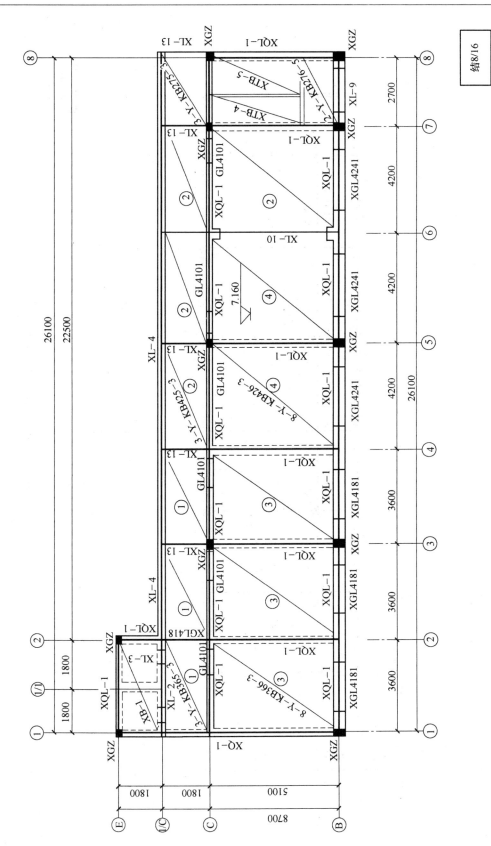

图 4-203 结 8/16 三层结构平面图

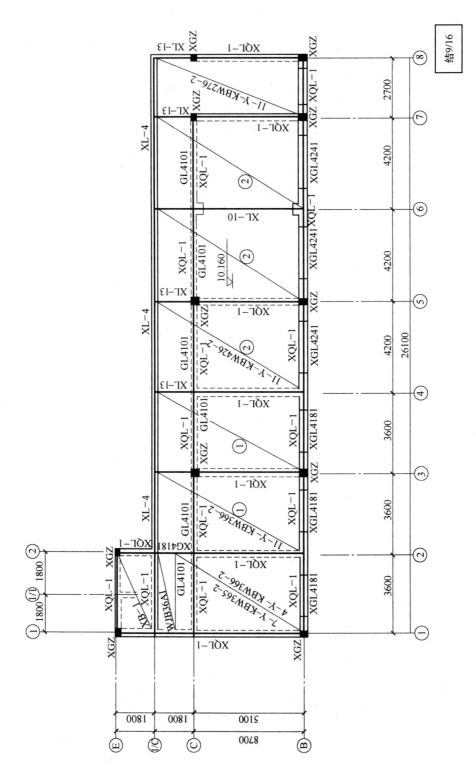

图 4-204 结 9/16 屋面结构平面图

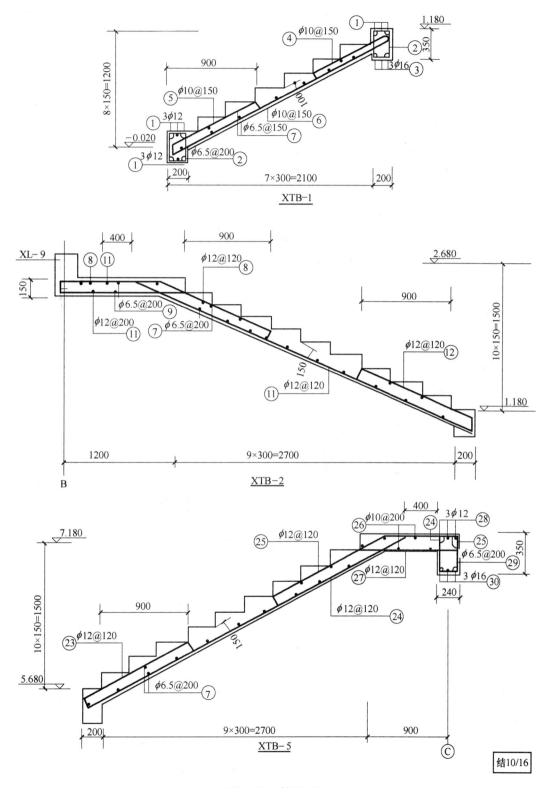

图 4-205　结 10/16

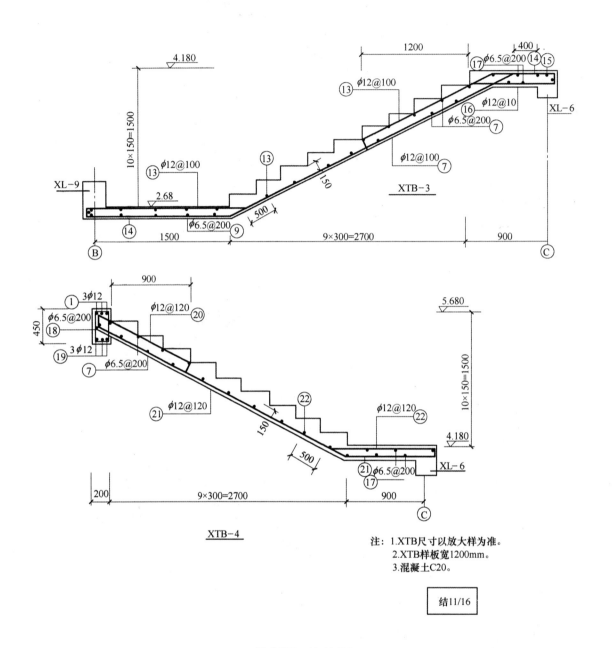

图 4-206　结 11/16

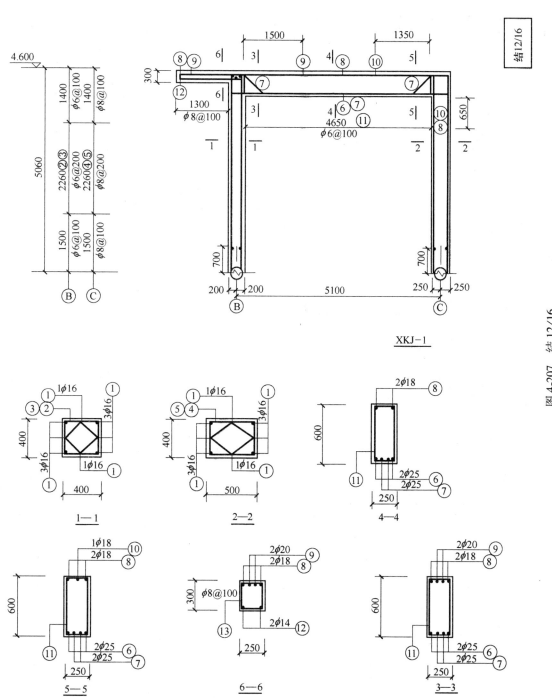

XKJ—1

1—1

2—2

4—4

5—5

6—6

3—3

图 4-207　结 12/16

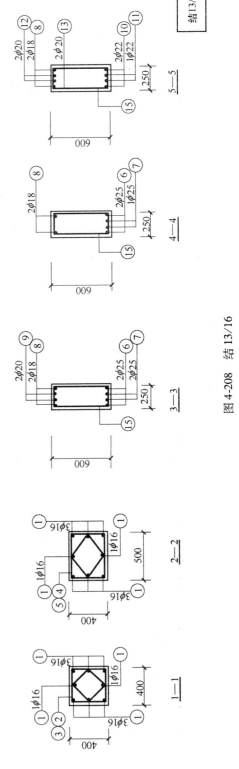

图 4-208　结 13/16

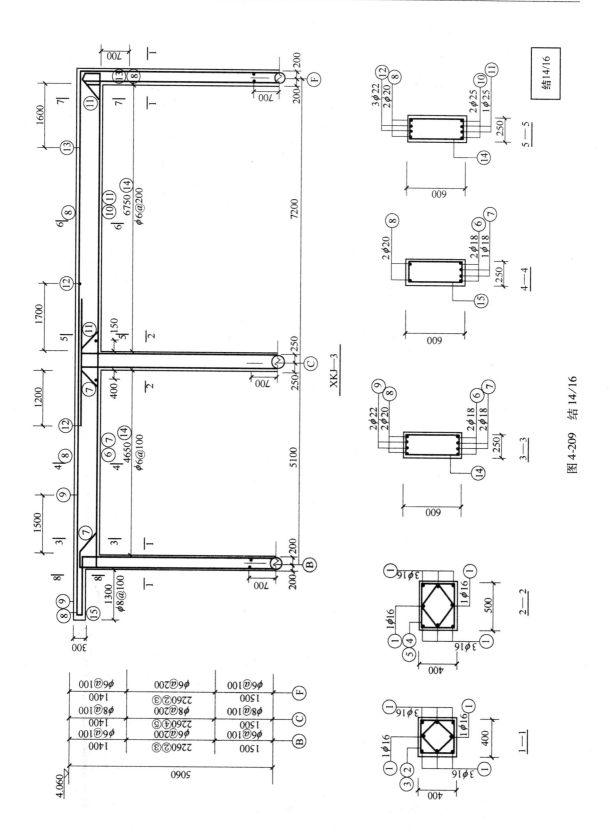

图 4-209　结 14/16

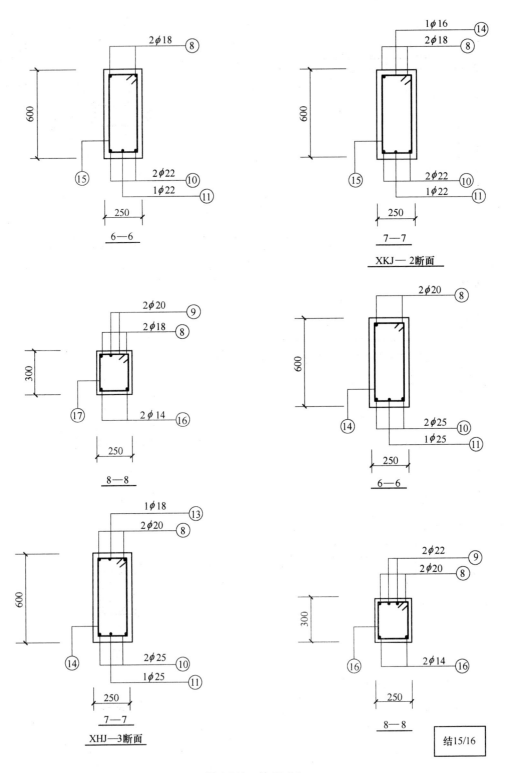

图 4-210　结 15/16

XKJ－1 柱钢筋表

编号	钢筋简图	规格	长度	根数	重量
①	5130 100	$\phi16$	5230	16	132
②	350 350	$\phi6$	1640	40	15
③		$\phi6$	1230	40	11
④	350 450	$\phi8$	1840	40	29
⑤		$\phi8$	1390	40	22

XKJ－1 梁钢筋表

编号	钢筋简图	规格	长度	根数	重量
⑥	570 5410 470	$\phi25$	6450	2	50
⑦	500 700 3560 700 500	$\phi25$	5970	2	46
⑧	250 6790 1220	$\phi18$	8260	2	33
⑨	250 3170	$\phi20$	3420	2	17
⑩	1220 1820	$\phi18$	3040	1	6
⑪	200 550	$\phi6$	1740	46	18
⑫	1660	$\phi14$	1660	2	4
⑬	200 250	$\phi8$	1060	14	6

XKJ－2 柱钢筋表

编号	钢筋简图	规格	长度	根数	重量
①	5130 100	$\phi16$	5230	24	198
②	350 350	$\phi6$	1640	80	29
③		$\phi6$	1230	80	22
④	350 450	$\phi8$	1840	40	29
⑤		$\phi8$	1390	40	22

XKJ－2 梁钢筋表

编号	钢筋简图	规格	长度	根数	重量
⑥	570 5880	$\phi25$	6450	2	50
⑦	500 700 3560 700 500	$\phi25$	5970	1	23
⑧	250 13940 1220	$\phi18$	15410	2	62
⑨	250 3170	$\phi20$	3420	2	17
⑩	470 7880	$\phi22$	8350	2	50
⑪	440 700 5660 700 440	$\phi22$	7950	1	24
⑫	3650	$\phi20$	3650	2	18
⑬	3300	$\phi20$	3330	2	16
⑭	1220 1970	$\phi16$	3190	1	5
⑮	200 550	$\phi6$	1740	113	44
⑯	1660	$\phi14$	1660	2	4
⑰	200 250	$\phi8$	1060	14	6

XKJ－3 柱钢筋表

编号	钢筋简图	规格	长度	根数	重量
①	5130 100	$\phi16$	5230	24	198
②	350 350	$\phi6$	1640	80	29
③		$\phi6$	1230	80	22
④	350 450	$\phi8$	1840	40	29
⑤		$\phi8$	1390	40	22

XKJ－3 梁钢筋表

编号	钢筋简图	规格	长度	根数	重量
⑥	320 5630	$\phi18$	5950	2	24
⑦	360 700 3560 700 360	$\phi18$	5690	1	11
⑧	250 13940 1270	$\phi20$	15460	2	76
⑨	250 2870	$\phi22$	3120	2	19
⑩	570 7980	$\phi25$	8550	2	66
⑪	500 700 5660 700 500	$\phi25$	8070	1	31
⑫	3400	$\phi22$	3400	3	30
⑬	1270 1970	$\phi18$	3240	1	6
⑭	200 550	$\phi6$	1740	113	44
⑮	1660	$\phi14$	1660	2	4
⑯	200 250	$\phi8$	1060	14	6

结16/16

图 4-211 结 16/16

4.4.2 食堂建筑施工基础数据计算

根据以上资料，将食堂建筑施工的基础数据整理成表格，见表4-46～表4-48。

表4-46 基础计算表

单位工程名称×× 食堂

序号	基数名称	代号	图号	墙体种类、部位	墙高	墙厚	单位	数量	计算式
1	外墙中线长	$L_{中底}$			4.26	0.24	m	53.70	墙高:$L_{中底}$、$L_{内底}$:4.20+0.06=4.26 $L_{中轴}$ $L_{中层}$:13.8×2+26.10=53.70
		$L_{中楼}$			3.00	0.24	m	45.42	$L_{中楼}$:26.10+(5.10+1.80×2)+3.60+1.80+(5.1+0.12) =26.10+8.70+3.60+1.80+5.22=45.42
2	内墙净长线	$L_{内底}$			4.26	0.24	m	49.95	$L_{内底}$:$\left(2.70+0.9+3.6-0.12-\dfrac{0.50}{2}\right)$+(3.60-0.12-0.20)+ (3.60-0.24)+(0.90+3.60-0.12)+4.20+ (1.5+5.1+2.7)+(13.80-0.12)+(2.70-0.24)×2 =6.83+3.28+3.36+4.38+4.20+9.30+13.68+4.92 =49.95
		$L_{内楼24}$			3.00	0.24	m	51.18	$L_{内楼24}$:(26.10-2.70-0.12)+(3.60-0.12)+(5.10-0.24)× 4+(5.10-0.12)=23.28+3.48+19.44+4.98=51.18
		$L_{内楼12}$			2.92	0.115	m	1.56	1.80-0.24=1.56
3	外墙外边周长	$L_{外}$					m	54.18	$L_{外}$:(13.80+0.12)×2+26.10+0.24=54.18
4	底层建筑面积	$S_{底}$					m²	366.65	$S_{底}$:(26.10+0.24)×(13.80+0.12)=366.65
5	全部建筑面积	S					m²	756.61	$S_{底}$=366.65m² $S_{楼}$:[26.34×(5.10+1.80+0.24)+(3.60+0.24)×1.80]×2层 =(188.07+6.91)×2=389.96 全部建筑面积:366.65+389.96=756.61

表 4-47　门窗明细表

单位工程名称 ×× 食堂

序号	脱窗（孔洞）名称	代号	所在图号	框扇断面/cm² 框	框扇断面/cm² 扇	洞口尺寸/mm 宽	洞口尺寸/mm 高	樘数	面积/m² 每樘	面积/m² 小计	L中	L内 所在部位
1	全板夹板门	M1				900	2700	4	2.43	9.72	$\frac{4}{9.72}$	
2	全板夹板门	M2				900	2000	12	1.80	21.60		$\frac{12}{21.60}$
3	百叶夹板门	M3				700	2000	4	1.40	5.60		$\frac{4}{5.60}$
4	钢门带窗	MC1				2.70×2.80 2700	−1.8×1.0 2800	1	5.76	5.76	$\frac{1}{5.76}$	
5	钢门带窗	MC2				3.30×2.8 3300	−2.4×1.0 2800	1	6.84	6.84	$\frac{1}{6.84}$	
	门小计									49.52	22.32	27.20
6	铝合金推拉窗	C1				1800	1800	10	3.24	32.4	$\frac{10}{32.4}$	
7	钢平开窗	C2				2400	1800	1	4.32	4.32	$\frac{1}{4.32}$	
8	钢平开窗	C3				3000	1800	2	5.40	10.80	$\frac{2}{10.80}$	
9	铝合金推拉窗	C4				2400	1800	6	4.32	25.92	$\frac{6}{25.92}$	
10	铝合金推拉窗	C5				900	900	4	0.81	3.24	$\frac{4}{3.24}$	
11	铝合金圆形固定窗	C6				φ1200		2	1.13	2.26	$\frac{2}{2.26}$	
	窗小计									78.94	78.94	
合计												128.46

表4-48　钢筋混凝土、过梁、挑梁明细表

单位工程名称 ××食堂

序号	名称	代号	所在图号	构件尺寸及计算式/m	件数	体积/m³ 单位	体积/m³ 小计	所在部位
1	C20 钢筋混凝土地圈梁			$(\overset{L_{中底}}{53.70}+\overset{L_{内底}}{49.95}-0.40\times2-\overset{③⑥轴构造柱}{0.24\times9})\times0.24\times0.25$ $=(103.65-2.96)\times0.24\times0.25$ $=100.69\times0.24\times0.25=6.04$ 垛增加：$0.37\times0.49\times0.25=0.05$ $\Big\}\,6.09\text{m}^3$			6.09	
	C20 钢筋混凝土底层圈梁	QL1		$\big[(\overset{①轴}{13.80}-0.25-\overset{①轴梁头}{0.25})+\overset{构造柱}{(0.24\times2)}+(\overset{②轴}{7.20}-\frac{0.50}{2}-\overset{构造柱}{\frac{0.24}{2}})+$ $\overset{④⑤⑦⑧轴}{(3.60+2.70)}+(\overset{构造柱}{13.80\times3}-\overset{A轴梁头}{0.24\times6}-0.25\times3+$ $\overset{④轴梁头}{0.12})+(\overset{D轴}{3.60}-0.24+2.70-0.24)+\overset{D轴}{4.20}\big]\times0.24\times0.12$ $=(13.07+6.71+6.30+39.33+5.82+4.20)\times0.24\times0.0288$ $=75.43\times0.0288=2.17\text{m}^3$			2.17	底层圈梁布置示意图
2	C20 钢筋混凝土二层圈梁	QL1		$\big[(\overset{①②轴}{5.10+3.60})\times2-\overset{缺口}{1.80}-\overset{构造柱}{0.12\times4}+(\overset{③④⑤轴}{5.10}-0.24)\times3+(\overset{⑦轴}{5.10}-$ $\overset{构造柱}{0.12\times2})+(\overset{⑧轴}{5.10}-\overset{构造柱}{0.12\times2})+(\overset{C轴}{3.60}-0.12\times2)+(\overset{C轴}{3.60}-0.24)+$ $\overset{构造柱}{(3.60}-0.24+19.8-0.12-\overset{C轴}{0.24\times2}-0.12)+(\overset{C轴}{3.60}-0.12-$ $\overset{构造柱}{0.12}+19.8-0.24\times2-0.12+2.7-\overset{构造柱}{0.12\times2})\big]\times0.24\times0.12$ $=(15.12+14.58+4.86+4.86+3.36+3.36+22.44+25.02)\times0.24\times0.12$ $=93.6\times0.24\times0.12$ $=2.70\text{m}^3$			2.70	

（续）

序号	名称	代号	所在图号	构件尺寸及计算式/m	件数	体积/m³ 单位	体积/m³ 小计	所在部位
2	C20 钢筋混凝土二层圈梁	QL1		二层 1/C轴 $2.70\text{m}^3 + (3.60 - 0.24) \times 0.24 \times 0.12$ $= 2.70 + 0.10 = 2.80\text{m}^3$ 二层圈梁布置示意图			2.80	
	C20 钢筋混凝土三层圈梁			扣除 XL-13 代圈梁体积:$3.12 \times 0.24 \times 0.12 \times 10$ 根 $= 0.90\text{m}^3$ 圈梁小计:$13.58\text{m}^3 - 0.90\text{m}^3 = 12.68\text{m}^3$ 三层圈梁布置示意图				
3	现浇钢筋混凝土挑梁	XL-13		$3.12 \times 0.24 \times 0.4 \times 10$ 根 $= 3.00\text{m}^3$				
4	排气洞挑梁 墙内部分			5Ⓐ $1.0 \times 0.24 \times 0.12 = 0.14\text{m}^3$				
5	C20 钢筋混凝土过梁		川91C310	GL4181　$0.099\text{m}^3 \times 10$ 根 $= 0.99\text{m}^3$　　GL4103　$0.043\text{m}^3 \times 4$ 根 $= 0.172\text{m}^3$ GL4101　$0.043\text{m}^3 \times 12$ 根 $= 0.516\text{m}^3$　　GL4241　$0.167\text{m}^3 \times 6$ 根 $= 1.002\text{m}^3$ 小计:2.68m^3			2.68	

4.4.3　食堂建筑施工工程工程量计算

食堂建筑施工工程工程量计算见表4-49。

表4-49　工程量计算表

单位工程名称××食堂

序号	定额编号	分项工程名称	单位	工程量	计　算　式
1	1-48	人工平整场地	m²	483.01	$(26.10+0.24+2.0\times2)\times(13.80+0.12+2.0)=30.34\times15.92=483.01$
2	1-8	人工挖地槽	m³	132.09	槽宽(m):$0.50\times2+0.30\times2=1.60$ 槽长(m):$13.80\times2+[26.10-(1.40+0.60)\times2]^{⑧①轴}+\left(2.70+0.90+3.60-\frac{1.60}{2}-\frac{3.40}{2}\right)^{②轴}+\left(3.60-\frac{1.60}{2}\right)^{⑥①轴}+\left(13.80-\frac{1.60}{2}+4.20\right)^{④①⑤轴}+\left(13.80-\frac{1.60}{2}\right)^{⑥①轴}+(2.70-1.60)\times2^{⑥①轴}$ $=27.60+22.10+4.70+2.0+1.40+17.20+13.0+2.20=90.20$ 槽深(m):$1.20-0.30=0.90$ $V_{槽}:90.20\times1.60\times0.90=129.89$ 烟囱,探增增加:$[(2.4+0.6)\times0.6+(1.0+0.6)\times0.4]\times0.9=2.20$ $\left.\begin{array}{l}\end{array}\right\}132.09\text{m}^3$
3	1-14	人工挖地坑	m³	138.48	J-1 $4\times(2.50+2\times0.3)\times(2.20+2\times0.30)\times(1.80-0.30)$ $=4\times3.10\times2.80\times1.50=4\times13.02=52.08$ J-2 $2\times(2.80+0.60)\times(2.20+0.60)\times1.50$ $=2\times3.40\times2.80\times1.50=2\times14.28=28.56$ J-3 $2\times(3.80+0.60)\times(2.60+0.60)\times1.50$ $=2\times4.40\times3.20\times1.50=2\times21.12=42.24$ J-4 $2\times(2.0+0.60)\times(1.40+0.60)\times1.50$ $=2\times2.60\times2.0\times1.50=2\times7.80=15.60$ 小计:138.48m^3

（续）

序号	定额编号	分项工程名称	单位	工程量	计 算 式
4	8-16	C10 混凝土基础垫层	m³	5.86	V:$(4\times2.50\times2.20+2\times2.80\times2.20+2\times3.60\times2.60+2\times2.0\times1.40)\times0.10$ $=58.64\times0.10=5.86$
5	8-16 换	C15 混凝土砖基础垫层	m³	28.95	垫层长(m):$\overset{①⑧轴}{(13.80\times2)}+\overset{②轴}{(26.10-1.20\times2)}+\left(2.70+0.9+3.60-\overset{柱基}{\dfrac{1.60}{2}}-\dfrac{1.0}{2}\right)+\overset{⑥轴}{(3.60-1.0)}+\overset{⑥⑧轴}{(2.70-1.0)}\times2$ $\left(\overset{⑥⑧轴}{3.60}-\dfrac{1.20}{2}-\dfrac{1.0}{2}\right)+\overset{柱基}{(13.80-1.20\times2)}+\overset{④①⑤轴}{\left(13.80+4.20-\dfrac{1.0}{2}\right)}+\overset{②轴}{\left(13.80-\dfrac{1.0}{2}\right)}+(2.70-1.0)\times2$ $=27.60+23.70+5.90+2.60+2.50+17.50+13.30+3.40$ $=96.50$ $V=96.50\text{m}\times1.0\text{m}\times0.30\text{m}=28.95\text{m}^3$
6	5-396 换	现浇 C15 钢筋混凝土独立基础	m³	24.55	J-1 　$4\times(2.40\times2.0+1.80\times1.20)\times0.35$ 　$=4\times1.68+0.756=4\times2.436=9.74$ J-2 　$2\times(2.60\times2.0+1.60\times1.20)\times0.35$ 　$=2\times1.82+0.672=2\times2.492=4.98$ J-3 　$2\times(3.40\times2.40+2.0\times1.40)\times0.35$ 　$=2\times2.856+0.98=2\times3.836=7.67$ J-4 　$2\times1.80\times1.20\times0.50$ 　$=2\times1.08=2.16$ 小计:24.55m³
7	5-403 换	砖基础内 C20 混凝土构造柱(从垫层上至 -0.31 处)	m³	0.40	$\overset{一字形}{5\times0.59\times(0.24\times0.30)}+\overset{T形}{4\times0.59\times(0.24\times0.30+0.24\times0.03)}$ $=5\times0.04248+4\times0.59\times0.0792=0.40$
8	4-1	M5 水泥砂浆砌砖基础	m³	21.02	V:$\left[\overset{L内底}{53.70-0.40\times2}+\overset{柱}{49.95}+\overset{细齿}{(0.60-0.12)\times2}+1.20-0.24\right]\times$ $(0.65\times0.24+6\times0.007875)+\overset{梁}{0.37\times0.49\times0.65}-\overset{构造柱}{0.53}$ $=104.77\times0.2033+0.118-0.40$ $=21.30+0.118-0.40=21.02$

（续）

序号	定额编号	分项工程名称	单位	工程量	计　算　式
9	5-405 换	现浇 C20 钢筋混凝土基础梁	m³	3.15	基础梁长（m）：$(26.10-0.24-0.40\times4-0.24)$（B轴、两头柱、构造柱）$+(26.10-3.60-2.70-0.20-0.12-0.12)$（C轴、②轴柱、②轴柱、⑦轴构柱） 柱 $0.40\times3-0.24$ $=24.02+18.04=42.06$ $V=42.06\text{m}\times0.25\text{m}\times0.30\text{m}=3.15\text{m}^3$
10	5-409 换	现浇 C20 钢筋混凝土过梁	m³	2.68	川 91G310 标准图：XGL4181 $0.099\text{m}^3\times10$（根）$=0.99\text{m}^3$ XGL4103 $0.043\text{m}^3\times4$（根）$=0.172\text{m}^3$ XGL4101 $0.043\text{m}^3\times12$（根）$=0.516\text{m}^3$ XGL4241 $0.167\text{m}^3\times6$（根）$=1.002\text{m}^3$ } 2.68m^3
11	5-417	现浇 C20 钢筋混凝土有梁板	m³	2.27	XB-1 $2\times(1.80+0.12-0.12)\times(3.60+0.24)\times0.08=2\times0.55=1.10$ XL-2 $2\times3.84\times0.24\times0.60=2\times0.553=1.11$ XL-3 $2\times1.56\times0.12\times(0.25-0.08)=2\times0.032=0.06$（-0.17） 小计：$2.27\text{m}^3$
12	5-406 换	现浇 C20 钢筋混凝土梁	m³	21.56	XL-1 $2\times2.40\times0.24\times0.50=2\times0.288=0.58$ XL-4 $[(26.10-3.60+0.24)\times0.25\times0.40-0.24\times0.25\times0.24]\times3$ 根（梁头重复部分） $=(2.274-0.014)\times3=6.78$ XL-5 $(3.60\times2+4.20\times3+0.24-0.40\times2)\times0.24\times0.30=1.39$（B轴、柱、构造柱） XL-6 $(26.10+0.24-0.24\times3-0.40\times4)\times0.24\times0.50$（C轴、构造柱、柱） $=24.02\times0.24\times0.50=2.88$

（续）

序号	定额编号	分项工程名称	单位	工程量	计 算 式
					XL-7
					（26.10 − 2.70 −0.24×2 −0.40×4）×0.24×0.50
					构造柱　　　　柱
					= 21.32×0.24×0.50 = 2.56
					XL-8
					（26.10 + 0.24）×0.25×0.40 = 2.63
					XL-9
					2×2.94×0.24×0.45 = 2×0.318 = 0.64
					XL-10
					2×（4.36 + 0.37×2 + 0.12×2）×0.25×0.50 + 1.80×0.25×0.40
					= 2×0.668 + 0.18 = 1.70
					XL-11
					3.07×0.24×0.45 = 0.33
					XL-12
					4.74×0.24×0.45 = 0.51
					XL-13（挑出墙部分）
					扣与 XL-4 接头
					10×（1.80 − 0.25）×0.24×0.40 = 10×0.149 = 1.49
					排气洞挑梁（挑出墙部分）
					5×0.50×0.24×0.12 = 0.07
12	5-406 换	现浇 C20 钢筋混凝土梁	m³	21.56	小计:21.56m³
					−0.31~4.20 标高
					一字形:5×0.24×0.30×4.51 = 1.62
					T形:4×（0.24×0.30 + 0.24×0.03）×4.51 = 1.43 }3.05m³
					4.20~10.08 标高
					直角:5×0.24×0.30×5.88 = 2.12
					T形:5×（0.24×0.30 + 0.24×0.03）×5.88 = 2.33
13	5-403 换	现浇 C20 钢筋混凝土构造柱	m³	7.88	端头:1×（0.24×0.27）×5.88 = 0.38
					小计:7.88m³

（续）

序号	定额编号	分项工程名称	单位	工程量	计 算 式
14	5-421	现浇 C20 钢筋混凝土整体楼梯	m²	24.36	XTB-1(2.10+0.20)×1.20=2.76 XTB-2,3(5.10-0.24)×(2.7-0.24)=11.96 XTB-4,5(2.70+0.20+0.78+0.24)×(2.7-0.24)=9.64 小计:24.36m²
15	5-419	现浇 C20 钢筋混凝土平板	m³	0.52	XB-1 1×1.80×3.60×0.08=0.52
16	5-408 换	现浇 C20 钢筋混凝土地圈梁	m³	6.09	$\overset{L_{中底}}{(53.70}+\overset{L_{内底}}{49.95}-0.40×2-\overset{③⑥轴}{0.24×9})×0.24×0.25$ =(103.65-2.96)×0.24×0.25 =100.69×0.24×0.25=6.04 $\left.\begin{array}{c}\\6.09m^3\end{array}\right.$ 垛增加:0.37×0.49×0.25=0.05
17	5-408 换	现浇 C20 钢筋混凝土圈梁	m³	9.91	底层: $\left[\overset{①轴}{(13.80}-\overset{④轴梁头}{0.25}-\overset{构造柱}{0.24×2})+\overset{②轴}{(7.20}-\overset{柱}{\frac{5.0}{2}}-\overset{构造柱}{0.24})+(3.60+2.70)+\overset{④⑤⑦⑧轴}{(13.80×3}-0.24×6-\right.$ $\overset{④轴梁头}{0.25×3}+\overset{④轴头}{0.12})+\overset{⑥轴}{(3.60}-0.24+2.70-0.24)+4.20\big]×0.24×0.12$ =(13.07+6.71+6.30+39.33+5.82+4.20)×0.0288 =75.43×0.0288=2.17m³ 二层: $\left[\overset{①②轴}{(5.10+3.60)×2}-\overset{缺口}{1.80}-\overset{构柱}{0.12×4}+\overset{③④⑤轴}{(5.10-0.24)×3}+\overset{构造柱}{(5.10-0.12×2)}+\overset{构造柱}{(5.10-0.12×2)}+\right.$ $\overset{⑥轴}{(3.60}-0.12×2)+(3.60-0.24)+\overset{构造柱}{(3.60}-0.24+19.80-0.12-0.24-0.24×2-0.12)+$ $\overset{构造柱}{0.12}-0.24+19.80-0.24×2-0.12+2.70-0.12×2\big]×0.24×0.12$ =(15.12+14.58+4.86+4.86+3.36+3.36+22.44+25.02)×0.24×0.12 =93.6×0.24×0.12=2.70

（续）

序号	定额编号	分项工程名称	单位	工程量	计　算　式
17	5-408 换	现浇 C20 钢筋混凝土圈梁	m³	9.91	三层： ©轴 $2.70 + (3.60 - 0.24) \times 0.24 \times 0.12$ $2.70 + 0.10 = 2.80$ 扣除 XL-13 代圈梁体积:$3.12m \times 0.24m \times 0.12m \times 10$ 根 $= 0.90m^3$ XL-13 在墙内部分按圈梁计算:$3.12m \times 0.24m \times 0.40m \times 10$ 根 $= 3.00m^3$ 排气洞挑梁在墙内部分算圈梁:$1.0m \times 0.24m \times 0.12m \times 5$ 根 $= 0.14m^3$ 圈梁小计:$9.91m^3$
18	5-401	现浇 C25 钢筋混凝土框架柱	m³	8.97	KJ1 $2 \times (0.40 \times 0.40 + 0.40 \times 0.50) \times 5.06$ $= 2 \times 1.822 = 3.64$ KJ2 KJ3 $\}$ $2 \times [0.40 \times 0.40 \times 5.06 + 0.40 \times 0.40 \times (5.06 + 0.20) + 0.40 \times 0.50 \times 5.06]$ $= 2 \times 2.663 = 5.33$ 小计:$8.97m^3$
19	5-406	现浇 C25 钢筋混凝土框架梁	m³	5.21	KJ1 $2 \times 4.65 \times 0.60 \times 0.25 + 1.30 \times 0.25 \times 0.30$ $= 2 \times 0.795 = 1.59$ KJ2,3 $2 \times (4.65 + 6.75) \times 0.60 \times 0.25 + 1.30 \times 0.25 \times 0.30$ $= 2 \times 1.71 + 0.10 = 3.62$ 小计:$5.21m^3$
20	5-426	现浇 C20 混凝土走廊栏板扶手	m³	0.58	$(26.10 - 3.60 - 0.12 + 1.80 - 0.12) \times 0.06 \times 0.20 \times 2$ 道 $= 24.06 \times 0.06 \times 0.20 \times 2$ $= 0.58$
21	5-432	现浇女儿墙压顶	m³	1.703	三楼屋面:$(6.90 + 1.80 + 26.10) \times 2 \times \dfrac{0.05 + 0.06}{2} \times 0.30$ $= 69.60 \times 0.0165 = 1.148$ 一楼屋面:$(3.60 - 0.12 + 26.10 - 5 \times 0.24 + 3.60 + 1.80 - 0.12) \times \dfrac{0.05 + 0.06}{2} \times 0.30$ $= 33.66 \times 0.0165 = 0.555$ 小计:$1.703m^3$

（续）

序号	定额编号	分项工程名称	单位	工程量	计算式（按标准图计算）		数量	混凝土体积（单位体积/小计）	钢筋（单位重量/小计）
22	5-453	C25钢筋混凝土预应力空心板制作	m³	48.96	空心板型号	YKBW-3652	22	0.126 / 2.772	6.66 / 146.52
						YKBW-3662	41	0.153 / 6.273	7.83 / 321.03
						YKBW-4252	24	0.147 / 3.528	12.72 / 305.28
						YKBW-4262	47	0.178 / 8.366	14.83 / 697.01
						YKBW-2752	8	0.094 / 0.752	2.88 / 23.04
						YKBW-2762	23	0.114 / 2.622	3.50 / 80.50
						YKB-3653	18	0.126 / 2.268	4.80 / 86.40
						YKB-4253	18	0.147 / 2.646	9.95 / 179.10
						YKB-3663	54	0.153 / 8.262	5.97 / 322.38
						YKB-2753	6	0.094 / 0.564	2.88 / 17.280
						YKB-4263	54	0.178 / 9.612	11.77 / 635.58
						YKB-2763	5	0.114 / 0.570	3.50 / 17.50
					小计：			48.235	2831.62
					制作工程量：48.235×1.015＝48.96m³				
23	5-454换	预制C20钢筋混凝土槽形板	m³	0.21	$WJB\text{-}36A_1$ 0.209m³/块×1.015＝0.21m³				
24	6-8	空心板、槽板运输（25km）	m³	49.08	（48.24m³＋0.21m³）×1.013＝49.08m³				
25	6-330	空心板安装	m³	48.48	48.24m³×1.005＝48.48m³				
26	6-305	槽形板安装	m³	0.21	0.21m³×1.005＝0.21m³				

（续）

序号	定额编号	分项工程名称	单位	工程量	计 算 式
27	5-467	C20混凝土屋面架空隔热板 架空隔热板尺寸:595×595×25 φ64钢筋4根双向	m³	4.26	块数统计(块尺寸600×600) A区: 宽度上块数(3.60-0.24)÷0.60≈5块 长度上块数(6.90+1.80-0.24)÷0.60≈14块 块数小计:5×14=70块
			m³	4.28	B区: 宽度上块数(6.90-0.24)÷0.60≈11块 长度上块数22.50÷0.60≈37块 块数小计:11×37=407块 屋面隔热板面积(m²):(70+407)×0.60×0.60=171.72 V:477×0.595×0.595×0.025=4.22(净) 制作工程量=4.22m³×1.015=4.28m³
28	6-37	架空隔热板运输	m³	4.25	V=4.20m³×1.013=4.25m³
29	6-371	架空隔热板安装	m³	4.22	V=4.20m³×1.005=4.22m³
30	5-17	现浇独立基础模板(含垫层)	m²	48.02	J-1 $4\times(2.50+2.20)\times2\times0.10+[(2.50-0.1+2.20-0.20)\times2+(0.70+0.20)\times2+(0.40+0.20)\times2]\times0.35$ $=4\times5.07=20.28$ J-2 $2\times(2.80+2.20)\times2\times0.10+[(2.80-0.20+2.20-0.20)\times2+(0.55+0.25)\times2+(0.40+0.20)\times2]\times0.35$ $=2\times5.20=10.40$ J-3 $2\times(3.60+2.60)\times2\times0.10+[(3.60-0.20+2.60-0.20)\times2+(0.75+0.25)\times2+(0.50+0.20)\times2]\times0.35$ $=2\times6.49=12.98$ J-4 $2\times(2.0+1.40)\times2\times0.10+[(2.0-0.20+1.40-0.20)\times0.50]$ $=2\times2.18=4.36$ 小计:48.02m²

（续）

序号	定额编号	分项工程名称	单位	工程量	计算式
31	5-58	现浇框架柱模板	m²	83.55	KJ1　2×[(0.40+0.40)×2+(0.40+0.50)×2]×5.06 - (0.60×0.25×2+0.30×0.25)× ^(梁与柱连接面) = 2×17.20-0.375=33.65 KJ2,3　2×(0.40+0.40)×2×5.06+(0.40+0.40)×2×(5.06+0.20)+(0.40+0.50)× ^(扣梁与柱连接面) 2×5.06-(0.60×0.25×4+0.30×0.25) =2×25.63-0.68=49.90 小计:83.55m²
32	5-58	现浇构造柱模板	m²	74.35	砖基础内: 一字形:0.36×0.59×2(面)×5(根)=2.12 T形:(0.36×0.59+0.06×0.59)×4(面))×4(根))=1.42 }3.54m² 砖墙身内: 一字形:0.36×4.51×2(面)×5(根)=16.24 T形:(0.36×4.51+0.06×4.51×4(面))×4(根)=10.82 (0.36×5.88+0.06×5.88×4(面))×5(根))=17.64 直角:((0.30×5.88×2(面)+0.06×5.88×2(面))×5(根))=21.17 端头:(0.30×5.88×2(面)+0.24×5.88)×1(根)=4.94 小计:74.35m²
33	5-69	现浇基础梁模板	m²	35.75	42.06×(0.30×2+0.25)=35.75
34	5-77	现浇过梁模板	m²	34.02	XGL4181　10×2.30×0.18×2(面)+0.24×1.80=12.60 XGL4103　4×1.50×0.12×2(面)+0.24×1.0=2.40 XGL4101　12×1.50×0.12×2(面)+0.24×1.0=7.20 XGL4241　6×2.90×0.24×2(面)+0.24×2.40=11.82 小计:34.02m²
35	5-82	现浇地圈梁模板	m²	50.66	100.69×0.25×2(面)=50.35 垛:(0.37×2+0.49)×0.25=0.31 }50.66m²
36	5-82	现浇圈梁模板	m²	63.85	底层 (75.43+93.63+96.99)×0.12×2(面)=63.85 二层 三层

（续）

序号	定额编号	分项工程名称	单位	工程量	计 算 式
37	5-73	现浇矩形梁模板	m^2	278.50	XL-1　$2\times2.40\times0.50\times2$面（底模）$+1.80\times0.24$（侧模）$=5.66$ XL-4　$3\times22.84\times(0.40\times2+0.25)=71.95$ XL-5　$19.24\times0.30\times2+(2.70\times2.40+3.0+3.30+3.0)\times0.24=15.00$ XL-6　$24.02\times(0.50\times2$面$+0.24)=29.78$ XL-7　$21.32\times(0.50\times2+0.24)=26.44$ XL-8　$26.34\times(0.40\times2+0.25)=27.66$ XL-9　$2\times2.94\times(0.45\times2+0.24)=6.70$ XL-10　$2\times5.34\times(0.50\times2+0.25)+1.80\times(0.40\times2+0.25)=17.13$ XL-11　$3.07\times(0.45\times2+0.24)=3.50$ XL-12　$4.74\times0.45\times2+(4.74-0.90)\times0.24=5.19$ XL-13　$10\times(1.80-0.25)\times(0.40\times2+0.24)=16.12$ 排气洞挑梁　$5\times1.50\times0.12\times2+0.50\times0.24=2.40$ 框架梁: KJ1　$2\times4.65\times(0.60\times2+0.25)+1.30\times(0.30\times2+0.25)=15.70$ KJ2,3　$2\times11.40\times(0.60\times2+0.25)+1.30\times(0.30\times2+0.25)=35.27$ 小计:278.50m^2
38	5-100	现浇有梁板模板	m^2	22.07	XB-1　$2\times1.80\times3.36=12.10$ XL-2　$2\times3.84\times0.60\times2=9.22$ $\left.\right\}$ 22.07m^2 XL-3　$2\times1.56\times0.12\times2=0.75$
39	5-108	现浇平板模板	m^2	6.48	$1.80\times3.60=6.48$
40	5-119	现浇整体楼梯模板	m^2	24.36	同制作工程量　24.36m^2
41	5-33	现浇砖基础垫层模板	m^2	57.90	$96.50\times0.30\times2$面$=57.90$
43	5-130	现浇女儿墙压顶模板	m^2	17.55	$(69.60+33.66)\times(0.05+0.06+0.06)=17.55$
44	5-174	预制槽形板模板	m^3	0.21	0.21m^3
45	5-169	预应力空心板模板	m^3	48.96	48.96m^3
46	5-185	预制架空隔热板模板	m^3	4.26	见制作工程量

（续）

序号	定额编号	分项工程名称	单位	工程量	计 算 式
47	3-6	外墙双排脚手架	m²	763.63	①~⑧立面: ⑧~①立面: (26.10+0.24)×(10.80+0.30)×2面=584.75 Ⓐ~Ⓕ立面: Ⓕ~Ⓐ立面: (13.80+0.24)×(4.80+0.30)+(13.80-1.50-3.60+0.24)×(10.80-4.80)×2面 =71.60+107.28=178.88 小计:763.63m²
48	3-20	底层顶棚抹灰满堂脚手架	m²	325.83	$S=S_{底}-墙结构面积-梯间面积$ 366.65-(53.70+49.95)×0.24-(6.60-0.12)×2.46=325.83
49	3-15	内墙脚手架	m²	303.31	$S=L_{内墙24}×墙角+L_{内楼口}×墙高$ 51.18×(3.0-0.12)×2层+1.56×2.92×2层=303.31
50	3-6	现浇钢筋混凝土框架脚手架	m²	269.26	KJ1　2×[0.40×4+3.60+(0.40+0.50)×2+3.60]×5.06=2×53.64=107.28 KJ2,3　2×(0.40×4+3.60)×5.06+(0.40×4+3.60)×5.26+ [(0.40+0.50)×2+3.60]×5.06=2×80.99=161.98 小计:269.26m²
51	3-6	现浇钢筋混凝土框架梁脚手架	m²	162.62	KJ1　2×(4.65+1.30)×(4.06+0.30)=2×25.94=51.88 KJ2,3　2×(11.40+1.30)×(4.06+0.30)=2×55.37=110.74 小计:162.62m²
52	5-294	现浇构件圆钢钢筋制安 φ4	kg	41.75	按钢筋计算表汇总
53	5-294	现浇构件圆钢钢筋制安 φ6.5	kg	307.18	按钢筋计算表汇总
54	5-295	现浇构件圆钢钢筋制安 φ8	kg	58.17	按钢筋计算表汇总
55	5-296	现浇构件圆钢钢筋制安 φ10	kg	94.32	按钢筋计算表汇总
56	5-297	现浇构件圆钢钢筋制安 φ12	kg	3566.85	按钢筋计算表汇总

（续）

序号	定额编号	分项工程名称	单位	工程量	计　算　式
57	5-299	现浇构件圆钢筋制安Φ16	kg	714.86	按钢筋计算表汇总
58	5-300	现浇构件圆钢筋制安Φ18	kg	41.92	按钢筋计算表汇总
59	5-309	现浇构件螺纹钢筋制安Φ14	kg	79.36	按钢筋计算表汇总
60	5-310	现浇构件螺纹钢筋制安Φ16	kg	912.68	按钢筋计算表汇总
61	5-311	现浇构件螺纹钢筋制安Φ18	kg	220.96	按钢筋计算表汇总
62	5-312	现浇构件螺纹钢筋制安Φ20	kg	208.01	按钢筋计算表汇总
63	5-313	现浇构件螺纹钢筋制安Φ22	kg	1850.92	按钢筋计算表汇总
64	5-314	现浇构件螺纹钢筋制安Φ25	kg	364.21	按钢筋计算表汇总
65	5-321	预制构件圆钢筋制安Φ4	kg	104.85	按钢筋计算表汇总
66	5-326	预制构件圆钢筋制安Φ10	kg	30.48	按钢筋计算表汇总
67	5-334	预制构件圆钢筋制安Φ18	kg	15.08	按钢筋计算表汇总
68	5-359	先张法预应力钢筋制安Φ64	kg	2831.62	按钢筋计算表汇总
69	5-354	箍筋制安φ4	kg	9.92	按钢筋计算表汇总
70	5-355	箍筋制安φ6.5	kg	1598.47	按钢筋计算表汇总
71	5-356	箍筋制安φ8	kg	270.20	按钢筋计算表汇总
72	5-384	现浇构件成型钢筋汽车运输（1km）	t	10.340	见钢筋计算表
73	7-57	胶合板门框制作（带亮）	m²	9.72	（见门窗明细表）9.72m² M1
74	7-58	胶合板门框安装（带亮）	m²	9.72	（见门窗明细表）9.72m² M1
75	7-59	胶合板门扇制作（带亮）	m²	9.72	（见门窗明细表）9.72m² M1
76	7-60	胶合板门扇安装（带亮）	m²	9.72	（见门窗明细表）9.72m² M1
77	7-65	胶合板门框制作（无亮）	m²	27.20	（见门窗明细表）S=21.60m² M2+5.60m² M3=27.20m²
78	7-66	胶合板门框安装（无亮）	m²	27.20	（见门窗明细表）S=21.60m² M2+5.60m² M3=27.20m²

（续）

序号	定额编号	分项工程名称	单位	工程量	计　算　式
79	7-67	胶合板门扇制作（无亮）	m²	27.20	（见门窗明细表）$S=21.60\text{m}^2{}^{(M2)}+5.60\text{m}^2{}^{(M3)}=27.20\text{m}^2$
80	7-68	胶合板门扇安装（无亮）	m²	27.20	（见门窗明细表）$S=21.60\text{m}^2{}^{(M2)}+5.60\text{m}^2{}^{(M3)}=27.20\text{m}^2$
81	7-306	钢门带窗安装	m²	13.02	（见门窗明细表）$S=5.94\text{m}^2{}^{(MC1)}+7.08\text{m}^2{}^{(MC2)}=13.02\text{m}^2$
82	7-308	钢平开窗安装	m²	15.12	（见门窗明细表）$S=4.32\text{m}^2{}^{(C2)}+10.80\text{m}^2{}^{(C3)}=15.12\text{m}^2$
83	7-289	铝合金推拉窗安装	m²	61.16	（见门窗明细表）$S=32.0\text{m}^2{}^{(C1)}+25.92\text{m}^2{}^{(C4)}+3.24\text{m}^2{}^{(C5)}=61.16\text{m}^2$
84	7-290	铝合金固定圆形窗安装	m²	2.26	（见门窗明细表）$S=2.26\text{m}^2{}^{(C6)}$
85	6-93	木门运输（运距5km）	m²	36.92	$S=31.32\text{m}^2+5.60\text{m}^2=36.92\text{m}^2$
86	11-409	木门调合漆两遍	m²	38.32	$S=31.32\text{m}^2+5.60\text{m}^2×1.25=38.32\text{m}^2$
87	11-594	钢门窗防锈漆一遍	m²	28.14	$S=13.02\text{m}^2+15.12\text{m}^2=28.14\text{m}^2$
88	11-574	钢门窗调合漆两遍	m²	28.14	$S=28.14\text{m}^2$
89	5-382	梯踏步预埋铁件	kg	56.00	块数：梯步上47 + 水平栏杆4 + 转弯5 = 56个 重量：-8:56×0.09×0.15×0.008×7850 =56×0.85=47.60 φ8:56×(0.10+0.09×2+0.008×12.5)×0.395 =56×0.15=8.40 小计:56.00kg 预埋件大样图
90	4-10换	M5混合砂浆砌砖墙	m³	204.82	$V_{240}=[(53.70-0.40×2+49.95)^{L内底}×(4.18-0.12)+(45.42+51.18)^{L中楼}×(3.0-0.12)×2-128.06]^{[门窗]}×$ $0.24-9.91-2.68^{过梁}-1.39-0.69^{XL-5}-0.58^{XL-6}-\left(7.88-3.05×\dfrac{0.25}{4.51}\right)^{XL-1构柱}+0.24×0.37×6.0×2^{梁}(根)$ $=(102.85×4.06+96.60×5.76-128.06)×0.24-22.96+1.07$ $=845.93×0.24-22.96+1.07=181.13$ 排气洞： $山墙\ 1.50×(1.98+0.51-0.12)×0.24×5(道)=4.27$ $纵墙\ (15.0-0.24×4(道))×0.24×0.60=2.02$ } 8.11m^3 $14.04×0.24×(0.60-0.06)=1.82$

（续）

序号	定额编号	分项工程名称	单位	工程量	计算式
90	4-10 换	M5 混合砂浆砌砖墙	m³	204.82	女儿墙: 三楼屋面　(6.90+1.80+26.10)×2×0.24×0.54=9.02 底层屋面　(3.60-0.12+3.60-0.12+4.20-0.12+2.70+3.60+1.80-0.12)× 0.60×0.24+(15.0-4×0.24)×0.24×(0.60+0.54) =2.739+3.841=6.58 小计:204.82m³
91	4-8 换	M5 混合砂浆砌砖墙	m³	1.05	V_{120}=1.56m×2.92m×0.115m×2层=1.05m³
92	4-60 换	M2.5 混合砂浆砌屋面隔热板砖墩	m³	2.64	长度方向块数:37+5=42 块 宽度方向块数:14 块 四周边上的隔热板块数:(42-2)×2+14×2=108 块 砖墩个数=(每块隔热板上算一个)477 块+(108-4 角)×2÷4+4×3÷4 四周　　　　　四角 =477+52+3=532 个 V:0.24×0.115×0.18×532=2.64
93	4-8 换	M2.5 混合砂浆砌走廊栏板墙	m³	5.87	V:24.06×2层×(1.10-0.06+0.02)×0.115=5.87
94	4-60 换	M2.5 混合砂浆砌雨蓬止水带	m³	1.00	V:[26.10+(1.5-0.12)×2]×0.30×0.115=1.00
95	8-29	普通水磨石地面	m²	331.77	S=底层建筑面积-墙长×墙厚-灶台面积 $L_{中底}$　$L_{内底}$ 366.65-(53.70+49.95)×0.24-5.0×1.0×2个 =366.65-24.88-10.0 =331.77
96	8-16	现浇 C10 混凝土地面垫层	m³	26.54	V=331.77m²×0.08m=26.54m³
97	8-72	卫生间防滑地砖地面	m²	10.11	S:(1.80-0.24)×(1.80-0.12-0.06)×2间×2层=10.11
98	8-24 换	1:2 水泥砂浆抹楼梯间	m²	29.42	S=现浇楼梯+未算平台 24.36+(1.38-0.20)×(2.70-0.24)+(1.08-0.20)×(2.70-0.24) =24.36+2.90+2.16=29.42

（续）

序号	定额编号	分项工程名称	单位	工程量	计 算 式
99	8-37	水泥豆石楼面	m²	301.82	走廊:[(1.80-0.24)×3.60+(1.80-0.12)×(26.1-3.6-0.24)]×2层=86.02 房间:{[(3.60-0.24)×(5.10-0.24)×3间+(4.20-0.24)×(5.10-0.24)]}×2层 =(48.99+19.25+39.66)×2=215.80 小计:301.82m²
100	11-30	水泥砂浆抹走道扶手	m²	22.13	(26.10-0.12+1.80-0.12)×2层×(0.20+0.04×2+0.06×2) =27.66×2×0.40 =22.13
101	9-45	一布二油塑料油膏卫生间防水层	m²	14.63	卷起高度:200 S:[(1.8-0.24)×1.56+1.56×4×0.20]×4间 =(2.43+1.25)×4 =14.63
102	8-27换	1:2水泥砂浆踢脚线	m	354.54	底层: 梯间　(6.60-0.12)×2+2.46=15.42 库房　(2.70-0.24+3.36)×2+(3.60-0.24+3.36)×2+(3.60-0.24+2.46)×2×2间=48.36 楼层: 走廊　[(26.10-0.24+1.80-0.24)×2-(2.7-0.24)]×2层=104.76 房间　[(3.60-0.24+5.10-0.24)×2×3间+(4.20-0.24+5.10-0.24)×2+ (4.20×2-0.24+5.10-0.24)×2]×2层=186 长度小计:354.54m
103	11-286	混合砂浆楼梯间底面(顶棚面)	m²	32.36	(用水泥砂浆楼梯间楼面工程量) S=29.42m×1.10=32.36m²
104	8-152	塑料扶手楼梯型钢栏杆	m	18.01	确定斜面系数: $\sqrt{\dfrac{150}{300}}$ 26°34'　查表C=1.118

（续）

序号	定额编号	分项工程名称	单位	工程量	计 算 式
104	8-152	塑料扶手楼梯型钢栏杆	m	18.01	(1) 斜长部分： 第一段：2.10m 第二段：0.30m×10 步=3.0m 第三段：0.30m×10 步=3.0m 第四段：0.30m×10 步=3.0m 第五段：0.30m×10 步=3.0m 小计：14.10m×1.118=15.76m (2) 水平段： 2.70m 标高处：0.30m×1 步=0.30m 7.20m 标高处：1.20m+0.06m+0.05m=1.31m 转弯处：(0.05m×2+0.06m)×4 处=0.64m　合计：18.01m
105	8-43	C15混凝土散水（700mm 宽）	m²	27.85	①轴 [(13.80+0.24)+(3.60+0.70)+4.20+2.70+0.12-0.20+0.70] ⑧轴 (6.60+3.60×2+0.12)]×0.70 =39.78×0.70=27.85
106	9-143	沥青砂浆散水伸缩缝	m	43.28	沿墙脚缝：39.78-0.70×2=38.38 ⎫ 分格缝：39.78÷6.0≈7 道 ⎬43.28m 7×0.70=4.9 ⎭
107	13-2	建筑物垂直运输（框架）	m²	366.65	见基数计算表
108	13-1	建筑物垂直运输（混合）	m²	389.96	见基数计算表
109	10-201	现浇水泥珍珠岩屋面找坡	m³	34.52	三层屋面： 平均厚(m)：$\dfrac{6.90}{2}\times2\%\times\dfrac{1}{2}+0.06=0.095$ V：[(26.1-0.24)×(9.60-0.24)+1.80×(3.60-0.24)]×0.095 =(242.05+6.05)×0.095 =248.10×0.095=23.57

（续）

序号	定额编号	分项工程名称	单位	工程量	计 算 式
109	10-201	现浇水泥珍珠岩屋面找坡	m³	34.52	底层屋面： 平均厚₁(m)：$3.60×2%×\frac{1}{2}+0.06=0.096$ 平均厚₂(m)：$(3.60-0.24-1.50)×2%×\frac{1}{2}+0.06=0.079$ 平均厚₃(m)：$(3.60+1.80-1.98+0.12-0.12)×2%×\frac{1}{2}+0.06=0.094$ 平均厚₄(m)：$(3.60+1.80)×2%×\frac{1}{2}+0.06=0.114$ V：$(3.60-0.24)×(3.60-0.12)×0.096+(3.60+1.80-1.98+0.12-0.12)×(3.60×2+4.20)×0.079+3.42×4.2×0.094+(3.60+1.80-0.24)×(4.20+2.70-0.12)×0.114$ $=11.693×0.096+26.676×0.079+14.364×0.094+34.955×0.114$ $=8.57$ Ⓐ轴雨篷： 平均厚(m)：$(1.50-0.24)×2%×\frac{1}{2}+0.06=0.073$ V：$(26.10-0.24)×(1.50-0.24)×0.073=2.38$ 小计：34.52m³
110	8-18	1：3水泥砂浆屋面找平层25mm厚	m²	415.89	排气洞屋面 S：$248.10+11.69+26.68+14.36+34.96+(0.51+1.98+0.51)×(3.6×2+4.2×2+0.24)+$ 雨篷 $25.86×1.26$ $=335.79+3.0×15.84+32.58=415.89$
111	11-75	排气洞墙挑檐口彩色水刷石面（外墙上）	m²	13.25	4.80~5.70的标高(外墙),内墙从屋面至5.70m标高 外：$0.24×0.78×5道=0.94$ 内：$0.24×0.78×0.24×5道=1.58$ 山墙：$(1.50-0.12-0.06)×(1.5-0.06)=3.41$ 挑檐口：$(15.0+0.24)×2×(0.12+0.12)=7.32$ } 13.25m²

（续）

序号	定额编号	分项工程名称	单位	工程量	计算式
112	9-45 9-46	二布三油料油膏屋面防水层	m²	536.90	屋面找平层面积:415.89m² 女儿墙内侧面积:49.56m² 雨篷内侧:49.56m² 排气洞屋面:$15.24 \times (\overline{0.51 \times 2 + 1.98}^{3.0}) = 45.72$ Ⓕ、Ⓩ轴边卷上:$(26.10 - 0.24 + 1.80) \times (0.30 - 0.06) = 6.64$ 排气洞山墙边卷上:$(0.51 + 1.98 + 0.25 + 0.51 - 0.12) \times 2$ 边 $\times (0.54 - 0.06) = 6.26 \times 0.48 = 2.82$ 小计:536.90m²
113	9-66 换	φ110塑料水落管	m	37.20	4.20m×4 根 + 10.20m×2 根 = 37.20m
114	9-70 换	φ110塑料水斗	个	6	
115	11-35	水泥砂浆抹混凝土柱面	m²	47.91	400×500 断面　3 根 $3 \times (0.4 + 0.5) \times 2 \times 4.06 = 21.924$ 400×400 断面　4 根 $4 \times 0.4 \times 4 \times 4.06 = 25.984$ 47.91m²
116	1-46	室内回填土	m³	61.38	净面积:331.77m²(水磨石地面) 回填土厚(m):$\underset{\text{垫层}}{0.30} - \underset{\text{砖垫}}{0.08} - \underset{\text{水磨石面}}{0.035} = 0.185$ $V = 331.77\text{m}^2 \times 0.185\text{m} = 61.38\text{m}^3$
117	1-46	人工地槽、坑回填土	m³	190.16	$V:\underset{\text{槽}}{132.09} + \underset{\text{坑}}{138.48} - \underset{\text{砖基}}{5.86} - \underset{\text{独基}}{24.55} - 19.37 - \underset{\text{柱}}{0.4 \times 0.4 \times 0.70 \times 6 \text{ 根}} - 0.4 \times 0.5 \times 0.70 \times 4 \text{ 根}$ $= 270.57 - 79.96 = 190.61$
118	11-286	混合砂浆抹顶棚面	m²	760.04	底层 $\left\{ \begin{array}{l} \underset{\text{地面面积}}{331.77} \times \underset{\text{有梁板底系数}}{1.10} = 364.95 \\ \text{排气洞屋面顶棚增加:} \\ (0.51 + 0.24) \times 2 \times 15.0 = 22.50 \end{array} \right\} 387.45\text{m}^2$ 卫生间:10.11m² 楼层 $\left\{ \begin{array}{l} \text{走廊}:86.02 \times 1.10 = 94.62 \\ \text{有梁房间}:39.66 \times 2 \text{ 层} \times 1.10 = 87.25 \\ \text{无梁房间}:(48.99 + 19.25) \times 2 \text{ 层} = 136.48 \\ \text{楼梯间}:29.42 \times 1.50 = 44.13 \end{array} \right\} 372.59\text{m}^2$ 760.04m²

（续）

序号	定额编号	分项工程名称	单位	工程量	计算式
119	11-168	瓷砖墙裙 侧面墙圈示意： MC1（1000、800、1800、900、2800） MC2（1000、800、2400、900、2800） C3（1000、800、3000、1800）	m²	184.91	卫生间：$[(1.80-0.24)\times4-0.70]\times1.80\times2(间)-0.10\times0.90\times2(间)+(0.90+$ $0.10\times2)\times0.10\times2$樘$]\times2$层 $=(19.94-0.18+0.22)\times2$层 $=19.98\times2=39.96$ 底层操作间： 左间： $[(13.80-0.12)\times2+3.60\times3+4.20-0.24+0.16\times4+0.26\times2-0.90\times2-0.90]\times1.80+$ $(1.80-0.65)\times0.16\times2-1.80\times0.8+1.80\times2\times0.14^*\times2$樘$+(1.80\times2+1.80)\times0.10$ $=73.04+0.37-1.44+1.01+0.54=73.52$ 右间： $[(13.80-0.12)\times2+4.20\times3-0.24+4.20+0.16\times2-0.9\times2-0.9]\times1.80+$ $[(1.80-0.65)\times0.37\times2]-(0.80\times2.40+3.0\times0.8\times2)+1.80\times2$樘$+$ 0.14×2樘$+(1.80\times2+2.40)\times0.10+(0.80\times2+3.0)\times2$樘$\times0.10$ $=41.54\times1.80+0.85-6.72+(1.01+0.60+0.92)=71.43\text{m}^2$ 小计：$39.96\text{m}^2+73.52\text{m}^2+71.43\text{m}^2=184.91\text{m}^2$
120	11-30	水泥砂浆抹女儿墙压顶	m²	42.34	长度$=69.60\text{m}+33.66\text{m}=103.26\text{m}$ S：$(0.06+0.05+0.30)\times103.26$ $=0.41\times103.26$ $=42.34$
121	11-36	水泥砂浆抹女儿墙内侧	m²	49.56	长度：103.26m S：$103.26\times(0.54-0.06)=49.56$
122	11-30	水泥砂浆抹雨篷边内侧	m²	16.27	S：$(26.10-0.24+1.50-0.24)\times2\times0.30=16.27$

（续）

序号	定额编号	分项工程名称	单位	工程量	计 算 式
123	11-36	排气洞洞墙混合砂浆抹面	m²	53.47	标高 4.02m 以上（不扣除女儿墙头所占面积） 横隔墙:$(0.51+1.98)\times1.50\times8$ 面 $=29.88$ 内纵墙:$(15.0-0.24\times4)\times(0.60+0.12)=10.11$ 外纵墙:$(15.0-0.24\times4)\times(0.24+0.60+0.12)=13.48$ $\Big\}=53.47\mathrm{m}^2$
124	11-36	混合砂浆抹走道栏板墙内侧	m²	49.55	$(26.10-3.60-0.24+1.80-0.24)\times1.04\times2$ 层 $=49.55$
125	11-627	墙面、顶棚、楼梯底面刷仿瓷涂料两遍	m²	1954.88	墙面:1109.01 顶棚面:760.04 楼梯底面:32.36 排气洞墙面:53.47 $\Big\}1954.88\mathrm{m}^2$
126	11-30	1:2 水泥砂浆抹楼梯挡水线（50mm 宽）	m²	1.13	梯踏步:$47\times(0.30+0.15)=21.15$ 水平:$1.20+0.06=1.26$ 转弯:0.06×4 处 $=0.24$ $\Big\}22.65\mathrm{m}$ $S=22.65\mathrm{m}\times0.05\mathrm{m}=1.13\mathrm{m}^2$
127	8-13	卫生间炉渣垫层	m³	1.52	$(1.80-0.18)\times(1.80-0.24)\times0.15\times4$ 间 $=1.62\times1.56\times4\times0.15$ $=10.11\times0.15=1.52$
128	1-49 1-50×2	人工运土 50m	m³	18.58	$V=$挖$-$填 　　槽　　　　坑 $132.09+138.48-190.61-61.38=18.58$
129	11-36	混合砂浆抹内墙面	m²	1109.01	1. 底层 （1）库房 $[(3.60-0.24)\times4\times2$ 间 $+(3.60-0.24+2.70-0.24)\times2\times2$ 间$]\times(4.20-0.12)-\overset{\text{M1}}{1.8\times1.8}\times$ $4-0.9\times2.7\times4\quad^{\text{C1}}$ $=(26.88+23.28)\times4.08-12.96-9.72=181.97$

（续）

序号	定额编号	分项工程名称	单位	工程量	计 算 式
129	11-36	混合砂浆抹内墙面	m²	1109.01	(2) 左操作间 $[2 \times (13.80 - 0.12) + 3.60 \times 3 + 4.20 - 0.24 + 0.08 + 0.13 + 0.16 \times 2]^{\text{柱侧}} \times (4.20 - 0.12 - 1.80) - (2.7 - 1.8)^{\text{M1}} \times 0.9 \times 2 - (2.8 - 1.8)^{\text{MC1}} \times 2.7 - (1.8 - 0.8)^{\text{C2}} \times 2.40$ $= (27.36 + 15.29) \times 2.28 - 1.62 - 2.7 - 2.40 = 90.52$ (3) 右操作间 $[2 \times (13.80 - 0.12) + 4.20 \times 3 - 0.24 + 4.20 + 0.16 \times 2]^{\text{柱侧}} \times (4.20 - 0.12 - 1.80) - (2.7 - 1.8)^{\text{M1}} \times$ $0.9 \times 2 - (2.8 - 0.8)^{\text{MC2}} \times 3.3 - (1.80 - 0.8)^{\text{C3}} \times 3.0$ $= (27.36 + 16.88) \times 2.28 - 1.62 - 6.6 - 3.0 = 89.65$ 2. 楼层 (1) 卫生间 $[(1.8 \times 2 + 1.8 - 0.24) \times 4 \times (3.0 - 0.08 - 1.80) - (0.9 - 0.1) \times 0.9 - (2.0 - 1.8)^{\text{M3}} \times 0.70] \times 4$ 间 $= 6.13 \times 4 = 24.52$ (2) 走廊墙 $[(1.8 \times 2 + 1.8 - 0.24 + 26.1 - 2.7 - 0.24) \times 2.88 - (0.7 \times 2 \times 0.9 \times 2.0 \times 6)^{\text{M3}}] \times 2$ 层 $= 67.96 \times 2 = 135.92$ (3) 房间 $\{[(3.60 - 0.24 + 5.10 - 0.24) \times 2 \times (3.0 - 0.12) - 0.9 \times 2.0 - 1.8 \times 1.8]^{\text{C1}} \times 3$ 间 + (5.10 - $0.24 + 4.2 - 0.24) \times 2 \times 2.88 - 0.9 \times 2.0 - 2.4 \times 1.80^{\text{M2}} + (4.2 \times 2 - 0.24 + 5.1 - 0.24 + 0.25 \times 2) \times 2 \times 2.88 - 0.9 \times 2 \times 2 - 2.4 \times 1.8 \times 2^{\text{C4}}\} \times 2$ 层 $= (126.92 + 44.68 + 77.88 - 3.60 - 8.64) \times 2 = 474.48$ 3. 梯间 (1) 底层 $[(6.60 - 0.24) \times 2 \times 2.46] \times 2.55 + (1.5 - 0.12)^{\text{补缺}} \times 4.08 \times 2 + 2.46 \times (4.20 - 2.70 - 0.12)$ $= 3.87 + 11.26 + 3.39 = 18.52$ (2) 楼层 $(10.2 - 0.12 - 2.70) \times (5.1 \times 2 + 2.46)$ $= 7.38 \times 12.66 = 93.43$ 小计：1109.01 m²

（续）

序号	定额编号	分项工程名称	单位	工程量	计 算 式
130	11-72	彩色水刷石外墙面	m²	107.55	⑧ ~ ①立面 $(26.10 + 0.24) \times (4.80 + 0.30) - (2.7 \times 2.8 - 1.8 \times 1.0) \overset{MC1}{} - (3.30 \times 2.8 - 2.4 \times 1.0) \overset{MC2}{} - 2.4 \times$ $1.8 - 3.0 \times 1.8 \times 2 + (5.70 - 0.12 - 4.80) \overset{排气洞隔墙厚}{} \times 0.24 \times 5 (道) = 107.55$
131	11-175	外墙面贴面砖	m²	467.16	⑧ ~ ①立面 $(1.80 \times 2 + 0.24) \times (10.80 - 4.20 - 0.60) \overset{C5}{} - 0.9 \times 0.9 \times 4 + 22.5 \overset{墙口、栏板}{} \times (1.10 + 0.40 + 0.60 + 0.40 +$ $0.68 + 0.06) = 23.04 - 3.24 + 72.9 = 92.70$ ① ~ ⑧立面 (含④轴立面) $(26.10 + 0.24) \times (10.80 - 3.80) \overset{C1}{} - 1.8 \times 1.8 \times 6 - 2.4 \times 1.8 \times 6 \overset{C4}{} - (1.20)^2 \overset{C6}{} \times 0.7854 \times 2 +$ $\overset{①⑤⑦⑧墙厚部分}{} 3.80 \times 0.24 \times 4 = 140.41$ ④ ~ ⑤立面 $(13.80 + 0.24) \times (4.80 + 0.30) \overset{C1}{} - 1.80 \times 1.80 \times 2 + (5.1 + 0.24) \times (10.80 - 4.80) + 1.80 \times$ $[(5.30 - 4.80) + (8.30 - 6.80) + (10.80 - 9.80)] + (1.80 + 0.24) \overset{②轴立面}{} \times (10.8 - 4.20 - 0.36)$ $= 71.60 - 6.48 + 32.04 + 5.40 + 12.73 = 115.29$ ⑤ ~ ④立面 $(13.80 + 0.24) \times (4.80 + 0.30) \overset{C1}{} - 1.80 \times 1.80 \times 2 + (5.10 + 1.80 \times 2 + 0.24) \times (10.80 - 4.8)$ $= 71.60 - 6.48 + 53.64 = 118.76$ 小计：467.16m²

4.4.4 食堂建筑施工钢筋工程工程量计算

食堂建筑施工钢筋混凝土构件钢筋计算见表 4-50。

表4-50　钢筋混凝土构件钢筋计算表

单位工程名称 ××食堂

序号	构件名称	图号	件数—代号	形状尺寸/mm	直径	根数	长度/m		分规格					总重/kg
							每根	共长	直径	长度	共长	单件重	合计重	
1	现浇钢筋混凝土地圈梁			103650（(155)/207/217）	φ12	4	103.65	414.60	φ12	414.60	414.60	368.16×1.064*	391.72	597.44
					φ6.5	518	1.00	518	φ6.5	518	518	134.68	134.68	
				400/650/400 直角:5处 T形:10处	φ12	50	1.60	80	φ12	80	80	71.04	71.04	
2	现浇钢筋混凝土底层圈梁		XQL-1	79800（(155)/207/87）	φ12	4	79.80	319.20	φ12	319.20	319.20	283.45×1.064*	301.59	398.31
					φ6.5	355	0.74	262.7	φ6.5	262.7	262.7	68.30	68.30	
				400/650/400 直角:2处 T形:4处	φ12	20	1.60	32.00	φ12	32.00	32.00	28.42	28.42	
3	现浇钢筋混凝土二层圈梁		XQL-1（已扣除 XL-13 长度）	043（(155)/207/87）	φ12	4	80.43	321.72	φ12	321.72	321.72	285.69×1.064*	303.97	398.30
					φ6.5	402	0.74	297.48	φ6.5	297.48	297.48	77.34	77.34	
				400/650/400 直角:5处 T形:9处	φ12	46	1.60	73.60	φ12	73.60	73.60	65.36	16.99	
4	现浇钢筋混凝土三层圈梁		XQL-1（已扣除 XL-13 长度）	83180（(155)/207/87）	φ12	4	83.18	332.72	φ12	332.72	332.72	295.46×1.064*	314.36	415.20
					φ6.5	416	0.74	307.84	φ6.5	307.84	307.84	80.04	80.04	
				400/650/400 直角:6处 T形:10处	φ12	50	1.60	80.00	φ12	80.00	80.00	20.80	20.80	

（续）

序号	构件名称	图号	件数—代号	形状尺寸/mm	直径	根数	长度/m 每根	共长	直径	分 规 格 长度	单件重	合计重	总重/kg
5	现浇钢筋混凝土独立基础		4-J1	2330 / 1930	φ12	14	2.48	34.72	φ12	70.08	62.23	248.92	691.42
					φ12	17	2.08	35.36					
			2-J2	2530 / 1930	φ12	17	2.68	45.56	φ12	83.00	73.70	147.40	
					φ12	18	2.08	37.44					
			2-J3	3330 / 2330	φ12	21	3.48	73.08	φ12	132.60	117.75	235.50	
					φ12	24	2.48	59.52					
			2-J4	1730 / 1130	φ12	9	1.88	16.92	φ12	33.56	29.80	59.60	
					φ12	13	1.28	16.64					
6	现浇钢筋混凝土地梁		XDL-1	Ⓑ轴 26290；(155) 257/207 ⑧	Φ16	6	26.29	157.74	φ16	277.68	438.73× 1.085*	476.02	540.10
					φ6.5	131	1.08	141.48	φ6.5	249.48	64.08	64.08	
				Ⓒ轴 19990；(155) 257/207 ⑦	Φ16	6	19.99	119.94					
					φ6.5	100	1.08	108.0					
7	现浇钢筋混凝土梁		2-XL1	(155) 557/197 ⑥；275⌐3790⌐275	φ12	2	2.95	5.90	φ12	5.90	5.24	10.48	79.52
					φ6.5	25	1.46	36.50	φ6.5	36.50	9.49	18.98	
					Φ22	3	2.80	8.40	φ22	8.40	25.03	50.06	
8	现浇钢筋混凝土梁		2-XL2	(155) 557/197 ②；275⌐3790⌐275；225⌐2350⌐225；275⌐3790⌐275	φ12	3	4.49	13.47	φ12	13.47	11.96	23.92	135.18
					φ6.5	39	1.66	64.74	φ6.5	64.74	16.83	33.66	
					Φ22	3	4.34	13.02	φ22	13.02	38.80	77.60	

（续）

序号	构件名称	图号	件数—代号	形状尺寸/mm	直径	根数	长度/m 每根	长度/m 共长	分规格 直径	分规格 长度	分规格 单件重	分规格 合计重	总重/kg
8	现浇钢筋混凝土梁		2-XL3	④ 1990 / 200；⑤ 217/87 (155)	Φ18	2	2.62	5.24	φ18	10.48	20.96	41.92	50.22
					φ6.5	21	0.76	15.96	φ6.5	15.96	4.15	8.30	
			3-XL4	⑩ 22740 / 275；⑪ 357/207 (155)	Φ12	4	22.89	91.56	φ12	91.56	81.31	243.93	396.69
					φ6.5	153	1.28	195.84	φ6.5	195.84	50.92	152.76	
			XL5	⑫ 20040 / 275；② 257/197 (155)	Φ16	6	20.24	121.44	φ16	121.44	191.88	191.88	219.72
					φ6.5	101	1.06	107.06	φ6.5	107.06	27.84	27.84	
			XL6	⑪ 26290 / 275；457/197 (155)	Φ22	6	26.84	161.04	φ22	161.04	479.90	479.90	546.71
					φ6.5	176	1.46	256.96	φ6.5	256.96	66.81	66.81	
			XL7	③ 21510 / 275；② 457/197 (155)	Φ22	6	22.06	132.36	φ22	132.36	394.43	394.43	449.47
					φ6.5	145	1.46	211.70	φ6.5	211.70	55.04	55.04	
			XL8	26290；357/207 (155)	Φ12	4	26.49	105.96	φ12	105.96	94.09	94.09	138.35
					φ6.5	133	1.28	170.24	φ6.5	170.24	44.26	44.26	
			2-XL9	225 2890 225；407/197 (155)	Φ16	2	3.54	7.08	φ16	7.08	11.19	22.38	83.18
					φ6.5	31	1.36	42.16	φ6.5	42.16	10.96	21.92	
			2-XL10	175 2890 175；225 3460 225；457/207 (155)	Φ18	3	3.24	9.72	φ18	9.72	19.44	38.88	260.60
					Φ16	2	3.89	7.78	φ16	7.78	12.29	24.58	
					φ6.5	37	1.48	54.76	φ22	31.26	93.15	186.30	

（续）

序号	构件名称	图号	件数—代号	形状尺寸/mm	直径	根数	长度/m 每根	长度/m 共长	分规格 直径	分规格 长度	分规格 单件重	分规格 合计重	总重/kg
8	现浇钢筋混凝土梁		2-XL10	225 5290 300	Φ22	3	5.82	17.46	φ12	4.84	4.30	8.60	260.60
				4295 300	Φ22	3	4.60	13.80	φ6.5	79.08	20.56	41.12	
				357 (155) 207	φ6.5	19	1.28	24.32					
				2265	φ12	2	2.42	4.84					
			XL11	175 3020 175	Φ20	3	3.37	10.11	φ20	10.11	24.97	24.97	66.95
				407 (155) 197	φ6.5	31	1.36	42.16	φ6.5	42.16	10.96	10.96	
			XL12	225 3020 225	Φ22	3	3.47	10.41	φ22	10.41	31.02	31.02	66.57
				175 4690 175	φ12	2	5.04	10.08	φ12	10.08	8.95	8.95	
				407 (155) 197	φ6.5	33	1.36	44.88	φ6.5	44.88	11.67	11.67	
			10-XL13	225 4690 225	Φ22	3	5.14	15.42	φ22	15.42	45.95	45.95	669.30
				357 (155) 197	φ6.5	36	1.26	45.36	φ6.5	45.36	11.79	117.90	
				4870 300	Φ22	3	5.17	15.51	φ22	15.51	46.22	462.20	
				4870	φ12	2	5.02	10.04	φ12	10.04	8.92	89.20	
			XL13 上插筋 XL10 上插筋	1460	φ10	4	1.59	6.36	φ10	6.36	3.92	47.04	47.04
9	排气洞挑梁		5 根	1450 1450	φ12	3	1.60	4.80	φ12	4.80	4.26	21.30	37.35
				77 (155) 197	φ8	2	1.53	3.06	φ8	3.06	1.21	6.05	
					φ6.5	11	0.70	7.70	φ6.5	7.70	2.00	10.00	

（续）

序号	构件名称	图号	件数—代号	形状尺寸/mm	直径	根数	长度/m 每根	长度/m 共长	分规格 直径	分规格 长度	分规格 单件重	分规格 合计重	总重/kg
10	现浇钢筋混凝土有梁板		2-XB1	3810/2010/60	φ6.5	15	3.93	58.95	φ6.5	231.24	60.12	120.24	120.24
				3810	φ6.5	27	2.13	57.51					
					φ6.5	27	2.09	56.43					
					φ6.5	15	3.89	58.35					
11	现浇钢筋混凝土构造柱	标高:（9根）-0.90~4.20 标高:（11根）4.20~10.08	XTB1	5100 (155) 210/210 200	φ12	4	5.30	21.20	φ12	21.20	18.83×1.064*	180.32	584.97
				5880 (155) 210/210 200	φ6.5	27	1.00	27.00	φ6.5	27.00	7.02	63.18	
					φ12	4	6.08	24.32	φ12	24.32	21.60×1.064*	252.81	
				2900 (155) 317/167	φ6.5	31	1.00	31.00	φ6.5	31.00	8.06	88.66	
				2900 930/80/80	φ12	9	3.05	27.45	φ16	8.7	13.75	13.75	84.81
				1050/80 2655	φ6.5	32	1.12	35.84	φ12	27.45	24.38	24.38	
					Φ16	3	2.90	8.7	φ10	45.81	28.26	28.26	
				1170	φ10	9	1.09	9.81	φ6.5	70.84	18.42	18.42	
					φ10	9	1.21	10.89					
					φ10	9	2.79	25.11					
12	现浇钢筋混凝土整体楼梯	XTB2 ⑨号筋 已包括 XTB3		1170 1020/1410/120 400/4010 1290 1240/120 2670	φ6.5	28	1.25	35.00	φ6.5	78.50	20.41	20.41	120.31
					φ6.5	32	1.25	40	φ12	112.50	99.90	99.90	
					φ12	11	2.75	30.25					
					φ12	14	1.44	20.16					
					φ12	11	4.56	50.16					
					φ12	11	1.48	16.25					
					φ6.5	14	2.75	38.50					

（续）

序号	构件名称	图号	件数—代号	形状尺寸/mm	直径	根数	每根	共长	直径	长度	单件重	合计重	总重/kg
			XTB3 ①号筋 已包括 XTB4	1170 / 1605 3680 400	φ6.5	28	1.25	71.25	φ6.5	100.20	26.06	26.06	166.28
				1770 500 120	φ12	13	2.54	33.02	φ12	157.91	140.22	140.22	
				1720 590 120 120	φ12	13	5.88	76.44					
				870	φ12	13	2.55	33.15					
				2670	φ12	15	1.02	15.30					
				1320	φ6.5	9	2.75	24.75					
				1170 / 2890	φ6.5	3	1.40	4.20					
12	现浇钢筋混凝土整体楼梯		XTB4 ①号筋已算	2890	φ6.5	24	1.25	30	φ6.5	50.48	13.12	13.12	117.06
				2875 995	φ12	3	3.04	9.12	φ12	92.94	82.53	82.53	
				407 (155) 157	Φ20	3	2.89	8.67	φ20	8.67	21.41	21.41	
				1236 120 500 120	φ6.5	16	1.28	20.48					
				1270 120	φ12	11	1.63	17.93					
					φ12	11	4.02	44.22					
					φ12	11	1.97	21.67					
			XTB5	1170 / 1204 120 120	φ6.5	35	1.25	43.75	φ6.5	62.31	16.20	16.20	146.43
				3534 400 / 1380 695 120 120	φ12	11	1.52	16.72	φ10	30.80	19.00	19.00	
				2670 / 980	φ12	11	4.08	44.88	φ12	125.26	111.23	111.23	
					φ12	11	2.39	26.29					
					φ10	11	2.80	30.80					
					φ12	25	1.13	28.25					

（续）

序号	构件名称	图号	件数—代号	形状尺寸/mm	直径	根数	每根	共长	分规格 直径	长度	单件重	合计重	总重/kg
12	现浇钢筋混凝土整体楼梯		XTB5	2890	φ12	3	3.04	9.12					146.43
				307／197（155）	φ6.5	16	1.16	18.56					
13	现浇钢筋混凝土框架		2-KJ1	5035／100	φ16	16	5.14	82.24	φ6.5	195.72	50.89	101.78	92.54
				252／252（155）	φ6.5	42	1.58	66.36	φ8	148.82	58.78	117.56	
				290／290（190）	φ6.5	42	1.16	48.72	φ14	3.32	4.02	8.04	
				570 5500 470／500 500 770 770 3450／250	φ8	42	1.82	76.44	φ18	19.61	39.22	78.44	
				207／207（155）	φ8	42	1.35	56.7	φ20	6.86	16.94	33.88	
				3175／6800 1825 1225 1225 250	Φ25	2	6.54	13.08	φ25	25.06	96.48	192.96	
				1660	Φ25	2	5.99	11.98	φ16	82.24	129.94	259.88	
					φ6.5	48	1.68	80.64					
				258 208（190）／1225	Φ18	2	8.28	16.56					
					Φ20	2	3.43	6.86					
					Φ18	1	3.05	3.05					
					φ14	2	1.66	3.32					
					φ8	14	1.12	15.68					
			KJ2	5035／100	Φ16	24	5.14	123.36	φ6.5	426.72	110.95		634.23
				252／252（150）	φ6.5	84	1.58	132.72	φ8	148.82	58.78		
				357（155）	φ6.5	84	1.16	97.44	φ14	3.32	4.02		
				358／458（190）	φ8	42	1.82	76.44	φ16	126.56	199.96		

（续）

序号	构件名称	图号	件数—代号	形状尺寸/mm	直径	根数	每根	共长/m	分规格 直径	分规格 长度	分规格 单件重	合计重	总重/kg
13	现浇钢筋混凝土框架		KJ3	(190) 290 290 320 5675	φ8	42	1.35	56.70	φ22	16.46	49.05		634.24
				360 360 770 770 3450 13950 250	Φ18	2	6.00	12.0	φ14	3.32	4.02		
				2875 250 8025 507	Φ18	1	5.71	5.71	φ25	25.49	98.14		
				500 500 770 770 5750 3400	Φ20	2	15.48	30.96	φ16	123.36	194.91		
				1975 1275	Φ22	2	3.13	6.26					
				1660	Φ25	2	8.60	17.20					
					Φ25	1	8.29	8.29					
				(155) 557 207	Φ22	3	3.40	10.20					
				(190) 258 208	Φ18	1	3.25	3.25					
					φ6.5	117	1.68	196.56					
					Φ14	2	1.66	3.32					
					φ8	14	1.12	15.68					
14	框架在柱基中钢筋		4-J1	1370 100	Φ16	8	1.47	11.76	φ16	11.76	18.58	185.80	250.82
			2-J2	(155) 357 357	φ6.5	7	1.58	11.06	φ8	22.19	8.77	35.08	
			2-J3	(155) 252 252 252	φ6.5	7	1.16	8.12	φ6.5	19.18	4.99	29.94	
			2-J4	(190) 358 458	φ8	7	1.82	12.74					
				(190) 290 290	φ8	7	1.35	9.45					

（续）

序号	构件名称	图号	件数—代号	形状尺寸/mm	直径	根数	长度/m 每根	长度/m 共长	分规格 直径	分规格 长度	分规格 单件重	分规格 合计重	总重/kg
15	现浇混凝土走廊扶手		二层楼	24060（15⌐170⌐15）	φ8	2	24.06	48.12	φ8	48.12	19.01	38.02	40.44
					φ4	122	0.20	24.40	φ4	24.40	2.42	2.42	
16	现浇混凝土女儿墙压顶			103200（170）	φ4	3	103.20	309.60	φ4	397.32	39.33	39.33	39.33
					φ4	516	0.17	87.72					
17	现浇钢筋混凝土平板		1-XB1	3810 60/60；2010 60	φ6.5	15	3.93	58.95	φ6.5	231.24	60.12	60.12	60.12
					φ6.5	27	2.13	57.51					
					φ6.5	27	2.09	56.43					
					φ6.5	15	3.89	58.35					
18	现浇钢筋混凝土过梁		10-XGL4181	2280；197 137(155)	Φ14	2	2.28	4.56	φ6.5	16.20	4.21	42.10	97.30
					φ6.5	14	0.82	11.48	φ14	4.56	5.52	55.20	
					φ6.5	2	2.36	4.72					
			4-XGL4103	1480；1480	Φ14	2	1.66	3.32	φ4	6.30	0.62	2.48	13.76
					φ6.5	2	1.56	3.12	φ6.5	3.12	0.81	3.24	
					φ4	10	0.63	6.30	φ14	3.32	4.02	8.04	
			12-XGL410	1480；(95) 194 74	Φ12	2	1.63	3.26	φ4	6.30	0.62	7.44	51.84
					φ6.5	2	1.56	3.12	φ6.5	3.12	0.81	9.72	
					φ4	10	0.63	6.30	φ12	3.26	2.89	34.68	
19	现浇钢筋混凝土过梁		6-XGL4241	2880；2880	φ6.5	2	3.08	6.16	φ6.5	15.98	4.15	24.90	97.38
					φ8	2	2.98	5.96	φ8	5.96	2.35	14.10	

（续）

序号	图号 构件名称	件数—代号	形状尺寸/mm	直径	根数	长度/m 每根	长度/m 共长	分规格 直径	分规格 长度	分规格 单件重	分规格 合计重	总重/kg
19	现浇钢筋混凝土过梁	6-XGL4241	197(155)/197	φ6.5	17	0.94	15.98	φ16	6.16	9.73	58.38	97.38
	现浇构件钢筋小计											10339.72
1	预制钢筋混凝土梁垫	4-LD	340 / 460	φ10	12	0.47	5.64	φ10	11.54	7.12	28.48	28.48
				φ10	10	0.59	5.90					
2	预制钢筋混凝土槽形板	WJB36A1	120/3540/120, 120/850/120, 320/1400/120, 320/850/320, 850, 320	Φ18	2	3.77	7.54	φ4	47.42	4.69	4.69	21.77
				φ4	2	3.59	7.18	φ10	3.24	2.00	2.00	
				φ4	8	1.89	15.12	φ18	7.54	15.08	15.08	
				φ4	16	1.14	18.24					
				φ10	2	1.62	3.24					
				φ4	6	0.90	5.40					
3	预制架空隔热板	474 块	575, 320	φ4	4	0.37	1.48	φ4	4.64	0.46	100.16	100.16
				φ4	8	0.58	4.64					
4	预制构件钢筋小计											150.41
5	预应力空心板		按标准图计算,见工程量计算式					ϕ_h4				2831.62
	先张法预应力构件钢筋小计											2831.62

注：带"*"号为钢筋接头系数。

第5章 建筑安装工程费用计算与实例

5.1 建筑安装工程直接费用与用料分析

5.1.1 直接费用的组成

建筑安装工程费用也称建筑安装工程造价，是对直接费、间接费、利润、税金等四部分的总称，如图 5-1 所示，其中直接费与间接费之和称为工程预算成本。

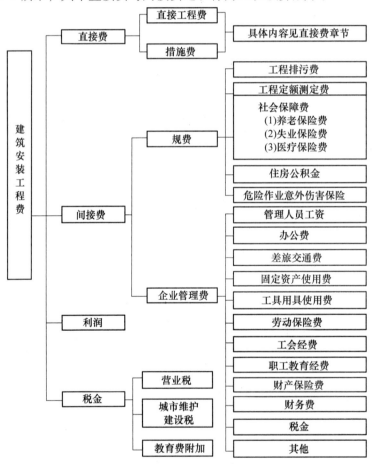

图 5-1 建筑安装工程费用构成示意图

直接费用由直接工程费用和措施费用构成。

1. 直接工程费用

直接工程费用是指施工过程中耗费的构成工程实体的各项费用，包括人工费、材料费、施工机械使用费，其中：

（1）人工费　人工费是指直接从事建筑安装工程施工的生产工人所开支的各项费用。包括：

1）基本工资。基本工资是指发放给生产工人的基本工资。

2）工资性补贴。工资性补贴是指按规定发放给生产工人的物价补贴，煤、燃气补贴，交通补贴，住房补贴，流动施工津贴等。

3）生产工人辅助工资。生产工人辅助工资是指生产工人年有效施工天数以外非作业天数的工资，包括职工学习、培训期间的工资，调动工作、探亲、休假期间的工资，因气候影响的停工工资，女工哺乳时间的工资，病假在 6 个月以内的工资及婚、产、丧假期的工资。

4）职工福利费。职工福利费是指按规定标准计提的职工福利费。

5）生产工人劳动保护费。生产工人劳动保护费是指按规定标准发放的劳动保护用品的购置费及修理费，徒工服装补贴，防暑降温费，在有碍身体健康环境中施工的保健费等。

6）社会保障费。社会保障费是指包含在工资内，由工人交的养老保险费、失业保险费等。

（2）材料费　材料费是指施工过程中耗用的构成工程实体、形成工程装饰效果的原材料、辅助材料、构配件、零件、半成品、成品的费用和周转材料的摊销（或租赁）费用。

（3）施工机械使用费　施工机械使用费是指使用施工机械作业所发生的机械费用以及机械安、拆和进出场费等。

2. 措施费

措施费是指为完成工程项目施工，发生于该工程施工前和施工过程中非工程实体项目的费用，包括：

（1）环境保护费　环境保护费是指施工现场为达到环保部门要求所需要的各项费用。

（2）文明施工费　文明施工费是指施工现场文明施工所需要的各项费用。

（3）安全施工费　安全施工费是指施工现场安全施工所需要的各项费用。

（4）临时设施费　临时设施费是指施工企业为进行建筑工程施工所必须搭设的生活和生产用的临时建筑物、构筑物和其他临时设施费用等。临时设施包括临时宿舍、文化福利及公用事业房屋与构筑物，仓库、办公室、加工厂以及规定范围内道路、水、电、管线等临时设施和小型临时设施。

临时设施费用包括临时设施的搭设、维修、拆除费或摊销费。

（5）夜间施工费　夜间施工费是指因夜间施工所发生的夜班补助费、夜间施工降效、夜间施工照明设备摊销及照明用电等费用。

（6）二次搬运费　二次搬运费是指因施工场地狭小等特殊情况而发生的二次搬运费用。

（7）大型机械设备进出场及安拆费　大型机械设备进出场及安拆费是指机械整体或分体自停放场地运至施工现场或由一个施工地点运至另一个施工地点，所发生的机械进出场运输、转移费用及机械在施工现场进行安装、拆卸所需的人工费、材料费、机械费、试运转费和安装所需的辅助设施的费用。

（8）混凝土、钢筋混凝土模板及支架费　混凝土、钢筋混凝土模板及支架费是指混凝土施工过程中需要的各种钢模板、木模板、支架等的支、拆、运输费用及模板、支架的摊销

（或租赁）费用。

（9）脚手架费　脚手架费是指施工需要的各种脚手架搭、拆、运输费用及脚手架的摊销（或租赁）费用。

（10）已完工程及设备保护费　已完工程及设备保护费是指竣工验收前，对已完工程及设备进行保护所需费用。

（11）施工排水、降水费　施工排水、降水费是指为确保工程在正常条件下施工，采取各种排水、降水措施所发生的各种费用。

直接费划分见表5-1。

表5-1　直接费划分

			基本工资
直接费	直接工程费	人工费	工资性补贴
			生产工人辅助工资
			职工福利费
			生产工人劳动保护费
			社会保障费
		材料费	材料原价
			材料运杂费
			运输损耗费
			采购及保管费
			检验试验费
		施工机械使用费	折旧费
			大修理费
			经常修理费
			安拆费及场外运输费
			人工费
			燃料动力费
			养路费及车船使用税
	措施费	环境保护费	
		文明施工费	
		安全施工费	
		临时设施费	
		夜间施工费	
		二次搬运费	
		大型机械设备进出场及安拆费	
		混凝土、钢筋混凝土模板及支架费	
		脚手架费	
		已完工程及设备保护费	
		施工排水、降水费	

5.1.2　直接费计算及工料计算

当一个单位工程的工程量计算完毕后，就要套用预算定额基价进行直接费的计算。本节只介绍直接工程费的计算方法，措施费的计算方法详见后续建筑工程费用章节。

计算直接工程费常采用两种方法，即单位估价法和实物金额法。

1. 用单位估价法计算直接工程费

预算定额项目的基价构成，一般有两种形式：

一是基价中包含了全部人工费、材料费和机械使用费，这种方式称为完全定额基价，建筑工程预算定额常采用此种形式。

二是基价中包含了全部人工费、辅助材料费和机械使用费，不包括主要材料费，这种方式称为不完全定额基价。安装工程预算定额和装饰工程预算定额常采用此种形式。凡是采用完全定额基价的预算定额计算直接工程费的方法称为单位估价法，计算出的直接工程费也称为定额直接费。

（1）单位估价法计算直接工程费的公式

　　　　单位工程定额直接工程费 = 定额人工费 + 定额材料费 + 定额机械费

其中：定额人工费 = ∑（分项工程量 × 定额人工费单价）

　　　　定额机械费 = ∑（分项工程量 × 定额机械费单价）

　　　　定额材料费 = ∑［（分项工程量 × 定额基价）- 定额人工费 - 定额机械费］

（2）单位估价法计算定额直接工程费的方法与步骤

1）先根据施工图和预算定额计算分项工程量。

2）根据分项工程量的内容套用相对应的定额基价（包括人工费单价、机械费单价）。

3）根据分项工程量和定额基价计算出分项工程定额直接工程费、定额人工费和定额机械费。

4）将各分项工程的各项费用汇总成单位工程定额直接工程费、单位工程定额人工费、单位工程定额机械费。

（3）单位估价法实例　　某工程有关工程量如下：C15 混凝土地面垫层 48.56m³，M5 水泥砂浆砌砖基础 76.21m³。根据这些工程量数据和预算定额，用单位估价法计算定额直接工程费、定额人工费、定额机械费，并进行工料分析。

1）计算定额直接工程费、定额人工费、定额机械费。见表 5-2。

表 5-2　直接工程费计算表（单位估价法）

定额编号	项目名称	单位	工程数量	单价				总价			
				基价	其中			合价	其中		
					人工费	材料费	机械费		人工费	材料费	机械费
1	2	3	4	5	6	7	8	9=4×5	10=4×6	11	12=4×8
	一、砌筑工程										
定-1	M5 水泥砂浆砌砖基础	m³	76.21	127.73	31.08		0.76	9734.30	2368.61		57.92
	……										

（续）

定额编号	项目名称	单位	工程数量	单价				总价			
				基价	其中			合价	其中		
					人工费	材料费	机械费		人工费	材料费	机械费
	分部小计							9734.30	2368.61		57.92
	二、脚手架工程										
	......										
	分部小计										
	三、楼地面工程										
定-3	C15 混凝土地面垫层	m³	48.56	195.42	53.90		3.10	9489.60	2617.38		150.54
	......										
	分部小计								9489.60	2617.38		150.54
	合　计							19223.90	4985.99		208.46

2）人工、材料分析，见表5-3。

表5-3　人工、材料分析表

定额编号	项目名称	单位	工程量	人工/工日	主要材料			
					标准砖（块）	M5 水泥砂浆/m³	水/m³	C15 混凝土/m³
	一、砌筑工程							
定-1	M5 水泥砂浆砌砖基础	m³	76.21	$\dfrac{1.243}{94.73}$	$\dfrac{523}{39858}$	$\dfrac{0.236}{17.986}$	$\dfrac{0.231}{17.60}$	
	分部小计			94.73	39.858	17.986	17.60	
	二、楼地面工程							
定-3	C15 混凝土地面垫层	m³	48.56	$\dfrac{2.156}{104.70}$			$\dfrac{1.538}{74.69}$	$\dfrac{1.01}{49.046}$
	分部小计			104.70			74.69	49.046
	合　计			199.43	39.858	17.986	92.29	49.046

注：主要材料栏的分数中，分子表示定额用量，分母表示工程量乘以定额用量的结果。

2. 用实物金额法计算直接工程费

（1）实物金额法计算直接工程费的方法与步骤　凡是用分项工程量分别乘以预算定额子目中的实物消耗量（即人工工日、材料数量、机械台班数量）求出分项工程的人工、材料、机械台班消耗量，然后汇总成单位工程实物消耗量，再分别乘以工日单价、材料预算价格、机械台班预算价格求出单位工程人工费、材料费、机械使用费，最后汇总成单位工程直接工程费的方法,称为实物金额法。

(2)实物金额法的数学模型

单位工程直接工程费 = 人工费 + 材料费 + 机械费

其中:人工费 = $\sum$(分项工程量×定额用工量)×工日单价

材料费 = $\sum$(分项工程量×定额材料用量×材料预算价格)

机械费 = $\sum$(分项工程量×定额台班用量×机械台班预算价格)

(3)实物金额法计算直接工程费实例 某工程有关工程量为:M5 水泥砂浆砌砖基础 76.21m³;C15 混凝土地面垫层 48.56m³。根据上述数据和表 5-4 中的预算定额分析工料机消耗量,再根据表 5-5 中的单价计算直接工程费。

表 5-4 建筑工程预算定额(摘录)

定 额 编 号			S-1	S-2
定 额 单 位			10m³	10m³
项 目		单 位	M5 水泥砂浆砌砖基础	C15 混凝土地面垫层
人工	基本工	工日	10.32	13.46
	其他工	工日	2.11	8.10
	合 计	工日	12.43	21.56
材料	标准砖	千块	5.23	
	M5 水泥砂浆	m³	2.36	
	C15 混凝土(0.5~4)	m³		10.10
	水	m³	2.31	15.38
	其他材料费	元		1.23
机械	200L 砂浆搅拌机	台班	0.475	
	400L 混凝土搅拌机	台班		0.38

表 5-5 人工单价、材料预算价格、机械台班预算价格表

序 号	名 称	单 位	单价/元
一	人工单价	工日	25.00
二	材料预算价格		
1	标准砖	千块	127.00
2	M5 水泥砂浆	m³	124.32
3	C15 混凝土(0.5~4 砾石)	m³	136.02
4	水	m³	0.60
三	机械台班预算价格		
1	200L 砂浆搅拌机	台班	15.92
2	400L 混凝土搅拌机	台班	81.52

1)分析人工、材料、机械台班消耗量,见表 5-6。

表5-6 人工、材料、机械台班分析表

定额编号	项目名称	单位	工程量	人工/工日	标准砖/千块	M5 水泥砂浆/m³	C15 混凝土/m³	水/m³	其他材料费/元	200L 砂浆搅拌机/台班	400L 混凝土搅拌机/台班
	一、砌筑工程										
S-1	M5 水泥砂浆砌砖基础	m³	76.21	1.243 / 94.73	0.523 / 39.858	0.236 / 17.986		0.231 / 17.605		0.0475 / 3.620	
	二、楼地面工程										
S-2	C15 混凝土地面垫层	m³	48.56	2.156 / 104.70			1.01 / 49.046	1.538 / 74.685	0.123 / 5.97		0.038 / 1.845
	合 计			199.43	39.858	17.986	49.046	92.29	5.97	3.620	1.845

注：分子为定额用量、分母为计算结果。

2）计算直接工程费，见表5-7。

表5-7 直接工程费计算表（实物金额法）

序号	名 称	单 位	数 量	单价/元	合价/元	备 注
1	人工	工日	199.43	25.00	4985.75	人工费:4985.75
2	标准砖	千块	39.858	127.00	5061.97	
3	M5 水泥砂浆	m³	17.986	124.32	2236.02	
4	C15 混凝土(0.5～4)	m³	49.046	136.02	6671.24	材料费:14030.57
5	水	m³	92.29	0.60	55.37	
6	其他材料费	元	5.97		5.97	
7	200L 砂浆搅拌机	台班	3.620	15.92	57.63	机械费:208.03
8	400L 混凝土搅拌机	台班	1.845	81.52	150.40	
	合 计				19224.35	直接工程费:19224.35

5.1.3 材料价差调整计算

目前，预算定额基价中的材料费是根据编制定额所在地区的省会所在地的材料预算价格计算。由于地区材料预算价格随着时间的变化而发生变化，其他地区使用该预算定额时材料预算价格也会发生变化。所以，用单位估价法计算定额直接工程费后，一般还要根据工程所在地区的材料预算价格调整材料价差。

凡是使用完全定额基价的预算定额编制的施工图预算，一般需调整材料价差。

材料价差的调整有两种基本方法，即单项材料价差调整法和材料价差综合系数调整法。

（1）单项材料价差调整 当采用单位估价法计算定额直接工程费时，一般对影响工程造价较大的主要材料（如钢材、木材、水泥等）进行单项材料价差调整。

单项材料价差调整的计算公式为

$$\begin{matrix}单项材料\\价差调整\end{matrix} = \sum\left[\begin{matrix}单位工程某\\种材料用量\end{matrix}\times\left(\begin{matrix}现行材料\\预算价格\end{matrix}-\begin{matrix}预算定额中\\材料单价\end{matrix}\right)\right]$$

【例 5-1】　根据某工程有关材料消耗量及现行材料预算价格,调整材料价差,有关数据见表 5-8。

表 5-8　某工程材料消耗量及现行材料预算价格表(摘录)

材料名称	单　位	数　量	现行材料预算价格/元	预算定额中材料单价/元
42.5 级水泥	kg	7345.10	0.35	0.30
φ10 圆钢筋	kg	5618.25	2.65	2.80
花岗石板	m²	816.40	350.00	290.00

【解】

(1) 某工程单项材料价差

$$= 7345.10\times(0.35-0.30)+5618.25\times(2.65-2.80)+816.40\times(350-290)$$
$$= 7345.10\times0.05-5618.25\times0.15+816.40\times60$$
$$= 48508.52\ (元)$$

(2) 用"单项材料价差调整表(表 5-9)"计算

表 5-9　单项材料价差调整表

工程名称:××工程

序号	材料名称	数　量	现行材料预算价格	预算定额中材料预算价格	价差/元	调整金额/元
1	42.5 级水泥	7345.10kg	0.35 元/kg	0.30 元/kg	0.05	367.26
2	φ10 圆钢筋	5618.25kg	2.65 元/kg	2.80 元/kg	-0.15	-842.74
3	花岗石板	816.40m²	350.00 元/m²	290.00 元/m²	60.00	48984.00
	合　计					48508.52

(2) 综合系数调整材料价差　采用单项材料价差的调整方法,其优点是准确性高,但计算过程相对较繁杂。因此,一些用量大、单价相对低的材料(如地方材料、辅助材料等)常采用综合系数的方法来调整单价工程材料价差。采用综合系数调整材料价差的具体做法就是用单位工程定额材料费或定额直接工程费乘以综合调整系数,求出单位工程材料价差,其计算公式如下:

$$单位工程材料价差调整金额 = 预算定额直接费\times综合调整系数$$

【例 5-2】　某工程的定额材料费为 786457.35 元,按规定以定额材料费为基础乘以综合调整系数 1.38%,计算该工程地方材料价差。

【解】

$$\begin{matrix}某工程地方材\\料的材料价差\end{matrix} = 786457.35\times1.38\% = 10853.11\ (元)$$

5.1.4　直接费用计算实例

本节使用第 4 章最后某单位食堂工程实例的数据,计算食堂工程中的直接费用。

1. 工日、材料、机械台班用量计算

工日、材料、机械台班用量计算见表 5-10。

表5-10　工日、材料、机械台班用量计算表

工程名称：××食堂

序号	定额编号	项目名称	单位	工程数量	综合工日	电动打夯机	载重汽车6t	机械台班及材料用量												
								钢管φ48×3.5 /kg	直角扣件 /个	对接扣件 /个	回转扣件 /个	底座 /个	木脚手板 /m²	垫木60×60×60 /块	8号钢丝 /kg	钢钉 /kg	防锈漆 /kg	溶剂油 /kg	钢丝绳 /kg	缆风桩木 /m³
		建筑面积																		
		一、土石方																		
1	1-8	人工挖地槽	m³	132.09	0.537 / 70.93	0.0018 / 0.24														
2	1-17	人工挖地坑	m³	138.48	0.633 / 87.66	0.0052 / 0.72														
3	1-46	坑槽回填土	m³	190.16	0.294 / 55.91	0.0798 / 15.17														
4	1-46	室内回填土	m³	61.38	0.294 / 18.05	0.0798 / 4.90														
5	1-48	人工平整场地	m²	428.40	0.0315 / 13.49															
6	1-49 1-50	人工运土(50m)	m³	18.51	0.295 / 5.46															
		分部小计			251.50	21.03														
		二、脚手架																		
7	3-6	外墙双排脚手架	m²	763.63	0.072 / 54.98		0.0017 / 1.30	0.649 / 495.6	0.129 / 98.5	0.018 / 13.7	0.005 / 3.8	0.004 / 3.1	0.001 / 0.764	0.021 / 16.0	0.048 / 36.7	0.006 / 4.6	0.056 / 42.7	0.006 / 4.6	0.003 / 2.30	0.00003 / 0.023
8	3-6	现浇框架柱脚手架	m²	269.26	0.072 / 19.39		0.0017 / 0.46	0.649 / 174.7	0.129 / 34.7	0.018 / 4.8	0.005 / 1.3	0.004 / 1.1	0.001 / 0.269	0.021 / 5.7	0.048 / 12.9	0.006 / 12.9	0.056 / 15.1	0.006 / 1.6	0.003 / 0.81	0.00003 / 0.008

（续）

机械台班及材料用量

序号	定额编号	项目名称	单位	工程数量	综合工日	载重汽车6t	钢管φ48×3.5 /kg	直角扣件 /个	对接扣件 /个	回转扣件 /个	底座 /个	木脚手板 /m³	垫木60×60×60 /块	8号钢丝 /kg	钢钉 /kg	防锈漆 /kg	溶剂油 /kg	钢丝绳 /kg	缆风桩木 /m³	挡脚板 /m³
9	3-6	现浇框架梁脚手架	m²	162.62	0.072/11.71	0.0017/0.28	0.649/105.5	0.129/21	0.018/2.9	0.005/0.8	0.004/0.7	0.001/0.163	0.021/3.4	0.048/7.8	0.006/1.0	0.056/9.1	0.006/1.0	0.003/0.5	0.00003/0.05	
10	3-15	内墙里脚手架	m²	303.31	0.035/10.62		0.012/3.6	0.0024/0.7	0.0001/0.03			0.0001/0.030		0.006/1.8	0.0204/6.2	0.001/0.3	0.001/0.03			
11	3-20	底层顶棚抹灰满堂架	m²	325.83	0.094/30.63		0.1006/32.78	0.0146/4.8	0.0028/0.9	0.0046/1.50	0.002/0.7	0.0006/0.195		0.224/73.0	0.0194/6.3	0.0087/2.8	0.001/0.3			0.00005/0.016
		分部小计			127.33	2.04	812.18	159.70	22.33	7.40	5.60	1.421	25.10	132.20	31.00	70.00	7.53	3.61	0.036	0.016
		三、砌筑				200L灰浆机	M5水泥砂浆 /m³	标准砖 /千块	水 /m³	M5混合砂浆 /m³	M2.5混合砂浆 /m³									
12	4-1	M5水泥砂浆砌砖基础	m³	20.89	1.218/25.44	0.039/0.81	0.236/4.93	0.524/10.946	0.105/2.19											
13	4-8换	M5混合砂浆砌1/2砖墙	m³	1.05	2.014/2.11	0.033/0.03		0.564/0.592	0.113/0.12	0.195/0.205										
14	4-8换	M2.5混合砂浆砌栏板墙	m³	5.87	2.014/11.82	0.033/0.19		0.564/3.311	0.113/0.66		0.195/1.145									
15	4-10换	M5混合砂浆砌一砖墙	m³	204.82	1.608/329.35	0.038/7.78		0.531/108.759	0.106/21.71	0.225/46.08										
16	4-60换	M2.5混合砂浆砌屋面隔热板砖墩	m³	2.64	2.30/6.07	0.35/0.92		0.551/1.455	0.11/0.29	0.211/0.557										
17	4-60换	M2.5混合砂浆砌雨篷边	m³	1.00	2.30/2.30	0.35/0.35		0.551/0.551	0.11/0.11	0.211/0.211										
		分部小计			377.09	10.08	4.93	125.61	25.08	47.053	1.145									

（续）

机械台班及材料用量

四、混凝土及钢筋混凝土

序号	定额编号	项目名称	单位	工程数量	综合工日	载重汽车6t	汽车起重机5t	500内圆锯	组合钢模板/kg	模板枋板材/m³	支撑方木/m³	零星卡具/kg	钢钉/kg	8号钢丝/kg	80号草板纸/张	隔离剂/kg	1:2水泥砂浆/m³	22号钢丝/kg	支撑钢管及扣件(件)/kg	梁卡具/kg
18	5-17	独立基础模板	m²	48.02	0.265 / 12.73	0.0028 / 0.13	0.0008 / 0.04	0.0007 / 0.03	0.70 / 33.61	0.001 / 0.048	0.0065 / 0.312	0.259 / 12.44	0.123 / 5.91	0.52 / 24.97	0.30 / 14.41	0.10 / 4.80	0.00012 / 0.006	0.0018 / 0.09		
19	5-33	砖基础垫层模板	m²	57.90	0.128 / 7.41	0.0011 / 0.06		0.0016 / 0.09		0.0145 / 0.840			0.197 / 11.41			0.10 / 5.79	0.00012 / 0.007	0.0018 / 0.10		
20	5-58	框架柱模板	m²	83.55	0.41 / 34.26	0.0028 / 0.10	0.0018 / 0.15	0.0006 / 0.05	0.781 / 65.25	0.00064 / 0.053	0.00182 / 0.152	0.6674 / 55.76	0.018 / 1.50		0.30 / 25.07	0.10 / 8.36			0.459 / 38.35	
21	5-58	构造柱模板	m²	74.35	0.41 / 30.48	0.0028 / 0.21	0.0018 / 0.13	0.0006 / 0.04	0.781 / 58.07	0.00064 / 0.048	0.00182 / 0.135	0.6674 / 49.62	0.018 / 1.34		0.30 / 22.31	0.10 / 7.44			0.459 / 34.13	
22	5-69	基础梁模板	m²	35.75	0.339 / 12.12	0.0023 / 0.08	0.0011 / 0.04	0.004 / 0.001	0.767 / 27.42	0.00043 / 0.015	0.0028 / 0.100	0.3182 / 11.38	0.219 / 7.83	0.172 / 6.15	0.30 / 10.73	0.10 / 3.58	0.00012 / 0.004	0.0018 / 0.06		0.1715 / 6.13
23	5-73	矩形梁模板	m²	278.52	0.496 / 138.15	0.0033 / 0.92	0.002 / 0.56	0.0004 / 0.11	0.773 / 215.30	0.00017 / 0.047									0.695 / 193.57	
24	5-77	过梁模板	m²	34.02	0.586 / 19.94	0.0031 / 0.11	0.0008 / 0.03	0.0063 / 0.21	0.738 / 25.11	0.00193 / 0.066	0.00835 / 0.284	0.1202 / 4.09	0.632 / 21.50	0.120 / 4.08	0.30 / 10.21	0.10 / 3.40	0.00012 / 0.004	0.0018 / 0.061		
25	5-82	地圈梁模板	m²	50.66	0.361 / 18.29	0.0015 / 0.08	0.0008 / 0.04	0.001 / 0.01	0.765 / 38.75	0.00014 / 0.007	0.00109 / 0.055		0.33 / 16.72	0.645 / 32.68	0.30 / 15.20	0.10 / 5.07	0.00003 / 0.002	0.0018 / 0.09		
26	5-82	圈梁模板	m²	63.85	0.361 / 23.05	0.0015 / 0.10	0.0008 / 0.05	0.0001 / 0.01	0.765 / 48.85	0.00014 / 0.009	0.00109 / 0.070		0.33 / 21.07	0.645 / 41.18	0.30 / 19.16	0.10 / 6.39	0.00003 / 0.02	0.0018 / 0.11		
27	5-100	有梁板模板	m²	22.07	0.429 / 9.47	0.0042 / 0.09	0.0024 / 0.05	0.0004 / 0.01	0.721 / 15.91	0.0007 / 0.015	0.00193 / 0.043	0.3525 / 7.78	0.017 / 0.38	0.2214 / 4.89	0.30 / 6.62	0.10 / 2.21	0.00007 / 0.002	0.0018 / 0.04	0.580 / 12.8	0.0546 / 1.21
28	5-108	平板模板	m²	6.48	0.362 / 2.35	0.0034 / 0.02	0.002 / 0.01	0.0009 / 0.006	0.6828 / 4.42	0.00051 / 0.003	0.00231 / 0.015	0.2766 / 1.79	0.018 / 0.12		0.30 / 1.94	0.10 / 0.65	0.00003 / 0.001	0.0018 / 0.01	0.480 / 3.11	
29	5-119	现浇整体楼梯板	m²	24.36	1.063 / 25.89	0.005 / 0.12		0.05 / 1.22		0.0178 / 0.434	0.0168 / 0.409		1.068 / 26.02			0.204 / 4.97				
30	5-131	栏板扶手模板	m²	48.12	0.239 / 11.50	0.0011 / 0.05		0.0092 / 0.44		0.00324 / 0.156	0.00423 / 0.204		0.2073 / 9.98			0.033 / 1.59				

（续）

机械台班及材料用量

序号	定额编号	项目名称	单位	工程数量	综合工日	载重汽车6t／5t内卷扬机	500内圆锯／φ40内钢筋切断机	10t内龙门式起重机／φ40内钢筋弯曲机	3t内卷扬机／30kW内电焊机	600内木工单面压刨床／73kV·A对焊机	φ14内钢筋调直机	75kV·A长臂点焊机	钢拉模／65t内钢筋拉伸机(kg)	定型钢模(kg)／φ10内钢筋(t)	22号钢丝(kg)／φ10外钢筋(t)	1:2水泥砂浆(m³)／22号钢丝(kg)	隔离剂(kg)／电焊条(kg)	钢钉(kg)／水(m³)	支持方木(m³)／螺纹钢筋(t)	模板枋板材(m³)
31	5-130	女儿墙压顶模板	m²	17.55	0.455/7.99	0.0032/0.06	0.0098/0.17										0.10/1.76	0.761/13.4	0.005/0.088	0.01733/0.304
32	5-174	预制槽板模板	m³	0.21	1.579/0.33			0.023/0.005						3.354/0.70	0.051/0.01	0.003/0.001	2.50/0.53			
33	5-169	预应力空心板模板	m³	48.96	1.733/84.85				0.041/2.01				3.709/181.59			0.003/0.147	4.92/240.88			
34	5-185	预制隔热板模板	m³	4.26	1.195/5.09		0.004/0.02			0.004/0.02					0.082/0.35	0.005/0.021	4.0/17.04	0.34/1.45		
35	5-294	现浇构件圆钢筋制安φ6.5	t	0.307	22.63/6.95	0.37/0.11	0.12/0.04							1.02/0.313		15.67/4.81				
36	5-295	现浇构件圆钢筋制安φ8	t	0.058	14.75/0.86	0.32/0.02	0.12/0.01	0.36/0.02						1.02/0.059		8.80/0.51				
37	5-296	现浇构件圆钢筋制安φ10	t	0.094	10.90/1.02	0.30/0.03	0.10/0.02	0.31/0.03						1.02/0.096		5.64/0.53				
38	5-297	现浇构件圆钢筋制安φ12	t	3.567	9.54/34.03	0.28/1.00	0.09/0.32	0.26/0.93							1.045/3.728	4.62/16.48	7.20/25.68	0.15/0.54		
39	5-299	现浇构件圆钢筋制安φ16	t	0.715	7.32/5.23	0.17/0.12	0.10/0.07	0.23/0.16	0.45/0.32	0.09/0.06					1.045/0.747	2.60/1.86	7.20/5.15	0.15/0.11		
40	5-300	现浇构件圆钢筋制安φ18	t	0.042	6.45/0.27	0.16/0.01	0.09/0.004	0.20/0.01	0.42/0.02	0.07/0.003					1.045/0.044	2.05/0.09	9.60/0.40	0.12/0.01		
41	5-309	现浇构件圆螺纹钢筋制安φ14	t	0.079	9.03/0.71	0.22/0.02	0.10/0.01	0.21/0.02	0.53/0.04	0.11/0.01						3.39/0.27	7.20/0.57	0.15/0.01	1.045/0.083	
42	5-310	现浇构件圆螺纹钢筋制安φ16	t	0.913	8.16/7.45	0.19/0.17	0.11/0.10	0.23/0.21	0.53/0.48	0.11/0.10						2.30/2.37	7.20/6.57	0.15/0.14	1.045/0.954	
43	5-311	现浇构件圆螺纹钢筋制安φ18	t	0.221	7.06/1.56	0.17/0.04	0.10/0.02	0.20/0.04	0.50/0.11	0.09/0.02						3.02/0.67	9.60/2.12	0.12/0.03	1.045/0.231	
44	5-294	现浇构件圆钢筋制安φ4	t	0.042	22.63/0.95	0.37/0.02	0.12/0.01							1.02/0.043		15.67/0.66				

（续）

机械台班及材料用量

序号	定额编号	项目名称	单位	工程数量	综合工日	5t内卷扬机	φ40内钢筋切断机	φ40内钢筋弯曲机	30kW电焊机	75kV·A对焊机	75kV·A长臂点焊机	φ14内钢筋调直机	螺纹钢筋/t	22号钢丝/kg	电焊条/kg	水/m³	φ5以下冷拔丝/t	φ10内钢筋/t	φ10外钢筋/t	张拉机具/kg
45	5-312	现浇构件螺纹钢筋φ20	t	0.208	6.49/1.35	0.16/0.03	0.09/0.02	0.17/0.04	0.50/0.10	0.10/0.02			1.045/0.217	2.05/0.43	9.60/2.00	0.12/0.02				
46	5-313	现浇构件螺纹钢筋φ22	t	1.851	5.80/10.74	0.14/0.26	0.09/0.17	0.20/0.37	0.46/0.85	0.06/0.11			1.045/1.934	1.67/3.09	9.60/17.77	0.08/0.15				
47	5-314	现浇构件螺纹钢筋φ25	t	0.364	5.19/1.89	0.09/0.03	0.09/0.03	0.18/0.07	0.46/0.17	0.06/0.02			1.045/0.380	1.07/0.39	12.00/4.37	0.08/0.03				
48	5-321	预制构件圆钢筋φ4	t	0.105	32.14/3.37		0.44/0.05				2.18/0.23	0.73/0.08		2.14/0.22		5.27/0.55	1.090/0.114			
49	5-326	预制构件圆钢筋φ10	t	0.030	10.33/0.31	0.27/0.01	0.09/0.003	0.27/0.01						5.64/0.17				1.015/0.030		
50	5-334	预制构件圆钢筋φ18	t	0.015	6.09/0.09	0.14/0.002	0.08/0.001	0.18/0.003		0.07/0.001				2.05/0.03	9.60/0.14	0.12/0.002			1.035/0.016	
51	5-359	先张法构件钢筋制安φ4	t	2.832	18.62/52.73												1.09/3.09			39.61/112.18
52	5-354	箍筋制安φ4	t	0.010	40.87/0.41		0.44/0.004					0.73/0.007		15.67/0.16			1.02/0.010			
53	5-355	箍筋制安φ6.5	t	1.598	28.88/46.15	0.37/0.59	0.19/0.304							15.67/25.04				1.02/1.630		
54	5-356	箍筋制安φ8	t	0.270	18.67/5.04	0.32/0.09	0.18/0.049	1.23/0.332						8.80/2.38				1.02/0.275		
55	5-384	现浇构件成型钢筋汽车运1km	t	10.340	1.96/20.27	0.49/5.07 (6t汽车)							1.01/0.057 (铸件/吨)							
56	5-382	梯路步预埋件制安	t	0.056	24.50/1.37			0.004/0.03 (200L灰浆机)	4.39/0.25						36.0/2.02	0.031/0.261 (1:2水泥砂浆/m³)				
57	5-403换	现浇C20混凝土构造柱	m³	8.41	2.562/21.55	0.062/0.52 (400L搅拌机)	0.124/1.04 (插入式振捣器)						0.899/7.56 (水/m³)	0.986/8.292 (C20混凝土/m³)	0.084/0.71 (草袋子/m²)					
58	5-936换	现浇C15混凝土独立基础	m³	24.55	1.058/25.97	0.039/0.96 (400L搅拌机)	0.077/1.89 (插入式振捣器)	0.078/1.91 (机动翻斗车)				1.015/24.918 (C15混凝土/m³)	0.931/22.86 (水/m³)	0.326/8.00 (草袋子/m²)						

（续）

机械台班及材料用量

序号	定额编号	项目名称	单位	工程数量	综合工日	400L搅拌机	插入式振捣器	200L灰浆机	平板式振捣器	6t内塔式起重机	C25混凝土/m³	草袋子/m²	水/m³	1:2水泥砂浆/m³	C20混凝土/m³	二等板枋材/m³	15m带式运输机	机动翻斗车	10t内龙门式起重机
59	5-405换	现浇C20混凝土基础梁	m³	3.15	1.334 / 4.20	0.063 / 0.20	0.125 / 0.39					0.603 / 1.90	1.014 / 3.19		1.015 / 3.197				
60	5-409换	现浇C20混凝土过梁	m³	2.68	2.61 / 6.99	0.063 / 0.17	0.125 / 0.34					1.857 / 4.98	1.317 / 3.53		1.015 / 2.720				
61	5-417	现浇C20混凝土有梁板	m³	1.99	1.307 / 2.60	0.063 / 0.13	0.063 / 0.13		0.063 / 0.13			1.099 / 2.19	1.204 / 2.40		1.015 / 2.020				
62	5-406换	现浇C20混凝土梁	m³	21.80	1.551 / 33.81	0.063 / 1.37	0.125 / 2.73					0.595 / 12.97	1.019 / 22.21		1.015 / 22.13				
63	5-408换	现浇C20混凝土地圈梁	m³	6.09	2.410 / 14.68	0.039 / 0.24	0.077 / 0.47					0.826 / 5.03	0.984 / 5.99		1.015 / 6.181				
64	5-408换	现浇C20混凝土圈梁	m³	9.91	2.410 / 23.88	0.039 / 0.39	0.077 / 0.76					0.826 / 8.19	0.984 / 9.75		1.015 / 10.059				
65	5-401	现浇C25混凝土框架柱	m³	8.97	2.164 / 19.41	0.062 / 0.56	0.124 / 1.11	0.004 / 0.04			0.986 / 8.844	0.10 / 0.90	0.909 / 8.15	0.031 / 0.278				
66	5-406	现浇C25混凝土框架梁	m³	5.21	1.551 / 8.08	0.063 / 0.33	0.125 / 0.65				1.015 / 5.288	0.595 / 3.10	1.019 / 5.31					
67	5-419	现浇C20混凝土平板	m³	0.52	1.351 / 0.70	0.063 / 0.03	0.063 / 0.03		0.063 / 0.03			1.422 / 0.74	1.289 / 0.67		1.015 / 0.528				
68	5-421	现浇C20混凝土整体楼梯	m²	24.36	0.575 / 14.01	0.026 / 0.63	0.052 / 1.27					0.218 / 5.31	0.29 / 7.06		0.260 / 6.334				
69	5-426	现浇C20混凝土栏板扶手	m³	0.58	5.327 / 3.09	0.10 / 0.06	0.10 / 0.06					1.840 / 1.07	1.587 / 0.92		1.015 / 0.589				
70	5-432	现浇C20混凝土女儿墙压顶	m³	1.703	2.648 / 4.51	0.10 / 0.17	0.10 / 0.17					3.834 / 6.53	2.052 / 3.49		1.015 / 1.729				
71	5-453	C25混凝土预应力空心板	m³	48.96	1.533 / 75.06	0.025 / 1.22	0.050 / 2.45			0.013 / 0.64	1.015 / 49.694	1.345 / 65.85	2.178 / 106.63			0.0034 / 0.166	0.025 / 1.22	0.063 / 3.08	0.013 / 0.64
72	5-454换	预制C20混凝土槽形板	m³	0.21	1.440 / 0.30	0.025 / 0.005	0.050 / 0.01			0.013 / 0.003		1.163 / 0.24	2.570 / 0.54		1.015 / 0.213	0.0014 / 0.001	0.025 / 0.005	0.063 / 0.01	0.013 / 0.003

（续）

机械台班及材料用量

序号	定额编号	项目名称	单位	工程数量	综合工日	6t内塔式起重机	400L搅拌机	平板式振捣器	15m带式运输机	机动翻斗车	10t内龙门式起重机	C20混凝土 /m³	二等仿板材 /m³	草袋子 /m²	水 /m³
73	5-467	预制 C20 混凝土隔热板	m³	4.26	1.668/7.11	0.013/0.06	0.025/0.11	0.05/0.21	0.05/0.21	0.063/0.27	0.013/0.06	1.015/4.324	0.0107/0.046	3.68/15.68	3.08/13.12
		分部小计			912.60										

五、构件运输及安装

序号	定额编号	项目名称	单位	工程数量	综合工日	6t汽车	5t内汽车式起重机	8t汽车	30kV·A电焊机 / 15m带式运输机	一等板仿材 /m³	钢丝绳 /kg	8号钢丝 /kg	电焊条 /kg	垫铁 /kg	方垫木 /m³	麻绳 /kg
74	6-8	空心板、槽板汽车运 25km	m³	49.08	0.986/48.39	0.371/18.21	0.247/12.12			0.001/0.049	0.031/1.52	0.15/7.36				
75	6-37	隔热板运输 1km	m³	4.25	0.364/1.55	0.091/0.39		0.137/0.58		0.005/0.021	0.053/0.23	0.525/2.23				
76	6-93	木门汽车运 5km	m²	36.92	0.0124/0.46	0.0062/0.23										
77	6-305	槽形板安装	m³	0.21	1.101/0.23				0.097/0.02				0.261/0.05	0.184/0.04	0.0008/0.0002	0.005/0.001
78	6-330	空心板安装	m³	48.48	1.473/71.41				0.161/7.81				1.174/56.92	4.038/195.76	0.0034/0.165	0.005/0.24
79	6-371	隔热板安装	m³	4.22	0.474/2.0										0.001/0.004	0.005/0.02
		分部小计			124.04	18.44	12.51	0.58	7.83	0.07	1.75	9.59	56.97	195.80	0.169	0.26

（续）

机械台班及材料用量

序号	定额编号	项目名称	单位	工程数量	综合工日	500内圆锯	450杠平刨床	400杠三面压刨床	50木工打眼机	160木工开榫机	400木工多面裁口机	一等木枋/m³	三层胶合板/m²	3mm玻璃/m²	油灰/kg	钢钉/kg	乳白胶/kg	麻刀石灰浆/m³
		六、门窗																
80	7-59	门窗扇制作	m²	9.72	0.237/2.30	0.0051/0.05	0.0153/0.15	0.0153/0.15	0.0225/0.22	0.0225/0.22	0.006/0.06		1.587/15.43			0.0397/0.39	0.1189/1.16	
81	7-60	门窗安装	m²	9.72	0.153/1.49									0.1496/1.45	0.1679/1.63	0.0006/0.01		
82	7-65	胶合板门框制作(无亮)	m²	27.20	0.084/2.28	0.0021/0.06	0.0056/0.15	0.0044/0.12	0.0044/0.12	0.002/0.05	0.0025/0.07	0.02114/0.575				0.014/0.38	0.006/0.16	
83	7-66	胶合板门框安装(无亮)	m²	27.20	0.171/4.65	0.0006/0.02						0.00369/0.100				0.1018/2.77	0.0028/0.076	
84	7-67	胶合板门扇制作(无亮)	m²	27.20	0.276/7.51	0.0059/0.16	0.0176/0.48	0.0176/0.48	0.0282/0.77	0.0282/0.77	0.007/0.19	0.0194/0.528	2.0136/54.77			0.0502/1.37	0.1189/3.23	
85	7-68	胶合板门扇安装(无亮)	m²	27.20	0.097/2.64													
86	7-289	铝合金推拉窗安装	m²	61.16	0.757/46.30		6mm玻璃/m² 1.00/61.16	玻璃胶/支 0.502/30.70	密封毛条/m 4.133/252.77	地脚/个 4.98/304.6	膨胀螺栓/套 9.96/609.2	密封油膏/kg 0.367/22.45	软填料/kg 0.398/24.34	铝合金推拉窗/m² 0.946/57.86				
87	7-290	铝合金固定窗安装	m²	2.26	0.421/0.95			玻璃胶/支 0.727/1.64		地脚/个 7.78/17.6	膨胀螺栓/套 15.56/35.2	密封油膏/kg 0.534/1.21	软填料/kg 0.6671/1.51		4mm玻璃/m² 1.01/2.28			
88	7-306	钢门带窗安装	m²	13.02	0.276/3.59													
89	7-308	钢平开窗安装	m²	15.12	0.281/4.25													
90	7-57	胶合板门框制作(有亮)	m²	9.72	0.086/0.84							0.0204/0.198				0.0097/0.09	0.006/0.06	
91	7-58	胶合板门框安装(有亮)	m²	9.72	0.147/1.43	0.0006/0.006						0.00383/0.037				0.104/1.01		0.0024/0.023
		分部小计			78.23	0.30						1.621				6.02	4.61	0.099

（续）

机械台班及材料用量

序号	定额编号	项目名称	单位	工程数量	综合工日	400L搅拌机	平板式振动器	200L灰浆机	平面磨面机	石料切割机	1:1.25水泥豆石浆/m³	C10混凝土/m³	炉渣/m³	水/m³	1:3水泥砂浆/m³	素水泥浆/m³	C15混凝土/m³	1:2水泥砂浆/m³	草袋子/m²	1:2.5水泥白石子浆/m³	水泥/kg	三角金刚石/块	200×75×50金刚石/块
		七、楼地面																					
92	8-13	卫生间炉渣垫层	m³	1.52	0.383/0.58								1.218/1.85	0.20/0.30									
93	8-16	C10混凝土基础垫层	m³	5.86	1.225/7.18	0.101/0.59	0.079/0.46					1.01/5.919		0.50/2.93									
94	8-16	C10混凝土地面垫层	m³	26.54	1.225/32.51	0.101/2.68	0.079/2.10					1.01/26.805		0.50/13.27									
95	8-18	1:3水泥砂浆屋面找平	m²	415.89	0.078/32.44			0.0034/1.41						0.006/2.50	0.0202/8.401	0.001/0.416							
96	8-16换	C15混凝土砖基础垫层	m³	28.95	1.225/35.46	0.101/2.92	0.079/2.29							0.50/14.48			1.01/29.240						
97	8-24换	1:2水泥砂浆梯间地面	m²	29.42	0.396/11.65			0.0045/0.13						0.0505/1.49		0.0013/0.038		0.0269/0.791	0.2926/8.61				
98	8-27换	1:2水泥砂浆踢脚线	m	354.54	0.05/17.73													0.003/1.064					
99	8-29	普通水磨石地面	m²	331.77	0.565/187.45				0.1078/35.76					0.056/18.58		0.001/0.332			0.22/72.99	0.0173/5.740	0.26/86.26	0.30/99.53	0.03/9.95
100	8-37	水泥豆石楼面	m²	301.82	0.179/54.03			0.0025/0.75			0.0152/4.59			0.038/11.47		0.001/0.302			0.22/66.40				
101	8-43	C15混凝土散水	m²	27.85	0.165/4.60	0.0071/0.20		0.0009/0.03						0.038/1.06			0.0711/1.980		0.22/6.13				
102	8-72	卫生间防滑地砖	m²	10.11	0.372/3.76			0.0017/0.02		0.0126/0.13				0.026/0.26		0.001/0.010		0.0101/0.102					
103	8-152	塑料扶手型钢梯栏杆	m	18.01	0.246/4.43	30 kV·A 电焊机 0.153/2.76	φ60切管机															φ50钢管(m) 1.06/19.09	扁钢(kg) 3.472/62.53
		分部小计			391.82	2.76		2.34	35.76	0.13	4.59	32.724	1.85	66.34	8.401	1.098	31.22	1.957	154.13	5.74	86.26	99.53	

（续）

机械台班及材料用量

序号	定额编号	项目名称	单位	工程数量	综合工日	200L灰浆机	塑料排水管φ110 /m	卡箍及螺栓 /套	1.8mm玻纤布 /m²	塑料油膏 /kg	木柴 /kg	排水检查口 /个	伸缩节 /个	密封胶 /kg	塑料水斗 /个	C20细石混凝土 /m³	沥青砂浆 /m³	水泥珍珠岩 /m³	水 /m³
		八、屋面及防水																	
104	9-45	卫生间一布二油塑料油膏防水层	m²	14.63	0.035 / 0.51				1.205 / 17.63	8.73 / 127.72	2.72 / 39.79								
105	9-45 9-46	屋面二布三油塑料油膏防水	m²	536.90	0.056 / 30.07				2.326 / 1248.8	11.97 / 6426.7	3.73 / 2002.6								
106	9-66 换	φ110塑料水落管	m	37.20	0.289 / 10.75		1.054 / 39.21	0.714 / 26.56				0.111 / 4.13	0.101 / 3.76	0.012 / 0.45					
107	9-70 换	φ110塑料水斗	个	6	0.301 / 1.81									0.031 / 0.186	1.01 / 6.06	0.003 / 0.018			
108	9-143	散水沥青砂浆伸缩缝	m	43.28	0.066 / 2.86												0.0048 / 0.208		
		分部小计			46.00		39.21	26.56	1266.43	6554.42	2042.39	4.13	3.76	0.636	6.06	0.018	0.208		
		九、保温、隔热																	
109	10-201	水泥珍珠岩屋面找坡	m³	34.52	0.719 / 24.82													1.04 / 35.90	0.70 / 24.16
		十、装饰																	
110	11-25	水泥砂浆抹女儿墙内侧	m²	49.56	0.145 / 7.19	0.0039 / 0.19	1:3水泥砂浆/m³ 0.0162 / 0.80	1:2.5水泥砂浆/m³ 0.0069 / 0.34	水/m³ 0.007 / 0.35	松厚板/m³ 0.00005 / 0.002									

（续）

机械台班及材料用量

序号	定额编号	项目名称	单位	工程数量	综合工日	200L灰浆机	石料切割机	1:3水泥砂浆/m³	1:2.5水泥砂浆/m³	水/m³	松厚板/m³	素水泥浆/m³	108胶/kg	1:1:6混合砂浆/m³	1:1:4混合砂浆/m³
111	11-30	水泥砂浆抹扶手	m²	22.13	0.656 / 14.52	0.0037 / 0.08		0.0155 / 0.343	0.0067 / 0.148	0.0079 / 0.17		0.001 / 0.22	0.0221 / 0.49		
112	11-30	水泥砂浆抹女儿墙压顶	m²	42.34	0.656 / 27.78	0.0037 / 0.16		0.0155 / 0.656	0.0067 / 0.284	0.0079 / 0.33		0.001 / 0.042	0.0221 / 0.94		
113	11-30	水泥砂浆抹雨篷边	m²	16.27	0.656 / 10.67	0.0037 / 0.06		0.0155 / 0.252	0.0067 / 0.109	0.0079 / 0.13		0.001 / 0.016	0.0221 / 0.36		
114	11-30	水泥砂浆抹挡水线	m²	1.13	0.656 / 0.74	0.0037 / 0.004		0.0155 / 0.018	0.0067 / 0.008	0.0079 / 0.01		0.001 / 0.001	0.0221 / 0.02		
115	11-35	水泥砂浆混凝土柱面	m²	47.91	0.215 / 10.30	0.0037 / 0.18		0.0133 / 0.637	0.0089 / 0.426	0.0079 / 0.378	0.00005 / 0.002	0.001 / 0.048	0.00221 / 1.06		
116	11-36	混合砂浆抹排气洞墙	m²	53.47	0.137 / 7.33	0.0039 / 0.21				0.0069 / 0.37	0.00005 / 0.003	0.001 / 0.118		0.0162 / 0.866	0.0069 / 0.369
117	11-36	混合砂浆抹栏板墙内侧	m²	49.55	0.137 / 6.79	0.0039 / 0.19				0.0069 / 0.34	0.00005 / 0.002	0.001 / 0.185		0.0162 / 0.803	0.0069 / 0.342
118	11-36	混合砂浆抹内墙	m²	1109.01	0.137 / 151.93	0.0039 / 4.33				0.0069 / 7.65	0.00005 / 0.055	0.001 / 0.467		0.0162 / 17.966	0.0069 / 7.652
119	11-75	水刷石挑檐	m²	13.25	0.892 / 11.82	0.0041 / 0.05		0.0133 / 0.176		0.0282 / 0.37		0.001 / 0.013	0.0221 / 0.29		
120	11-72	彩色水刷石外墙面	m²	107.55	0.379 / 40.76	0.0042 / 0.45	0.0148 / 2.74	0.0139 / 1.495		0.0284 / 3.05		0.0011 / 0.118	0.0248 / 2.67		
121	11-168	瓷砖墙裙	m²	184.91	0.643 / 118.90	0.0032 / 0.59		0.0111 / 2.053		0.0081 / 1.50	0.00005 / 0.009	0.001 / 0.185	0.0221 / 4.09		
122	11-175	外墙面贴面砖	m²	467.16	0.622 / 290.57	0.0038 / 1.78		0.0089 / 4.158		0.0091 / 4.25		0.001 / 0.467	0.0221 / 10.32		
123	11-186	混合砂浆梯间顶棚	m²	32.36	0.139 / 4.50	0.0029 / 0.09				0.0019 / 0.06	0.00016 / 0.005	0.001 / 0.032	0.0276 / 0.89		
124	11-286	混合砂浆顶棚	m²	760.04	0.139 / 105.65	0.0029 / 0.20				0.0019 / 1.44	0.00016 / 0.122	0.001 / 0.760	0.0276 / 20.98		

（续）

机械台班及材料用量

序号	定额编号	项目名称	单位	工程数量	综合工日		红丹防锈漆/kg	熟桐油/kg	溶剂油/kg	石膏粉/kg	无光调合漆/kg	调合漆/kg	清油/kg	漆片/kg	酒精/kg	催干剂/kg	砂纸/张	白布/m²	双飞粉/kg	117胶/kg
125	11-409	木门调合漆两遍	m²	38.32	0.177/6.78			0.0425/1.63	0.1114/4.27	0.0504/1.93	0.25/9.58	0.22/8.43	0.0175/0.67	0.0007/0.03	0.0043/0.16	0.0103/0.39	0.42/16.09	0.0025/0.10		
126	11-574	钢门窗调合漆两遍	m²	28.14	0.097/2.73				0.024/0.68			0.225/6.33				0.0041/0.12	0.11/3.10	0.0014/0.04		
127	11-594	钢门窗防锈漆一遍	m²	28.14	0.039/1.10		0.1652/4.65		0.0172/0.48								0.27/7.60			
128	11-627	墙面,顶棚防瓷涂料两遍	m²	1954.88	0.112/218.95														2.0/3910	0.80/1563.90
		分部小计			1039.01															
		十一、建筑工程垂直运输				2t内卷扬机														
129	13-1	建筑物垂直运输(混合)	m²	389.96		0.117/45.63														
130	13-2	建筑物垂直运输(框架)	m²	366.65		0.156/57.20														
		分部小计				102.83														
		合计			3372.44															

注:分数中,分子为定额用量,分母为工程量乘以分子后的结果。

2. 工日、材料、机械台班用量汇总

工日、材料、机械台班用量汇总见表5-11。

表5-11 工日、材料、机械台班用量汇总

工程名称：××食堂

序　号	名　　称	单　位	数　量	其　中
一、	工日	工日	3372.44	土石方:251.50　脚手架:127.33　砌筑:377.09　混凝土及钢筋混凝土:912.60　构件运安:124.04　门窗:78.23　楼地面:391.82　屋面:46.0　保温:24.80　装饰:1039.01
二、	机械			
1	6t载重汽车	台班	22.61	脚手架:2.04　混凝土及钢筋混凝土:2.13　构件运安:18.44
2	8t汽车	台班	0.58	构件运安:0.58
3	机动翻斗车	台班	5.27	混凝土及钢筋混凝土:5.27
4	电动打夯机	台班	21.03	土石方:21.03
5	6t内塔式起重机	台班	0.70	混凝土及钢筋混凝土:0.70
6	10t内龙门式起重机	台班	0.71	混凝土及钢筋混凝土:0.71
7	3t内卷扬机	台班	2.01	混凝土及钢筋混凝土:2.01
8	5t内卷扬机	台班	2.54	混凝土及钢筋混凝土:2.54
9	2t内卷扬机	台班	102.83	垂直运输:102.83
10	15m带式运输机	台班	1.44	混凝土及钢筋混凝土:1.44
11	5t内起重机	台班	13.61	混凝土及钢筋混凝土:1.10　构件运安:12.51
12	200L灰浆机	台班	23.05	砌筑:10.08　混凝土及钢筋混凝土:0.07
13	400L混凝土搅拌机	台班	13.49	混凝土及钢筋混凝土:7.10　楼地面:6.39
14	插入式振动器	台班	13.27	混凝土及钢筋混凝土:13.27
15	平板式振动器	台班	2.71	混凝土及钢筋混凝土:0.37　楼地面:2.34
16	平面磨面机	台班	35.76	楼地面:35.76
17	石料切割机	台班	2.87	楼地面:0.13　装饰:2.74
18	500内圆锯	台班	2.73	混凝土及钢筋混凝土:2.43　门窗:0.30
19	600内木工单面压刨	台班	0.02	混凝土及钢筋混凝土:0.02
20	450木工平刨床	台班	0.78	门窗:0.78
21	400木工三面压刨床	台班	0.75	门窗:0.75
22	50木工打眼机	台班	1.11	门窗:1.11
23	160木工开榫机	台班	1.04	门窗:1.04
24	400木工多面裁口机	台班	35.76	楼地面:35.76
25	40kV·A电焊机	台班	0.28	门窗:0.28
26	30kW内电焊机	台班	2.35	混凝土及钢筋混凝土:2.35
27	75kV·A对焊机	台班	8.53	混凝土及钢筋混凝土:0.70　构件运安:7.83
28	75kV·A长臂点焊机	台班	0.23	混凝土及钢筋混凝土:0.23

（续）

序　号	名　　称	单　位	数　量	其　　中
29	φ14 钢筋调直机	台班	0.09	混凝土及钢筋混凝土:0.09
30	φ40 内钢筋切断机	台班	1.23	混凝土及钢筋混凝土:1.23
31	φ40 内钢筋弯曲机	台班	2.24	混凝土及钢筋混凝土:2.24
三、	材料			
1	水	m³	360.95	砌筑:25.08　混凝土及钢筋混凝土:224.97　楼地面:66.34　保温:24.16　装饰:20.40
2	M5 混合砂浆	m³	47.053	砌筑:47.053
3	M2.5 混合砂浆	m³	1.145	砌筑:1.145
4	1:2 水泥砂浆	m³	2.749	混凝土及钢筋混凝土:0.736　门窗:0.056　楼地面:1.957
5	1:1 水泥砂浆	m³	0.889	楼地面:0.142　装饰:0.747
6	M5 水泥砂浆	m³	4.93	砌筑:4.93
7	1:1.25 水泥豆石浆	m³	4.59	楼地面:4.59
8	1:3 水泥砂浆	m³	18.989	楼地面:8.401　装饰:10.588
9	素水泥浆	m³	2.802	楼地面:1.098　装饰:1.704
10	1:2.5 水泥白石子浆	m³	5.74	楼地面:5.74
11	水泥	kg	86.26	楼地面:86.26
12	1:2.5 水泥砂浆	m³	1.315	装饰:1.315
13	1:1:6 混合砂浆	m³	19.635	装饰:19.635
14	1:1:4 混合砂浆	m³	8.363	装饰:8.363
15	1:1.5 白石子浆	m³	1.384	装饰:1.384
16	1:0.2:2 混合砂浆	m³	7.215	装饰:7.215
17	1:3:9 混合砂浆	m³	4.912	装饰:4.912
18	1:0.5:1 混合砂浆	m³	7.131	装饰:7.131
19	C10 混凝土	m³	32.724	楼地面:32.724
20	C15 混凝土	m³	56.198	混凝土及钢筋混凝土:24.918　门窗:0.06　楼地面:31.22
21	C20 混凝土	m³	68.316	混凝土及钢筋混凝土:68.316
22	C25 混凝土	m³	63.826	混凝土及钢筋混凝土:63.826
23	C20 细石混凝土	m³	0.018	屋面:0.018
24	沥青砂浆	m³	0.208	屋面:0.208
25	水泥珍珠岩	m³	35.90	保温:35.90
26	纸筋灰浆	m³	1.585	装饰:1.585
27	麻刀石灰浆	m³	0.099	门窗:0.099
28	钢管	kg	1113.23	脚手架:812.18　混凝土及钢筋混凝土:281.96　楼地面:19.09

（续）

序　号	名　　称	单　位	数　　量	其　　中
29	直角扣件	个	159.70	脚手架:159.70
30	对接扣件	个	22.33	脚手架:22.33
31	回转扣件	个	7.40	脚手架:7.40
32	底座	个	5.60	脚手架:5.60
33	预埋铁件	kg	8.28	门窗:8.28
34	扁钢	kg	62.53	楼地面:62.53
35	$\phi 18$ 圆钢筋	kg	99.13	楼地面:99.13
36	$\phi 10$ 内钢筋	t	2.446	混凝土及钢筋混凝土:2.446
37	$\phi 10$ 外钢筋	t	4.535	混凝土及钢筋混凝土:4.535
38	螺纹钢筋	t	3.799	混凝土及钢筋混凝土:3.799
39	冷拔丝	t	3.214	混凝土及钢筋混凝土:3.214
40	8 号钢丝	kg	255.74	脚手架:132.20　混凝土及钢筋混凝土:113.95　构件运安:9.59
41	22 号钢丝	kg	62.58	混凝土及钢筋混凝土:62.58
42	钢钉	kg	162.25	脚手架:31.00　混凝土及钢筋混凝土:125.23　门窗:6.02
43	钢丝绳	kg	5.36	脚手架:3.61　构件运安:1.75
44	零星卡具	kg	142.82	混凝土及钢筋混凝土:142.82
45	梁卡具	kg	7.34	混凝土及钢筋混凝土:7.34
46	钢拉模	kg	181.59	混凝土及钢筋混凝土:181.59
47	定型钢模	kg	0.70	混凝土及钢筋混凝土:0.70
48	组合钢模板	kg	532.69	混凝土及钢筋混凝土:532.69
49	螺钉	百个	0.30	门窗:0.30
50	石料切割锯片	片	1.81	楼地面:0.03　装饰:1.78
51	卡箍及螺栓	套	25.56	屋面:25.56
52	电焊条	kg	129.07	混凝土及钢筋混凝土:66.79　构件运安:56.97　门窗:0.81　楼地面:4.50
53	张拉机具	kg	112.18	混凝土及钢筋混凝土:112.18
54	垫铁	kg	195.80	构件运安:196.01
55	地脚	个	322.2	门窗:322.2
56	松厚板	m³	0.20	装饰:0.20
57	一等枋材	m³	1.621	门窗:1.621
58	二等枋材	m³	0.283	混凝土及钢筋混凝土:0.213　构件运安:0.07
59	木脚手架	m³	1.421	脚手架:1.421
60	60×60×60 垫木	块	25.10	脚手架:25.10
61	缆风桩木	m³	0.036	脚手架:0.036

（续）

序　号	名　　称	单　位	数　量	其　　中
62	方垫木	m³	0.17	构件运安:0.169　门窗:0.001
63	模板仿板材	m³	2.158	混凝土及钢筋混凝土:2.147　楼地面:0.011
64	枋木	m³	1.867	混凝土及钢筋混凝土:1.867
65	三层胶合板	m²	70.20	门窗:70.20
66	木楔	m³	0.004	门窗:0.004
67	1000×30×8 板条	根	1.21	门窗:1.21
68	锯木屑	m³	0.23	楼地面:0.23
69	木柴	kg	2042.5	楼地面:0.11　屋面:2042.39
70	6mm 玻璃	m²	61.16	门窗:61.16
71	3mm 玻璃	m²	19.30	门窗:1.45　楼地面:17.85
72	4mm 玻璃	m²	2.28	门窗:2.28
73	铝合金推拉窗	m²	57.86	门窗:57.86
74	粗砂	m³	0.003	楼地面:0.003
75	白水泥	kg	28.71	楼地面:1.01　装饰:27.70
76	铝合金固定窗	m²	2.09	门窗:2.09
77	乙炔气	m³	4.43	楼地面:4.43
78	棉纱头	kg	10.27	楼地面:3.75　装饰:6.52
79	30 号石油沥青	kg	0.31	楼地面:0.31
80	彩釉砖	m²	10.31	楼地面:10.31
81	150×75 面砖	块	35224	装饰:35224
82	152×152 瓷板	块	8284	装饰:8284
83	阴阳角瓷片	块	703	装饰:703
84	压顶瓷片	块	869	装饰:869
85	φ110 塑料排水管	m	39.21	屋面:39.21
86	1.8mm 玻纤布	m²	1266.43	屋面:1266.43
87	塑料油膏	kg	6554.42	屋面:6554.42
88	排水检查口	个	4.13	屋面:4.13
89	膨胀螺栓	套	644.4	门窗:644.4
90	密封油膏	kg	23.66	门窗:23.66
91	伸缩节	个	3.76	屋面:3.76
92	密封胶	kg	0.64	屋面:0.64
93	塑料水斗	个	6.06	屋面:6.06
94	麻绳	kg	0.26	构件运安:0.26
95	玻璃胶	支	32.34	门窗:32.34
96	密封毛条	m	252.77	门窗:252.77
97	YJ-302 胶粘剂	kg	60.87	装饰:60.87

（续）

序　号	名　称	单　位	数　量	其　中
98	红丹防锈漆	kg	4.65	装饰:4.65
99	熟桐油	kg	1.63	装饰:1.63
100	石膏粉	kg	1.93	装饰:1.93
101	无光调合漆	kg	9.58	装饰:9.58
102	调合漆	kg	14.76	装饰:14.76
103	漆片	kg	0.03	装饰:0.03
104	酒精	kg	0.16	装饰:0.16
105	催干剂	kg	0.51	装饰:0.51
106	砂纸	张	26.79	装饰:26.79
107	白布	m²	0.14	装饰:0.14
108	双飞粉	kg	3910	装饰:3910
109	软填料	kg	25.85	门窗:25.85
110	油灰	kg	1.63	门窗:1.63
111	乳白胶	kg	4.61	门窗:4.61
112	防腐油	kg	11.14	门窗:11.14
113	清油	kg	3.08	门窗:0.65　楼地面:1.76　装饰:0.67
114	80 号草板纸	张	125.65	混凝土及钢筋混凝土:125.65
115	隔离剂	kg	314.46	混凝土及钢筋混凝土:314.46
116	炉渣	m³	1.85	楼地面:1.85
117	三角金刚石	块	99.53	楼地面:99.53
118	200×75×50 金刚石	块	9.95	楼地面:9.95
119	草酸	kg	3.32	楼地面:3.32
120	硬白蜡	kg	8.79	楼地面:8.79
121	煤油	kg	13.27	楼地面:13.27
122	草袋子	m²	297.52	混凝土及钢筋混凝土:143.39　楼地面:154.13
123	108 胶	kg	42.11	装饰:42.11
124	117 胶	kg	1563.90	装饰:1563.90
125	防锈漆	kg	70.0	脚手架:70.0
126	溶剂油	kg	15.09	脚手架:7.53　门窗:0.37　楼地面:1.76　装饰:5.43
127	挡脚板	m³	0.16	脚手架:0.16
128	标准砖	千块	125.61	砌筑:125.61

3. 食堂建筑工程直接费用计算

食堂建筑工程直接工程费计算（实物金额法）见表 5-12。

表 5-12　直接工程费计算表

工程名称：××食堂

序　号	名　　称	单　位	数　量	单价/元	金额/元
一、	工日	工日	3372.44	25.00	84311
二、	机械				22732.23
1	6t 载重汽车	台班	22.61	242.62	5485.64
2	8t 汽车	台班	0.58	333.87	193.64
3	机动翻斗车	台班	5.27	92.03	485.00
4	电动打夯机	台班	21.03	20.24	425.65
5	6t 内塔式起重机	台班	0.70	447.70	313.39
6	10t 内龙门式起重机	台班	0.71	227.14	161.27
7	3t 内卷扬机	台班	2.01	63.03	126.69
8	5t 内卷扬机	台班	2.54	77.28	196.29
9	2t 内卷扬机	台班	102.83	52.00	5347.16
10	15m 带式运输机	台班	1.44	67.64	97.40
11	5t 内起重机	台班	13.61	385.53	5247.06
12	200L 灰浆机	台班	23.05	15.92	366.96
13	400L 混凝土搅拌机	台班	13.49	94.59	1276.02
14	插入式振动器	台班	13.27	10.62	140.93
15	平板式振动器	台班	2.71	12.77	34.61
16	平面磨面机	台班	35.76	19.04	680.87
17	石料切割机	台班	2.87	18.41	52.84
18	500 内圆锯	台班	2.73	22.29	60.85
19	600 内木工单面压刨	台班	0.02	24.17	0.48
20	450 木工平刨床	台班	0.78	16.14	12.59
21	400 木工三面压刨床	台班	0.75	48.15	36.11
22	50 木工打眼机	台班	1.11	10.01	11.11
23	160 木工开榫机	台班	1.04	49.28	51.25
24	400 木工多面裁口机	台班	35.76	30.16	1078.52
25	40kV·A 电焊机	台班	0.28	65.64	18.38
26	30kW 内电焊机	台班	2.35	47.42	111.44
27	75kV·A 对焊机	台班	8.53	69.89	596.16
28	75kV·A 长臂点焊机	台班	0.23	85.62	19.69
29	φ14 钢筋调直机	台班	0.09	41.56	3.74
30	φ40 内钢筋切断机	台班	1.23	36.73	45.18
31	φ40 内钢筋弯曲机	台班	2.24	24.69	55.31
三、	材料				210402.63
1	水	m³	360.95	0.80	288.76
2	M5 混合砂浆	m³	47.053	120.00	5646.36

（续）

序　号	名　　　称	单　位	数　量	单价/元	金额/元
3	M2.5 混合砂浆	m³	1.145	102.30	117.13
4	1:2 水泥砂浆	m³	2.749	230.02	632.32
5	1:1 水泥砂浆	m³	0.889	288.98	256.90
6	M5 水泥砂浆	m³	4.93	124.32	612.90
7	1:1.25 水泥豆石浆	m³	4.59	268.20	1231.04
8	1:3 水泥砂浆	m³	18.989	182.82	3471.57
9	素水泥浆	m³	2.802	461.70	1293.68
10	1:2.5 水泥白石子浆	m³	5.74	407.74	2340.43
11	水泥	kg	86.26	0.30	25.88
12	1:2.5 水泥砂浆	m³	1.315	210.72	277.10
13	1:1:6 混合砂浆	m³	19.635	128.22	2517.60
14	1:1:4 混合砂浆	m³	8.363	155.32	1298.94
15	1:1.5 白石子浆	m³	1.384	464.90	643.42
16	1:0.2:2 混合砂浆	m³	7.215	216.70	1563.49
17	1:3:9 混合砂浆	m³	4.912	115.00	564.88
18	1:0.5:1 混合砂浆	m³	7.131	243.20	1734.26
19	C10 混凝土	m³	32.724	133.39	4365.05
20	C15 混凝土	m³	56.198	144.40	8114.99
21	C20 混凝土	m³	68.316	155.93	10652.51
22	C25 混凝土	m³	63.826	165.80	10582.35
23	C20 细石混凝土	m³	0.018	170.64	3.07
24	沥青砂浆	m³	0.208	378.92	78.82
25	水泥珍珠岩	m²	35.90	113.65	4080.04
26	纸筋灰浆	m²	1.585	110.90	175.78
27	麻刀石灰浆	m³	0.099	140.18	13.88
28	钢管	kg	1113.23	3.50	3896.31
29	直角扣件	个	159.70	4.80	766.56
30	对接扣件	个	22.33	4.30	96.02
31	回转扣件	个	7.40	4.80	35.52
32	底座	个	5.60	4.20	23.52
33	预埋铁件	kg	8.28	3.80	31.46
34	扁钢	kg	62.53	3.10	193.84
35	$\phi 18$ 钢筋	kg	99.13	2.90	287.48
36	$\phi 10$ 内钢筋	t	2.446	2950	7215.70
37	$\phi 10$ 外钢筋	t	4.535	2900	13151.50
38	螺纹钢筋	t	3.799	2900	11017.10
39	冷拔丝	t	3.214	3100	9963.40

（续）

序　号	名　　称	单　位	数　量	单价/元	金额/元
40	8 号钢丝	kg	255.74	3.50	895.09
41	22 号钢丝	kg	62.58	4.00	250.32
42	钢钉	kg	162.25	6.00	973.50
43	钢丝绳	kg	5.36	4.50	24.12
44	零星卡具	kg	142.82	4.60	656.97
45	梁卡具	kg	7.34	4.50	33.03
46	钢拉模	kg	181.59	4.50	817.16
47	定型钢模	kg	0.70	4.50	3.15
48	组合钢模	kg	532.69	4.30	2290.57
49	螺钉	百个	0.30	2.80	0.84
50	石料切割锯片	片	1.81	80.00	144.80
51	卡箍及螺栓	套	26.56	2.00	53.12
52	电焊条	kg	129.07	6.00	774.42
53	张拉机具	kg	112.18	8.00	897.44
54	垫铁	kg	195.80	2.80	548.24
55	地脚	个	322.20	0.18	58.00
56	松厚板	m³	0.20	1200.00	240
57	一等枋材	m³	1.621	1200.00	1945.20
58	二等枋材	m³	0.283	1100.00	311.30
59	木脚手架	m³	1.421	1000.00	1421
60	60×60×60 垫木	块	25.10	0.30	7.53
61	缆风桩木	m³	0.036	1000.00	36
62	方垫木	m³	0.17	1000.00	170
63	模板枋板材	m³	2.158	1100.00	2373.80
64	枋木	m³	1.867	1200.00	2240.4
65	三层胶合板	m²	70.20	14.00	982.80
66	木楔	m³	0.004	800.00	3.20
67	1000×30×8 板条	根	1.21	0.30	0.36
68	锯木屑	m³	0.23	7.00	1.61
69	木柴	kg	2042.5	0.20	408.50
70	6mm 玻璃	m²	61.16	27.00	1651.32
71	3mm 玻璃	m²	19.30	13.16	253.99
72	4mm 玻璃	m²	2.28	18.66	42.54
73	铝合金推拉窗	m²	57.86	236.00	13654.96
74	粗砂	m²	0.003	35.00	0.11
75	白水泥	kg	28.71	0.50	14.36
76	铝合金固定窗	m²	2.09	193.00	403.37

（续）

序　号	名　　　称	单　位	数　量	单价/元	金额/元
77	乙炔气	m³	4.43	12.00	53.16
78	棉纱头	kg	10.27	5.00	51.35
79	30 号石油沥青	kg	0.31	0.88	0.27
80	彩釉砖	m²	10.31	55.00	567.05
81	150×75 面砖	块	35224	0.50	17612
82	152×152 瓷板	块	8284	0.55	4556.20
83	阳极角瓷片	块	703	0.30	210.90
84	压顶瓷片	块	869	0.30	260.70
85	φ110 塑料排水管	m	39.21	22.00	862.62
86	1.8mm 玻纤布	m²	1266.43	1.20	1519.72
87	塑料油膏	kg	6554.42	1.85	12125.68
88	排水检查口	个	4.13	18.00	74.34
89	膨胀螺栓	套	644.4	2.20	1417.68
90	密封油膏	kg	23.66	16.00	378.56
91	伸缩节	个	3.76	9.50	35.72
92	密封胶	kg	0.64	14.00	8.96
93	塑料水斗	个	6.06	19.00	115.14
94	麻绳	kg	0.26	4.50	1.17
95	玻璃胶	支	32.34	5.10	164.93
96	密封毛条	m	252.77	0.20	50.55
97	YJ-302 胶粘剂	kg	60.87	15.80	961.75
98	红丹防锈漆	kg	4.65	12.00	55.8
99	熟桐油	kg	1.63	18.20	29.67
100	石膏粉	kg	1.93	0.50	0.97
101	无光调合漆	kg	9.58	16.00	153.28
102	调合漆	kg	14.76	14.50	214.02
103	漆片	kg	0.03	24.00	0.72
104	酒精	kg	0.16	13.00	2.08
105	催干剂	kg	0.51	15.00	7.65
106	砂纸	张	26.79	0.18	4.82
107	白布	m²	0.14	5.60	0.78
108	双飞粉	kg	3910	0.50	1955
109	软填料	kg	25.85	3.80	98.23
110	油灰	kg	1.63	2.60	4.24
111	乳白胶	kg	4.61	7.00	32.27
112	防腐油	kg	11.14	1.50	16.71
113	清油	kg	3.08	11.80	36.34

（续）

序号	名称	单位	数量	单价/元	金额/元
114	80 号草板纸	张	125.65	1.10	138.22
115	隔离剂	kg	314.46	1.20	377.35
116	炉渣	m³	1.85	15.00	27.75
117	三角金刚石	块	99.53	3.70	368.26
118	200×75×50 金刚石	块	9.95	10.00	99.50
119	草酸	kg	3.32	7.00	23.24
120	硬白蜡	kg	8.79	6.00	52.74
121	煤油	kg	13.27	1.60	21.23
122	草袋子	m²	297.52	0.55	163.64
123	108 胶	kg	42.11	1.10	46.32
124	117 胶	kg	1563.90	1.15	1798.49
125	防锈漆	kg	70.0	10.00	700
126	溶剂油	kg	15.09	7.60	114.68
127	挡脚板	m³	0.16	900.00	144
128	标准砖	千块	125.61	150.00	18841.50
	合计：				317445.86

4. 食堂建筑工程脚手架费、模板费分析

食堂建筑工程脚手架费、模板费分析见表 5-13（根据表 5-10、表 5-11、表 5-12 计算）。

表 5-13　分　析　表

费用名称		工料机名称	单位	数量	单价	合格	小计	
脚手架费	人工费	人工	工日	127.33	25.00	3183.25	3183.25	
	材料费	钢管	kg	812.18	3.50	2842.63	6665.35	10343.5
		直角扣件	个	159.70	4.80	766.56		
		对接扣件	个	22.33	4.30	96.02		
		回转扣件	个	7.40	4.80	35.52		
		底座	个	5.60	4.20	23.52		
		8 号钢丝	kg	132.20	3.50	462.70		
		钢钉	kg	31.00	6.00	186.00		
		钢丝绳	kg	3.61	4.50	16.25		
		木脚手架	m³	1.421	1000.00	1421.00		
		60×60×60 垫木	块	25.10	0.30	7.53		
		缆风桩木	m³	0.036	1000.00	36.00		
		防锈漆	kg	70.00	10.00	700.00		
		溶剂油	kg	7.53	7.60	57.23		
		挡脚板	m³	0.016	900.00	14.40		
	机械费	6t 载重汽车	台班	2.04	242.62	494.94	494.94	

（续）

费用名称		工料机名称	单位	数量	单价	合格	小 计	
模板及支架费	人工费	人工	工日	443.90	25.00	11097.50	11097.50	22512
	材料费	组合钢模板	kg	532.69	4.30	2290.57	10292.54	
		模板枋板材	m³	2.147	1100.00	2361.70		
		枋木	m³	1.867	1200.00	2240.40		
		零星卡具	kg	142.82	4.60	656.97		
		钢钉	kg	125.23	6.00	751.38		
		8 号钢丝	kg	113.95	3.50	398.83		
		80 号草板纸	张	125.65	1.10	138.22		
		隔离剂	kg	314.46	1.20	377.35		
		1:2 水泥砂浆	m³	0.197	230.02	45.31		
		22 号钢丝	kg	2.981	4.00	11.92		
		钢管及扣件	kg	281.96	3.50	986.86		
		梁卡具	kg	7.34	4.50	33.03		
	机械费	6t 载重汽车	台班	2.13	242.62	516.78	1122.20	
		5t 汽车起重机	台班	1.10	385.53	424.08		
		500 内圆锯	台班	2.43	22.29	54.16		
		3t 内卷扬机	台班	2.01	63.03	126.69		
		600 内木工单面压刨机	台班	0.02	24.17	0.48		

5.2 间接费用、利润、税金的计算及费率的确定

5.2.1 间接费用、利润、税金的组成

1. 间接费用

间接费由规费、企业管理费组成。

（1）规费 规费是指政府和有关权力部门规定必须缴纳的费用。其中包括：

1）工程排污费。工程排污费是指施工现场按规定缴纳的工程排污费。

2）工程定额测定费。工程定额测定费是指按规定支付工程造价（定额）管理部门的定额测定费。

3）社会保障费。社会保障费包括养老保险费、失业保险费、医疗保险费。

①养老保险费是指企业按规定标准为职工缴纳的基本养老保险费。

②失业保险费是指企业按照规定标准为职工缴纳的失业保险费。

③医疗保险费是指企业按照规定标准为职工缴纳的基本医疗保险费。

4）住房公积金。住房公积金是指企业按规定标准为职工缴纳的住房公积金。

5）危险作业意外伤害保险。危险作业意外伤害保险是指按照建筑法规定，企业为从事危险作业的建筑安装施工人员支付的意外伤害保险费。

（2）企业管理费 企业管理费是指建筑安装企业组织施工生产和经营管理所需费用，由管理人员工资、办公费等费用组成。内容包括：

1）管理人员工资。管理人员工资是指管理人员的基本工资、工资性补贴、职工福利费、劳动保护费等。

2）办公费。办公费是指企业管理办公用的文具、纸张、账表、印刷、邮电、书报、会议、水电、烧水和集体取暖（包括现场临时宿舍取暖）用煤等费用。

3）差旅交通费。差旅交通费是指职工因公出差、调动工作的差旅费、住勤补助费，市内交通费和误餐补助费，职工探亲路费，劳动力招募费，职工离退休、退职一次性路费，工伤人员就医路费，工地转移费以及管理部门使用的交通工具的油料、燃料、养路费及牌照费。

4）固定资产使用费。固定资产使用费是指管理和试验部门及附属生产单位使用的属于固定资产的房屋、设备仪器等的折旧、大修、维修或租赁费。

5）工具用具使用费。工具用具使用费是指管理使用的不属于固定资产的生产工具、器具、家具、交通工具和检验、试验、测绘、消防用具等的购置、维修和摊销费。

6）劳动保险费。劳动保险费是指由企业支付离退休职工的易地安家补助费、职工退职金、六个月以上的病假人员工资、职工死亡丧葬补助费、抚恤费、按规定支付给离休干部的各项经费。

7）工会经费。工会经费是指企业按职工工资总额计提的工会经费。

8）职工教育经费。职工教育经费是指企业为职工学习先进技术和提高文化水平，按职工工资总额计提的费用。

9）财产保险费。财产保险费是指施工管理用财产、车辆保险。

10）财务费。财务费是指企业为筹集资金而发生的各种费用。

11）税金。税金是指企业按规定缴纳的房产税、车船使用税、土地使用税、印花税等。

12）其他。包括技术转让费、技术开发费、业务招待费、绿化费、广告费、公证费、法律顾问费、审计费、咨询费等。

2. 利润

利润是指施工企业完成所承包工程获得的盈利。

3. 税金

税金是指国家税法规定的应计入建筑安装工程造价内的营业税、城市维护建设税及教育费附加等。

5.2.2 间接费用、税金、利润的计算与费率确定

1. 间接费的计算

（1）间接费的计算方法 间接费的计算方法按取费基数的不同分为以下三种：

1）以直接费为计算基础

$$间接费 = 直接费合计 \times 间接费费率(\%)$$

2）以人工费和机械费合计为计算基础

$$间接费 = 人工费和机械费合计 \times 间接费费率(\%)$$

$$间接费费率(\%) = 规费费率(\%) + 企业管理费费率(\%)$$

3）以人工费为计算基础

$$间接费 = 人工费合计 \times 间接费费率(\%)$$

（2）规费费率　根据本地区典型工程发承包价的分析资料综合取定规费计算中所需数据：

1）每万元发承包价中人工费含量和机械含量。

2）人工费占直接费的比例。

3）每万元发承包价中所含规费缴纳标准的各项基数。

规费费率的计算公式：

1）以直接费为计算基础

$$规费费率(\%) = \frac{\sum 规费缴纳标准 \times 每万元发承包价计算基数}{每万元发承包价中的人工费含量} \times$$

$$人工费占直接费的比例(\%)$$

2）以人工费和机械费合计为计算基础

$$规费费率(\%) = \frac{\sum 规费缴纳标准 \times 每万元发承包价计算基数}{每万元发承包价中的人工费含量和机械费含量} \times 100\%$$

3）以人工费为计算基础

$$规费费率(\%) = \frac{\sum 规费缴纳标准 \times 每万元发承包价计算基数}{每万元发承包价中的人工费含量} \times 100\%$$

（3）企业管理费费率　企业管理费费率计算公式：

1）以直接费为计算基础

$$企业管理费费率(\%) = \frac{生产工人年平均管理费}{年有效施工天数 \times 人工单价} \times 人工费占直接费比例(\%)$$

$$企业管理费 = 直接费 \times 企业管理费费率$$

2）以人工费和机械费合计为计算基础

$$企业管理费费率(\%) = \frac{生产工人年平均管理费}{年有效施工天数 \times (人工单价 + 每一工日机械使用费)} \times 100\%$$

$$企业管理费 = (人工费 + 机械费) \times 企业管理费费率$$

3）以人工费为计算基础

$$企业管理费费率(\%) = \frac{生产工人年平均管理费}{年有效施工天数 \times 人工单价} \times 100\%$$

$$企业管理费 = 人工费 \times 企业管理费费率$$

2. 利润的计算公式

（1）以直接费为计算基础

$$利润 = 直接费 \times 利润率$$

（2）以人工费和机械费合计为计算基础

$$利润 = (人工费 + 机械费) \times 利润率$$

（3）以人工费为计算基础

$$利润 = 人工费 \times 利润费$$

3. 税金的计算公式

$$税金 = (税前造价 + 利润) \times 税率(\%)$$

（1）纳税地点在市区的企业

$$税率(\%)=\frac{1}{1-3\%-(3\%\times7\%)-(3\%\times3\%)}-1$$

（2）纳税地点在县城、镇的企业

$$税率(\%)=\frac{1}{1-3\%-(3\%\times5\%)-(3\%\times3\%)}-1$$

（3）纳税地点不在市区、县城、镇的企业

$$税率(\%)=\frac{1}{1-3\%-(3\%\times1\%)-(3\%\times3\%)}-1$$

5.3　建筑安装工程费用的计算方法与条件

5.3.1　建筑安装工程费用的计算方法

1. 建筑安装工程费用（造价）理论计算方法

根据前面的论述，建筑安装工程计算理论公式和建筑安装工程的费用构成，确定为以下计算方法，见表5-14。

表5-14　建筑安装工程费用（造价）理论计算方法

序　号	费用名称	计　算　式	
（一）	直接费	定额直接费	$\sum$（分项工程量×定额基价）
		措施费	定额直接工程费×有关措施费费率 或:定额人工费×有关措施费费率 或:按规定标准计算
（二）	间接费	（一）×间接费费率 或:定额人工费×间接费费率	
（三）	利润	（一）×利润率 或:定额人工费×利润率	
（四）	税金	营业税 = [（一）+（二）+（三）]×$\dfrac{营业税率}{1-营业税率}$ 城市维护建设税 = 营业税×税率 教育费附加 = 营业税×附加税率	
	工程造价	（一）+（二）+（三）+（四）	

2. 计算建筑安装工程费用的原则

定额直接费根据预算定额基价算出，这具有很强的规范性。按照这一思路，对于措施费、规费、企业管理费等有关费用的计算也必须遵循其规范性。以保证建筑安装工程造价的社会必要劳动量的水平。为此，工程造价主管部门对各项费用计算做了明确的规定：

1）建筑工程一般以定额直接工程费为基础计算各项费用。

2）安装工程一般以定额人工费为基础计算各项费用。

3）装饰工程一般以定额人工费为基础计算各项费用。

4）材料价差不能作为计算间接费等费用的基础。

为了保证计算出的措施费、间接费等各项费用的水平具有稳定性，所以要确定上述的理论基础。首先，措施费、间接费等费用是按一定的取费基础乘上规定的费率确定的。当费率确定后，要求计算基础必须相对稳定。因而，以定额直接工程费或定额人工费作为取费基础，具有相对稳定性，不管工程在定额执行范围内的什么地方施工，不管由哪个施工单位施工，都能保证计算出水平较一致的各项费用。

其次，以定额直接工程费作为取费基础，既考虑了人工消耗与管理费用的内在关系，又考虑了机械台班消耗量对施工企业提高机械化水平的推动作用。

再者，由于安装工程、建筑装饰工程的材料、设备由于设计的要求不同，使材料费产生较大幅度的变化，而定额人工费具有相对稳定性，再加上措施费、间接费等费用与人员的管理幅度有直接联系。所以，安装工程、装饰工程采用定额人工费为取费基础计算各项费用较合理。

3. 建筑安装工程费用计算程序

建筑安装工程费用计算程序也称建筑安装工程造价计算程序，是指计算建筑安装工程造价有规律的顺序。建筑安装工程费用计算程序没有全国统一的格式，一般由省、市、自治区工程造价主管部门结合本地区具体情况确定。

（1）建筑安装工程费用计算程序的拟定　拟定建筑安装工程费用计算程序主要有两个方面的内容，一是拟定费用项目和计算顺序；二是拟定取费基础和各项费率。

1）建筑安装工程费用项目及计算顺序的拟定。各地区参照国家主管部门规定的建筑安装工程费用项目和取费基础，结合本地区实际情况拟定费用项目和计算顺序，并颁布在本地区使用的建筑安装工程费用计算程序。

2）费用计算基础和费率的拟定。在拟定建筑安装工程费用计算基础时，应遵照国家的有关规定，应遵守确定工程造价的客观经济规律，使工程造价的计算结果较准确地反映本行业的生产力水平。当取费确定和费用项目确定之后，就可以根据有关资料测算出各项费用的费率，以满足计算工程造价的需要。

（2）建筑安装工程费用计算程序示例　建筑安装工程费用计算程序示例见表5-15。

表5-15　建筑安装工程费用计算程序示例

费用名称	序号		费用项目	计　算　式	
				以定额直接工程费为计算基础	以定额人工费为计算基础
直接费	（一）		直接工程费	Σ（分项工程量×定额基价）	Σ（分项工程量×定额基价）
	（二）		单项材料价差调整	Σ［单位工程某材料用量×（现行材料单价－定额材料单价）］	Σ［单位工程某材料用量×（现行材料单价－定额材料单价）］
	（三）		综合系数调整材料价差	定额材料费×综调系数	定额材料费×综调系数
直接费	（四）	措施费	环境保护费	按规定计取	按规定计取
			文明施工费	（一）×费率	定额人工费×费率
			安全施工费	（一）×费率	定额人工费×费率
			临时设施费	（一）×费率	定额人工费×费率
			夜间施工费	（一）×费率	定额人工费×费率

（续）

费用名称	序号	费用项目		计算式	
				以定额直接工程费为计算基础	以定额人工费为计算基础
直接费	（四）	措施费	二次搬运费	（一）×费率	定额人工费×费率
			大型机械进出场及安拆费	按措施项目定额计算	按措施项目定额计算
			混凝土、钢筋混凝土模板及支架费	按措施项目定额计算	按措施项目定额计算
			脚手架费	按措施项目定额计算	按措施项目定额计算
			已完工程及设备保护费	按措施项目定额计算	按措施项目定额计算
			施工排水、降水费	按措施项目定额计算	按措施项目定额计算
间接费	（五）	规费	工程排污费	按规定计算	按规定计算
			工程定额测定费	（一）×费率	（一）×费率
			社会保障费	定额人工费×费率	定额人工费×费率
			住房公积金	定额人工费×费率	定额人工费×费率
			危险作业意外伤害保险	定额人工费×费率	定额人工费×费率
	（六）	企业管理费		（一）×企业管理费费率	定额人工费×企业管理费费率
利润	（七）	利润		（一）×利润率	定额人工费×利润率
税金	（八）	营业税		$[（一）～（七）之和]×\dfrac{营业税率}{1-营业税率}$	$[（一）～（七）之和]×\dfrac{营业税率}{1-营业税率}$
	（九）	城市维护建设税		（八）×城市维护建设税率	（八）×城市维护建设税率
	（十）	教育费附加		（八）×教育费附加税率	（八）×教育费附加税率
工程造价		工程造价		（一）～（十）之和	（一）～（十）之和

5.3.2　计算建筑安装工程费用的条件

计算建筑安装工程费用，要根据工程类别和施工企业取费证等级确定各项费率。

1. 建设工程类别划分

（1）建筑工程类别划分　见表5-16。

表5-16　建筑工程类别划分

一类工程	1）跨度30m以上的单层工业厂房；建筑面积9000m² 以上的多层工业厂房
	2）单炉蒸发量10t/h以上或蒸发量30t/h以上的锅炉房
	3）层数30层以上多层建筑
	4）跨度30m以上的钢网架、悬索、薄壳屋盖建筑
	5）建筑面积12000m² 以上的公共建筑，20000个座位以上的体育场
	6）高度100m以上的烟囱；高度60m以上或容积100m³ 以上的水塔；容积4000m³ 以上的池类
二类工程	1）跨度30m以内的单层工业厂房；建筑面积6000m² 以上的多层工业厂房
	2）单炉蒸发量6.5t/h以上或蒸发量20t/h以上的锅炉房
	3）层数16层以上多层建筑
	4）跨度30m以内的钢网架、悬索、薄壳屋盖建筑
	5）建筑面积8000m² 以上的公共建筑，20000个座位以内的体育场
	6）高度100m以内的烟囱；高度60m以内或容积100m³ 以内的水塔；容积3000m³ 以上的池类

（续）

三类 工程	1）跨度24m以内的单层工业厂房；建筑面积3000m² 以上的多层工业厂房 2）单炉蒸发量4t/h 以上或蒸发量10t/h 以上的锅炉房 3）层数8层以上多层建筑 4）建筑面积5000m² 以上的公共建筑 5）高度50m以内的烟囱；高度40m以内或容积50m³ 以内的水塔；容积1500m³ 以上的池类 6）栈桥、混凝土储仓、料斗
四类 工程	1）跨度18m以内的单层工业厂房；建筑面积3000m² 以内的多层工业厂房 2）单炉蒸发量4t/h 以内或蒸发量10t/h 以内的锅炉房 3）层数8层以内多层建筑 4）建筑面积5000m² 以内的公共建筑 5）高度30m以内的烟囱；高度25m以内的水塔；容积1500m³ 以内的池类 6）运动场，混凝土挡土墙、围墙、保坎、砖、石挡土墙

注：1. 跨度：是指按设计图标注的相邻两纵向定位轴线的距离，多跨厂房或仓库按主跨划分。
　　2. 层数：是指建筑分层数。地下室、面积小于标准层30%的顶层、2.2m以内的技术层、不计层数。
　　3. 面积：是指单位工程的建筑面积。
　　4. 公共建筑：是指①礼堂、会堂、影剧院、俱乐部、音乐厅、报告厅、排演厅、文化宫、青少年宫。②图书馆、博物馆、美术馆、档案馆、体育馆。③火车站、汽车站的客运楼、机场候机楼、航运站客运楼。④科学实验研究楼、医疗技术楼、门诊楼、住院楼、邮电通信楼、邮政大楼、大专院校教学楼、电教楼、试验楼⑤综合商业服务大楼、多层商场、贸易科技中心大楼、食堂、浴室、展销大厅。
　　5. 冷库工程和建筑物有声、光、超净、恒温、无菌等特殊要求者按相应类别的上一类取费。
　　6. 工程分类均按单位工程划分，内部设施、相连裙房及附属于单位工程的零星工程（如化粪池、排水、排污沟等），如为同一企业施工，应并入该单位工程一并分类。

（2）装饰工程类别划分　见表5-17。

表5-17　装饰工程类别划分

一类工程	每平方米(装饰建筑面积)定额直接费(含未计价材料费)1600元以上的装饰工程；外墙面各种幕墙、石材干挂工程
二类工程	每平方米(装饰建筑面积)定额直接费(含未计价材料费)1000元以上的装饰工程；外墙面二次块料面层单项装饰工程
三类工程	每平方米(装饰建筑面积)定额直接费(含未计价材料费)500元以上的装饰工程
四类工程	独立承包的各类单项装饰工程；每平方米(装饰建筑面积)定额直接费(含未计价材料费)500元以内的装饰工程；家庭装饰工程

注：除一类装饰工程外，有特殊声光要求的装饰工程，其类别按表中规定相应提高一类。

2. 施工企业工程取费级别评审条件

施工企业工程取费级别评审条件见表5-18。

表5-18　施工企业工程取费级别评审条件

取费级别	评　审　条　件
一级取费	1）企业具有一级资质证书 2）企业近五年来承担过两个以上一类工程 3）企业参加了社会劳保统筹，退(离)休职工人数占在册职工人数30%以上

（续）

取费级别	评审条件
二级取费	1）企业具有二级资质证书 2）企业近五年来承担过两个以上二类及其以上工程 3）企业参加了社会劳保统筹，退（离）休职工人数占在册职工人数20%以上
三级取费	1）企业具有三级资质证书 2）企业近五年来承担过两个三类及其以上工程 3）企业参加了社会劳保统筹，退（离）休职工人数占在册职工人数10%以上
四级取费	1）企业具有四级资质证书 2）企业五年来承担过两个四类及其以上工程 3）企业参加了社会劳保统筹，退（离）休职工人数占在册职工人数10%以下

5.4　建筑工程费用计算实例

5.4.1　建筑工程费用费率标准

1. 措施费标准

（1）建筑工程　某地区建筑工程主要措施费标准见表5-19。

表 5-19　建筑工程主要措施费标准

工程类别	计算基础	文明施工（%）	安全施工（%）	临时设施（%）	夜间施工（%）	二次搬运（%）
一类	定额直接工程费	1.5	2.0	2.8	0.8	0.6
二类	定额直接工程费	1.2	1.6	2.6	0.7	0.5
三类	定额直接工程费	1.0	1.3	2.3	0.6	0.4
四类	定额直接工程费	0.9	1.0	2.0	0.5	0.3

（2）装饰工程　某地区装饰工程主要措施费标准见表5-20。

表 5-20　装饰工程主要措施费标准

工程类别	计算基础	文明施工（%）	安全施工（%）	临时设施（%）	夜间施工（%）	二次搬运（%）
一类	定额人工费	7.5	10.0	11.2	3.8	3.1
二类	定额人工费	6.0	8.0	10.4	3.4	2.6
三类	定额人工费	5.0	6.5	9.2	2.9	2.2
四类	定额人工费	4.5	5.0	8.1	2.3	1.6

2. 规费标准

某地区建筑工程、装饰工程主要规费标准见表5-21。

表 5-21　建筑工程、装饰工程主要规费标准

工程类别	计算基础	社会保障费（%）	住房公积金（%）	危险作业意外伤害保险（%）
一类	定额人工费	16	6.0	0.6
二类	定额人工费	16	6.0	0.6
三类	定额人工费	16	6.0	0.6
四类	定额人工费	16	6.0	0.6

注：工程定额测定费：（一～四类工程）直接工程费×0.12%。

3. 企业管理费标准

某地区企业管理费标准见表5-22。

表5-22　企业管理费标准

工程类别	建 筑 工 程		装 饰 工 程	
	计算基础	费率(%)	计算基础	费率(%)
一类	定额直接工程费	7.5	定额人工费	38.6
二类	定额直接工程费	6.9	定额人工费	35.2
三类	定额直接工程费	5.9	定额人工费	32.5
四类	定额直接工程费	5.1	定额人工费	27.6

4. 利润标准

某地区利润标准见表5-23。

表5-23　利 润 标 准

取 费 级 别		计算基础	利润(%)	计算基础	利润(%)
一级取费	I	定额直接工程费	10	定额人工费	55
	II	定额直接工程费	9	定额人工费	50
二级取费	I	定额直接工程费	8	定额人工费	44
	II	定额直接工程费	7	定额人工费	39
三级取费	I	定额直接工程费	6	定额人工费	33
	II	定额直接工程费	5	定额人工费	28
四级取费	I	定额直接工程费	5	定额人工费	22
	II	定额直接工程费	4	定额人工费	17

5. 计取税金的标准

某地区计取税金标准见表5-24。

表5-24　计取税金标准

工程所在地	营 业 税		城市维护建设税		教育费附加	
	计算基础	税率(%)	计算基础	税率(%)	计算基础	税率(%)
在市区	直接费+间接费+利润	3.093	营业税	7	营业税	3
在县城、镇	直接费+间接费+利润	3.093	营业税	5	营业税	3
不在市区、县城、镇	直接费+间接费+利润	3.093	营业税	1	营业税	3

5.4.2　建筑工程费用计算

继续上述某食堂工程的案例，该工程由某二级施工企业施工，根据表5-12、表5-13中汇总的数据和下列有关条件，计算该工程的工程造价。相关条件如下：

1）建筑层数及工程类别：3层；四类工程；工程在市区。

2）取费等级：二级Ⅱ档。

3）直接工程费：

见表 5-12 中：人工费 84311.00 元。

机械费 22732.23 元。

材料费 210402.63 元。

扣减脚手架费 10343.55 元（见表 5-13）。

扣减模板费 22512.24 元（见表 5-13）。

直接工程费小计：317445.86 - 10343.55 - 22512.24 = 284590.07（元）。

4）其他规定：按合同规定收取下列费用：

①环境保护费（某地区规定，按直接工程费的 0.4% 收取）。

②文明施工费。

③安全施工费。

④临时设施费。

⑤二次搬运费。

⑥脚手架费。

⑦混凝土及钢筋混凝土模板及支架费。

⑧工程定额测定费。

⑨社会保障费。

⑩住房公积金。

⑪利润和税金。

5）根据上述条件和表 5-19～表 5-24 确定费率和计算各项费用。

6）根据费用计算程序以直接工程费为基础计算某食堂工程的工程造价，见表 5-25。

表 5-25　某食堂建筑工程造价计算表

序号	费用名称		计算式	金额/元
（一）	直接工程费		317445.86 - 10343.55 - 22512.24	284590.07
（二）	单项材料价差调整		采用实物金额法不计算此费用	—
（三）	综合系数调整材料价差		采用实物金额法不计算此费用	—
（四）	措施费	环境保护费	284590.07 × 0.4% = 1138.36 元	47480.57
		文明施工费	284590.07 × 0.9% = 2561.31 元	
		安全施工费	284590.07 × 1.0% = 2845.90 元	
		临时设施费	284590.07 × 2.0% = 5691.80 元	
		夜间施工增加费	284590.07 × 0.5% = 1422.95 元	
		二次搬运费	284590.07 × 0.3% = 853.77 元	
		大型机械进出场及安拆装	—	
		脚手架费	10343.55 元	
		已完工程及设备保护费	—	
		混凝土及钢筋混凝土模板及支架费	22512.24 元	
		施工费、降水费		

序号		费 用 名 称	计 算 式	金额/元
（五）	规费	工程排污费	—	18889.93
		工程定额测定费	284590.07×0.12%=341.51元	
		社会保障费	84311.00×16%=13489.76元	
		住房公积金	84311.00×6.0%=5058.66元	
		危险作业意外伤害保险	—	
（六）	企业管理费		284590.07×5.1%=14514.09元	14514.09
（七）	利润		284590.07×7%=19921.30元	19921.30
（八）	营业税		385396.00×3.093%=11920.30元	11920.30
（九）	城市维护建设税		11920.30×7%=834.42元	834.42
（十）	教育费附加		11920.30×3%=357.61元	357.61
	工程造价		（一）～（十）之和	398508.29

第6章 安装工程预算编制与实例

6.1 安装工程工程量计算

6.1.1 电气设备安装工程工程量计算

本章以民用建筑室内部分安装工程预算编制为例,讲述其工程量计算的相关编制要点,与建筑工程预算编制相同的部分,此处不赘述。

1. 照明灯具

1)普通灯具安装工程量按其套数计算,不同灯具形式(吸顶灯、吊灯、壁灯等)、灯罩形式及直径应分别计算其工程量。

2)荧光灯具安装工程量按其套数计算,不同灯具类型(组装型、成套型)、灯具形式(吊链式、吊管式、吸顶式、嵌入式)、管数(单管、双管、三管)应分别计算其工程量。

3)工厂灯及其他灯具安装工程量按其套数计算,不同灯具形式应分别计算其工程量。其中,高压水银灯镇流器安装工程量按其个数计算。烟囱、水塔、独立式塔架标志灯安装工程量按其套数计算,不同安装高度应分别计算。

4)医院灯具安装工程量按其套数计算,不同用途灯具应分别计算其工程量。

5)艺术花灯安装工程量按其套数计算,不同花灯形式、灯头数应分别计算其工程量。

6)路灯安装工程量按其套数计算,不同路灯形式、马路弯灯臂长、庭院路灯灯头数(火数)应分别计算其工程量。

7)开关、按钮、插座安装工程量按其套数计算,不同形式、安装方式(明装、暗装)、插座相孔数及电流强度应分别计算其工程量。

8)安全变压器安装工程量按其台数计算,不同容量(V·A)应分别计算。电铃安装工程量按其套数计算,不同电铃直径、电铃号牌箱规格应分别计算。风扇安装工程量按其台数计算,不同风扇类型(吊扇、壁扇)应分别计算。

2. 配管、配线

1)电线管敷设工程量按其长度计算,不扣除管路中间的接线箱、盒、灯头盒、开关盒所占长度。不同敷设方式(明配或暗配)、敷设所在结构、电线管公称口径应分别计算其工程量。

2)钢管、防爆钢管敷设工程量按其长度计算,不扣除管路中间的接线箱、盒、灯头盒、开关盒所占长度。不同敷设方式、敷设所在结构、钢管公称口径应分别计算其工程量。

3)箱、盒、灯头盒、开关盒所占长度,不同公称管径、每根管长应分别计算其工程量。

4）管内穿线工程量按单线长度计算，不计算分支接头线的长度，不同线路（照明或动力）、导线截面面积应分别计算其工程量。

5）瓷夹板配线、塑料夹板配线工程量按线路长度计算。不同敷设所在结构、线式（二线或三线）、导线截面面积应分别计算其工程量。

6）鼓形绝缘子配线、针式绝缘子配线、蝶式绝缘子配线工程量按单线长度计算。不同敷设所在结构、导线截面面积应分别计算其工程量。

7）木槽板配线、塑料槽板配线工程量按其长度计算，不同导线截面面积、线式（二线或三线）、导线所在结构面应分别计算其工程量。

8）塑料护套线明敷设工程量按其长度计算，不同导线截面面积、芯数（二芯或三芯）、导线所在结构面应分别计算其工程量。

9）母线槽安装工程量按其节数计算。进出线盒安装工程量，按不同额定电流以个数计算。

10）槽架安装工程量按其长度计算，不同槽架宽及槽架深应分别计算其工程量。

11）线槽配线工程量按单线长度计算，不同导线截面面积应分别计算其工程量。

12）钢索架设工程量按其长度计算，不同钢索直径、钢索材料（圆钢或钢丝绳）应分别计算其工程量。长度以墙、柱内缘距离计算。

13）母线拉紧装置制作安装工程量，按不同母线截面面积以套数计算。钢索拉紧装置制作安装工程量，按不同花篮螺栓直径以套数计算。

14）车间带形母线安装工程量按其长度计算，不同安装结构面、母线材质、母线断面面积，应分别计算其工程量。

15）动力配管混凝土地面刨沟工程量按刨沟长度计算，不同管径应分别计算其工程量。

16）接线箱、接线盒安装工程量按其个数计算，不同安装方式（明装或暗装）、接线箱半周长、接线盒类别应分别计算其工程量。

17）配线进入开关箱、柜、板的预留线，按表6-1规定长度，分别计入相应的工程量。

表6-1　配线预留长度

序	项　目	预留长度	说　明
1	各种开关箱、柜、板	高+宽	盘面尺寸
2	单独安装（无箱、盘）的封闭式开关熔断器组、刀开关、启动器、母线槽进出线盒等	0.3m	从安装对象中心算起
3	由地平管子出口引至动力接线箱	1m	从管口计算
4	电源与管内导线连接（管内穿线与软、硬母线接头）	1.5m	从管口计算
5	出户线	1.5m	以管口计算

3. 电梯电气安装

1）交流手柄操纵或按钮控制（半自动）电梯、交流信号或集选控制（自动）电梯、直流信号或集选控制（自动）快速电梯、直流集选控制（自动）高速电梯、小型杂物电梯的电气安装工程量按电梯的部数计算，不同建筑物层数、电梯停站数应分别计算其工程量。

2）电厂专用电梯电气安装工程量按电梯部数计算，不同配合锅炉容量（t/h）应分别计算其工程量。

3）电梯增加厅门、自动轿厢门工程量按门的个数计算。电梯增加提升高度工程量按提升高度增加值计算。

4. 防雷及接地装置

1）接地极制作安装工程量按其根数计算。不同接地极材料、土质坚实程度（普通土、坚土）应分别计算其工程量。接地板制作安装工程量按其块数计算，不同材质应分别计算。

2）接地母线敷设工程量，区分户外或户内以接地母线的长度计算。接地母线的长度按图示水平与垂直长度之和另加 3.9% 附加长度（是指转弯、上下波动、避绕障碍物、搭接所占长度）计算。

3）接地跨接线安装工程量按其处数计算。

4）接闪针安装工程量按其根数计算，不同接闪针安装所在结构、安装高度、针长应分别计算其工程量。独立接闪针安装工程量按其基数计算，不同针高应分别计算。

5）接闪引下线敷设工程量按其长度计算，不同引下线安装所在结构、结构高度应分别计算其工程量。引下线长度按图示水平与垂直长度之和另加 3.9% 附加长度计算。

6）接闪网安装工程量按不同敷设物面以其长度计算。混凝土块制作工程量按其块数计算。

6.1.2　给水排水供暖煤气安装工程工程量计算

1. 卫生器具制作安装

1）浴盆、妇女卫生盆安装工程量，按不同供水方式（冷水、冷热水）以组数计算。浴盆安装不包括支座和浴盆周边侧面的砌砖及贴面。

2）洗脸盆、洗手盆安装工程量，按不同供水方式、开关形式、供水管道材料以组数计算。

3）洗涤盆、化验盆安装工程量，按不同水嘴数量、开关形式以组数计算。

4）淋浴器组成安装工程量，按不同管材、供水方式以组数计算。

5）水嘴安装工程量，按不同水嘴公称直径以个数计算。

6）大便器安装工程量，按不同大便器形式（蹲式、坐式）、冲洗方式、接管材料以组数计算。

7）倒便器安装工程量按其套数计算。

8）小便器安装工程量，按不同小便器形式（挂斗式、立式）、冲洗方式（普通、自动）以组数计算。

9）大便槽自动冲洗水箱安装工程量，按不同水箱容积以套数计算。

10）小便槽冲洗管制作、安装工程量，按不同冲洗管公称直径以管道长度计算。阀门安装另行计算。

11）排水栓安装工程量，按有无存水弯、排水栓公称直径以组数计算。

12）地漏、地面扫除口安装工程量，按不同口径以个数计算。

13）电热水器、电开水炉、蒸汽间断式开水炉安装工程量，按不同形式、型号以台数计算。容积式水加热器安装工程量，按不同型号以台数计算。所用安全阀、保温、刷油及基础砌筑另行计算。

14）蒸汽-水加热器安装工程量，按其套数计算，其支架制作安装及阀门、疏水器安装另行计算。

15）冷热水混合器安装工程量，按不同型号以套数计算，其支架制作安装及阀门安装另行计算。

16）消毒锅、消毒器、饮水器安装工程量，按不同形式、规格以台数计算。

2. 供暖器具安装

1）铸铁散热器组成安装工程量，按不同型号以片数计算。

2）光排管散热器制作安装工程量，按不同光排管公称直径以光排管的长度计算，联管不另计算。

3）钢制闭式散热器安装工程量，按不同型号以片数计算。

4）钢制板式散热器安装工程量，按不同型号以组数计算。

5）钢制壁式散热器安装工程量，按散热器重量以组数计算。

6）钢柱式散热器安装工程量，按不同片数以组数计算。

7）暖风机安装工程量，按散热器重量以台数计算。

8）太阳能集热器安装工程量，按不同单元重量以单元数计算。

9）热空气幕安装工程量，按不同型号以台数计算，其支架制作安装另行计算。

3. 民用燃气管道、附件、器具安装

燃气室内外管道分界：

①地下引入室内的管道以室内第一个阀门为界。

②地上引入室内的管道以墙外三通为界。

③室外管道与市政管道以两者的接头点为界。

1）室外管道、室内管道安装工程量，按管道长度计算。不扣除管件和阀门所占长度。不同管道材料、管道连接方法、管道公称直径应分别计算其工程量。

2）铸铁抽水缸、碳钢抽水缸、补偿器安装工程量，按不同公称直径以个数计算。补偿器与阀门联装工程量，按不同公称直径以个数计算。

3）燃气表安装工程量，按不同型号以台数计算。开水炉、供暖炉、热水器安装工程量，分别按不同型号、形式、容量以台数计算。

4）民用灶具、煤气燃烧器、液化气燃烧器安装工程量，按不同型号以台数计算。

5）燃气管道钢套管制作安装工程量，按不同套管公称直径以套管个数计算。

6）燃气嘴安装工程量，按不同型号以气嘴个数计算。

6.1.3 通风空调安装工程工程量计算

1. 通风空调设备安装

1）空气加热器（冷却器）安装工程量，按不同单个重量以台数计算。

2）通风机安装工程量，按不同型号以台数计算。

3）整体式空调机（冷风机）安装工程量，按不同制冷量以台数计算。分体式空调机安装工程量，按其台数计算。

4）窗式空调器安装工程量，按其台数计算。

5）风机盘管安装工程量，按明装或暗装以台数计算。

6）分段组装式空调器安装工程量，按其重量计算。

7）玻璃钢冷却器安装工程量，按不同重量以台数计算。

2. 净化通风管道及部件制作安装

1）镀锌薄钢板矩形净化风管制作安装工程量，按风管展开面积计算，不同风管周长及壁厚应分别计算其工程量。风管展开面积中不扣除检查孔、测定孔、送风口、吸风口等所占面积，也不增加咬口重叠部分面积。计算风管长度时，一律按图示管道中心线长度为准，包括弯头、三通、变径管、天圆地方等管件的长度，但不得包括部件所在位置的长度。

2）静压箱、铝制孔板风口、过滤器制作安装工程量，均按其重量计算。

3）高效过滤器、中低效过滤器、净化工作台、单人风淋室安装工程量，均按其台数计算。

3. 不锈钢板通风管道及附件制作安装

1）不锈钢板圆形风管制作安装工程量，按风管展开面积计算，不同风管直径及壁厚应分别计算其工程量。风管展开面积中不扣除检查孔、测定孔、送风口、吸风口等所占面积。计算风管长度时，一律以图示风管中心线长度为准，包括弯头、三通、变径管、天圆地方等管件的长度，但不得包括部件所在位置的长度。

2）风口、吊托支架制作安装工程量，按其重量计算。

3）圆形法兰、圆形蝶阀制作安装工程量，按不同单个重量以其重量计算。

4. 铝板通风管道及部件制作安装

1）铝板风管制作安装工程量，按风管展开面积计算，不同风管截面形状、直径或周长、壁厚应分别计算其工程量。风管展开面积中不扣除检查孔、测定孔、送风口、吸风口等所占面积。计算风管长度时，一律以图示风管中心线长度为准，包括弯头、三通、变径管、天圆地方等管件的长度，但不得包括部件所在位置的长度。

2）圆伞形风帽、风口制作安装工程量，按其重量计算。

3）圆形法兰、矩形法兰、圆形蝶阀、矩形蝶阀制作安装工程量，按不同单个重量以法兰、蝶阀的总重量计算。

4）标准部件铝制风帽、蝶阀单个重量可根据其形式、规格查阅标准部件图取得。

5）非标准铝制部件单个重量按成品重量计算。

6.2　安装工程工程量计算实例

6.2.1　识读安装施工图

新建一饭庄，由临街电杆架空引入 380V 电源，作电气照明用；进户线采用 BX 型；室内一律用 BV 型线穿 PVC 管暗敷；配电箱 4 台（M_0、M_1、M_2、M_3）均为工厂成品，一律暗装，箱底边距地 1.5m；插座暗装距地 1.3m；拉线开关安装距顶棚 0.3m；跷板开关暗装距地 1.4m；配电箱做可靠接地保护。图 6-1 所示为电气一层平面图，图 6-2 所示为电气二层平面图，图 6-3 所示为电气系统图，各回路容量及配线见表 6-2。

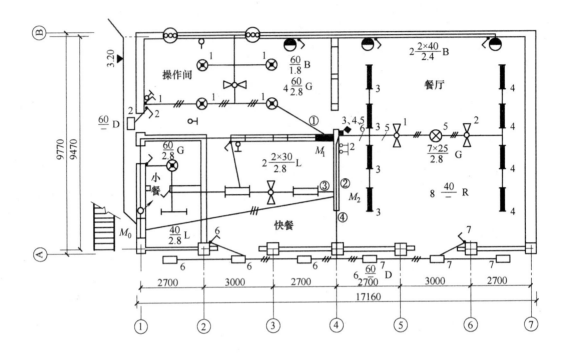

图 6-1　电气一层平面图

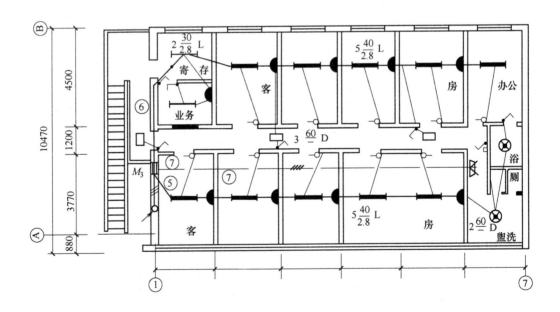

图 6-2　电气二层平面图

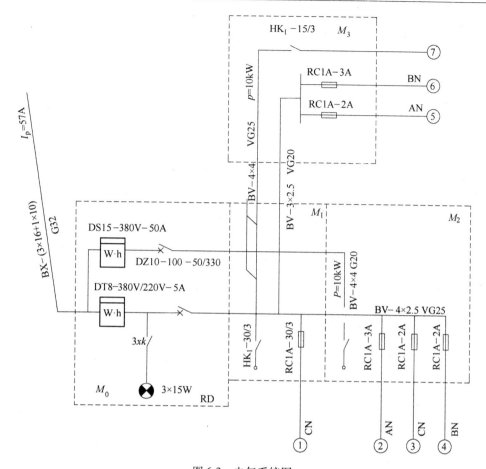

图 6-3　电气系统图

表 6-2　各回路容量及配管配线

回　　路	容量/W	配管配线	回　　路	容量/W	配管配线
1	820	BV-2×2.5 PVC15	5	480	BV-2×2.5 PVC15
2	595	BV-2×2.5 PVC15	6	640	BV-2×2.5 PVC15
3	320	BV-2×2.5 PVC15	7	1000	BV-4×2.5 PVC20
4	360	BV-2×2.5 PVC15			

6.2.2　安装工程工程量计算

根据施工图说明及平面图、系统图、各回路容量及配管配线表，进行工程量的计算（并进行审核）。工程量的计算见表 6-3。

表 6-3　工程量计算

工程名称：某饭庄电气照明工程

序号	工程项目名称	单位	数量	部位提要	计　算　式
1	进户线支架	根	1	⑧轴点处	两端埋设四线支架∟ 50×5, L = 1m
2	进（入）户线，PVC 管 VG32	m	11.32	沿①轴	[(9.47+0.15)+(3.2-1.5)]埋墙
	线 BX-10	m	14.12	沿①轴	(9.47+0.15)+1.5 预留+(3.2-1.5)+(0.8+0.5)预留

（续）

序号	工程项目名称	单位	数量	部位提要	计 算 式
2	线 BX-16	m	42.36	沿①轴	$[(9.47+0.15)+1.5+(3.2-1.5)+(0.8+0.5)]\times3$ 根
3	配电箱 800mm×500mm	台	1		M_0
	配电箱 500mm×300mm	台	3		M_1、M_2、M_3
4	M_0 至 M_1，PVC 管 VG20	m	16.05	①-Ⓐ	$(3.44-1.5)\times2+3.77+(2.7+3+2.7)$ 全埋墙（或埋地）
	管内穿线 BV-2.5	m	72.60	①-④	$[(3.44-1.5)\times2+3.77+(2.7+3+2.7)+(0.5+0.8+0.5+0.3)$ 预留$]\times4$ 根
	PVC 接线盒	个	3		
	M_0 至 M_1，PVC 管 VG25	m	16.05	①-Ⓐ	备用电源$(3.44-1.5)\times2+3.77+(2.7+3+2.7)$
	管内穿线 BV-4	m	72.60	①-④	备用电源$[(3.44-1.5)\times2+3.77+(2.7+3+2.7)+(0.8+0.5+0.5+0.3)]\times4$ 根
	PVC 接线盒	个	3		
5	M_0 至 M_2，PVC 管 VG20	m	12.00	①-Ⓐ	$(1.5+2.7+3+2.7+0.6+1.5)$ 埋地
	管内穿线 BV-2.5	m	56.40		$[(1.5+2.7+3+2.7+0.6+1.5)+(0.8+0.5+0.5+0.3)]\times4$ 根
	M_0 至 M_2，PVC 管 VG25	m	12.00	①-Ⓐ	备用电源$(1.5+2.7+3+2.7+0.6+1.5)$ 埋地
	管内穿线 BV-4	m	56.40		备用电源$[(1.5+2.7+3+2.7+0.6+1.5)+(0.8+0.5+0.5+0.3)]\times4$ 根
6	M_0 至 M_3，PVC 管 VG20	m	7.21	①-Ⓐ	$(3.44-1.5)+1.5+3.77$ 全埋墙
	管内穿线 BV-2.5	m	37.24		$[(3.44-1.5+1.5+3.77)+(0.8+0.5+0.5+0.3)]\times4$ 根
	M_0 至 M_3，PVC 管 VG25	m	7.21	①-Ⓐ	备用电源$(3.44-1.5)+1.5+3.77$
	管内穿线 BV-4	m	37.24		$[(3.44-1.5+1.5+3.77)+(0.8+0.5+0.5+0.3)]\times4$ 根
7	①回路，PVC 管 VG15	m	50.18	操作间	$(3.44-1.5)$ 埋墙$+2.7+3/2+4.5+(3\times2+2.7)+3+(2.7/2+3+2.7+2.7+3+2.7/2)+(3.44-1.4)\times6$ 开关引下埋墙$+3\times0.5$ 引下至排风扇，埋墙，其余管顶棚内敷设
	管内穿线 BV-2.5	m	110.66		$[(3.44-1.5)+2.7+3/2+4.5+(3\times2+2.7)+3+(2.7/2+3+2.7+2.7+3+2.7/2)+(3.44-1.4)\times6+3\times0.5+(0.5+0.3)]\times2+(3/2\times2+3/2+2.7/2+3/2+2.7/2)$ 三根线及四根线处
	PVC 暗盒	个	28		接线盒10个，灯头盒11个，开关盒7个
8	②回路，PVC 管 VG15	m	33.03	餐厅	$(3.44-1.5)$ 埋墙$+(3.44-1.4)\times3$ 埋墙$+[9.47\times1/4+2.7+3+2.7+(9.47\times3/4)\times2]$ 顶棚内

（续）

序号	工程项目名称	单位	数量	部位提要	计 算 式
8	管内穿线 BV-2.5	m	86.11	餐厅	$[(3.44-1.5)+(3.44-1.4)\times3+9.47\times1/4+2.7+3+2.7+(9.47\times3/4)\times2+(0.5+0.3)]\times2$ 根 $+[(2.7+3)+(2.7+3)\times2+2.7\times1/2]$ 三、四、五、六根线处
	PVC 暗盒	个	20		接线盒6个,灯头盒11个,开关盒3个
9	③回路,PVC 管 VG15	m	24.59	快餐 小餐	$\underline{(3.44-1.5)}$ 埋墙 $+(2.7+3+2.7+9.47\times2/4+2.7/2)$ 顶棚内 $+\underline{(3.44-1.4)\times4}$ 埋墙
	管内穿线 BV-2.5	m	50.78		$[(3.44-1.5)+(2.7+3+2.7+9.47\times2/4+2.7/2)+(3.44-1.4)\times4+(0.5+0.3)$ 预留 $]\times2$ 根
	PVC 暗盒	个	13		接线盒4个,灯头盒5个,开关盒4个
10	④回路,PVC 管 VG15	m	23.81	门口处	$\underline{(3.44-1.5)}$ 埋墙 $+(9.47\times1/4+0.88/2+2.7/2+3+2.7\times2+3+2.7/2+0.88/2\times2)$ 顶棚内 $+\underline{(3.44-1.4)\times2}$ 埋墙
	管内穿线 BV-2.5	m	49.22		$[(3.44-1.5)+(9.47\times1/4+0.88/2+2.7/2+3+2.7\times2+3+2.7/2+0.88/2\times2)+(3.44-1.4)\times2+(0.5+0.3)]\times2$ 根
	PVC 暗盒	个	13		接线盒5个,灯头盒6个,开关盒2个
11	⑤回路,PVC 管 VG15	m	48.83	Ⓐ轴客房	$\underline{(2.75-1.5)}$ 埋墙 $+(3.77/2+2.7\times3+2.7\times1/2+3\times2+3.77/2\times2+1.2/2+1.2+3.77/2\times5)$ 顶棚内 $+\underline{(2.75-1.4)\times7}$ 埋墙 $+\underline{(2.75-1.3)\times4}$ 埋墙
	管内穿线 BV-2.5	m	99.26		$[(2.75-1.5)+(3.77/2+2.7\times3+2.7\times1/2+3\times2+3.77/2\times2+1.2/2+1.2+3.77/2\times5)+(2.75-1.4)\times7+(2.75-1.3)\times4+(0.5+0.3)]\times2$
	PVC 暗盒	个	32		接线盒14个,灯头盒7个,开关盒7个,插座盒4个
12	⑥回路,PVC 管 VG15	m	71.35	Ⓑ轴客房	$\underline{(2.75-1.5)}$ 埋墙 $+[1.2+4.5/2+2.7\times3+3\times2+2.7\times1/2+4.5/2+4.5/2\times5+(4.5+1.2)/2\times2+4.5/2\times5]$ 顶棚内 $+\underline{(2.75-1.4)\times10}$ 埋墙 $+\underline{(2.75-1.3)\times5}$ 埋墙
	管内穿线 BV-2.5	m	144.30		$[(2.75-1.5)+1.2+4.5/2+2.7\times3+3\times2+2.7\times1/2+4.5/2+4.5/2\times5+(4.5+1.2)/2\times2+4.5/2\times5+(2.75-1.4)\times10+(2.75-1.3)\times5+(0.5+0.3)]\times2$ 根
	PVC 暗盒	个	40		接线盒15个,灯头盒10个,开关盒10个,插座盒5个

（续）

序号	工程项目名称	单位	数量	部位提要	计　算　式
13	⑦回路,PVC 管 VG20	m	16.80	⑧轴客房	$(2.75 - 1.5 + 2.75 - 1.3)$埋墙 $+ (2.7 \times 3 + 3 \times 2)$顶棚内
	管内穿线 BV-2.5	m	70.40		$[(2.75 - 1.5 + 2.7 \times 3 + 3 \times 2) + (2.75 - 1.3) + (0.5 + 0.3)] \times 4$ 根
	PVC 暗盒	个	3		接线盒 2 个,插座盒 1 个
14	链吊式荧光灯双管 30W	套	2	快餐	
	链吊式荧光灯单管 40W	套	11	客房	
	链吊式荧光灯单管 30W	套	2	寄存	
15	顶棚嵌入式单管荧光灯 40W	套	8	餐厅	
16	壁灯 60W	套	1	操作间	
	壁灯 40W	套	2	餐厅	
17	方吸顶灯 60W	套	10	大门,走道	
18	管吊花灯 7×25W	套	1	餐厅	
19	吊扇 ϕ1000	台	4	餐厅、操作间、快餐	带调速开关
	排风扇 ϕ350	台	2	操作间	
20	单相暗插座 5A	个	9	客房	
	三相暗插座 15A	个	1	客户	
21	跷板暗开关(单联)	个	15	餐厅	
	跷板暗开关(三联)	个	1	餐厅	
	拉线开关	个	11	客房	

将所计算的工程量分项汇总,见表6-4。

表6-4　工程量汇总表

序　号	工程项目名称	单　位	数　量
1	进户支架∟ 50×5	根	1
2	暗配塑料管 PVC15	m	70.11
	明配塑料管 PVC15	m	181.88
	暗配塑料管 PVC20	m	52.06
	暗配塑料管 PVC25	m	35.26
	暗配塑料管 PVC32	m	11.12
3	管内穿线 BX-10	m	14.12
	管内穿线 BX-16	m	42.36
4	管内穿线 BV-2.5	m	776.96
	管内穿线 BV-4	m	175.55
5	链吊式双管荧光灯 2×30W	套	2
	链吊式单管荧光灯 1×30W	套	2
	链吊式单管荧光灯 1×40W	套	11

（续）

序　号	工程项目名称	单　　位	数　　量
6	嵌入式单管荧光灯 1×40W	套	8
7	壁灯 60W	套	1
	壁灯 40W	套	2
8	正方形吸顶灯 60W	套	10
9	吊风扇 ϕ1000	台	4
	排气扇 ϕ350	台	2
10	单相暗插座 5A	个	9
	三相暗插座 15A	个	1
11	三联单控暗开关	个	1
	单联单控暗开关	个	15
12	拉线开关	个	11
13	塑料接线盒 146HS50	个	62
	塑料灯头盒 86HS50	个	50
	塑料开关盒 86HS50	个	33
	塑料插座盒 86HS50	个	10
14	配电箱 $800\text{mm} \times 500\text{mm}$	台	1
	配电箱 $500\text{mm} \times 300\text{mm}$	台	3

6.2.3　套用定额、计算直接费和工程造价

预算书封面如下所示：

建设工程造价预算书

安 装 工 程

建设单位：　　　　　工程名称：某饭店电气照明工程　　　建设地点：

施工单位：　　　　　取费等级：A 级取费　　　　　　　　工程类别：三类工程

工程规模：　　　　　工程造价：×××××元　　　　　　 单位造价：

建设（监理）单位：＿＿＿＿＿＿＿＿＿　　　施工（编制）单位：＿＿＿＿＿＿＿＿＿

技术负责人：＿＿＿＿＿＿＿＿＿＿＿　　　　技术负责人：＿＿＿＿＿＿＿＿＿＿＿

审　核　人：＿＿＿＿＿＿＿＿＿＿＿　　　　编　制　人：＿＿＿＿＿＿＿＿＿＿＿

资格证章：＿＿＿＿＿＿＿＿＿＿＿＿　　　　资格证章：＿＿＿＿＿＿＿＿＿＿＿＿

编制说明见表6-5。

表6-5 编制说明

工程名称：某饭庄电气照明工程（安装工程）　　　　　　　　×××年××月××日　第1/1页

编制依据	施工图号	
	合　同	
	使用定额	××××年《××市安装工程单位基价表》第二册及其相关费用定额
	材料价格	
	其　他	

说明：

1. 编制依据

1）本报价根据建设单位所提供的施工图说明而编制。

2）本报价根据建设单位所提供的施工图：电气一层平面图、电气二层平面图、电气系统图、各回路容量及配管配线表而编制。

2. 材料及设备价格

按文件规定的价格计算。

填表说明：1. 使用定额与材料价格栏注明使用的定额、费用标准以及材料价格来源（如调价表、造价信息等）。

　　　　　2. 说明栏注明施工组织设计、大型施工机械以及技术措施等。

编制单位：　　　　　　　　　　　　　　　　　　　　　　　　××软件有限公司软件编制

建设工程预算表见表6-6。

表 6-6　建设工程预算表

工程名称:某饭庄电气照明工程(安装工程)

××××年××月××日

序号	定额编号	项目名称	单位	工程量	计价工程费								未计价材料					
					基价	单位价值			合价	单位价值			名称	单位	定额耗量	数量	单价	合价
						人工费	材料费	机械费		人工费	材料费	机械费						
													电气设备安装工程					
1	02-0788	进户支架L 50×5	组	1.000	10.10	7.29	2.81		10.10	7.29	2.81		支架L 50×5	根	1.00	1.00		
2	02-1097	塑料管暗配 DN15	100m	0.701	136.55	99.14	6.57	30.84	95.72	69.50	4.61	21.62	塑料管 DN15	m	106.70	74.80		
3	02-1088	塑料管明配 DN15	100m	1.819	287.89	182.60	74.45	30.84	523.67	332.15	135.42	56.10	塑料管 DN15	m	106.70	194.09		
4	02-1098	塑料管暗配 DN20	100m	0.521	143.27	105.32	7.11	30.84	74.64	54.87	3.70	16.67	塑料管 DN20	m	106.70	55.59		
5	02-1099	塑料管暗配 DN25	100m	0.353	202.23	148.60	7.38	46.25	71.39	52.46	2.61	16.33	塑料管 DN25	m	106.42	37.57		
6	02-1100	塑料管暗配 DN32	100m	0.111	211.77	157.87	7.65	46.25	23.51	17.52	0.85	5.13	塑料管 DN32	m	106.42	11.81		
7	02-1201	管内穿线 BX-10mm²	100m 单线	0.141	39.02	20.98	18.04		5.50	2.96	2.54		铜芯绝缘导线 BX-10mm²	m	105.00	14.81		
8	02-1202	管内穿线 BX-16mm²	100m 单线	0.424	42.83	24.29	18.54		18.16	10.30	7.86		铜芯绝缘导线 BX-16mm²	m	105.00	44.52		
9	02-1172	管内穿线 BX-2.5mm²	100m 单线	7.770	36.04	22.08	13.96		280.03	171.56	108.47		绝缘导线 BV-2.5mm²	m	116.00	901.32		
10	02-1173	管内穿线 BV-4mm²	100m 单线	1.756	29.38	15.46	13.92		51.59	27.15	24.44		绝缘导线 BV-4mm²	m	110.00	193.16		

编制单位:

××软件有限公司软件编制

（续）

序号	定额编号	项目名称	单位	工程量	计价工程费 单位价值 基价	人工费	材料费	机械费	合价	人工费	材料费	机械费	未计价材料 名称	单位	定额耗量	数量	单价	合价
11	02-1589	吊链式双管荧光灯2×30W	10套	0.200	139.15	60.28	78.87		27.83	12.06	15.77		吊链式双管荧光灯2×30W	套	10.10	2.02		
12	02-1588	吊链式单管荧光灯1×30W	10套	0.200	126.78	47.91	78.87		25.36	9.58	15.77		吊链式单管荧光灯1×30W	套	10.10	2.02		
13	02-1588	吊链式单管荧光灯1×40W	10套	1.100	126.78	47.91	78.87		139.46	52.70	86.76		吊链式单管荧光灯1×40W	套	10.10	11.11		
14	02-1594	嵌入式单管荧光灯1×40W	10套	0.800	96.09	47.91	48.18		76.87	38.33	38.54		嵌入式单管荧光灯1×40W	套	10.10	8.08		
15	02-1393	壁灯60W	10套	0.100	158.38	44.60	113.78		15.84	4.46	11.38		壁灯60W	套	10.10	1.01		
16	02-1393	壁灯40W	10套	0.200	158.38	44.60	113.78		31.68	8.92	22.76		壁灯40W	套	10.10	2.02		
17	02-1388	正方形吸顶灯60W	10套	1.000	102.83	55.42	47.41		102.83	55.42	47.41		正方形吸顶灯60W	套	10.10	10.10		
18	02-1702	吊风扇φ1000	台	4.000	13.35	9.49	3.86		53.40	37.96	15.44		吊风扇φ1000	台	1.00	4.00		
19	02-1704	排气扇φ350	台	2.000	14.98	13.47	1.51		29.96	26.94	3.02		排气扇φ350	台	1.00	2.00		
20	02-1670	单相暗插座5A	10套	0.900	32.76	24.29	8.47		29.48	21.86	7.62		单相暗插座5A	套	10.30	9.27		
21	02-1680	三相暗插座15A	10套	0.100	30.90	23.85	7.05		3.09	2.39	0.71		三相暗插座15A	套	10.30	1.03		
22	02-1639	三联单控暗开关	10套	0.100	27.16	20.53	6.63		2.72	2.05	0.66		三联单控暗开关	只	10.30	1.03		

编制单位：

××软件有限公司软件编制

（续）

序号	定额编号	项目名称	单位	工程量	单位价值				计价工程费				未计价材料					
					基价	人工费	材料费	机械费	合价	人工费	材料费	机械费	名称	单位	定额耗量	数量	单价	合价
23	02-1637	单联单控暗开关	10套	1.500	22.57	18.77	3.80		33.86	28.16	5.70		单联单控暗开关	只	10.30	15.45		
24	02-1635	拉线开关	10套	1.100	36.72	18.33	18.39		40.39	20.16	20.23		拉线开关	只	10.30	11.33		
25	02-1379	塑料接线盒 146HS50	10个	6.200	47.56	17.66	29.90		294.87	109.49	185.38		塑料接线盒 146HS50	个	10.20	63.24		
26	02-1377	塑料灯头盒 86HS50	10个	5.000	32.63	9.94	22.69		163.15	49.70	113.45		塑料灯头盒 86HS50	个	10.20	51.00		
27	02-1378	塑料开关盒 86HS50	10个	3.300	21.10	10.60	10.50		69.63	34.98	34.65		塑料开关盒 86HS50	个	10.20	33.66		
28	02-1378	塑料插座盒 86HS50	10个	1.000	21.10	10.60	10.50		21.10	10.60	10.50		塑料插座盒 86HS50	个	10.20	10.20		
29	02-0265	配电箱 M_0 800mm×500mm	台	1.000	123.64	50.78	72.86		123.64	50.78	72.86		配电箱 M_0 800mm×500mm	台	1.00	1.00		
30	02-0264	配电箱 M_1、M_2、M_3 800mm×500mm	台	3.000	109.96	39.74	70.22		329.88	119.22	210.66		配电箱 M_1、M_2、M_3 800mm×500mm	台	1.00	3.00		
31	12-0002	电气设备脚手架搭拆费	100元	14.342	4.00	1.00	3.00		57.37	14.34	43.03							
		分部小计							2826.72	1455.86	1255.61	115.25						
		合计							2826.72	1455.86	1255.61	115.25						

编制单位：

未计价材料计算表见表6-7。

××软件有限公司软件编制

工程名称：某饭庄

表6-7　未计价材料计算表

序号	定额编号	项目名称	单位	工程量	名称	单位	定额耗量	数量	单价	合价
1	02-0788	进户支架L 50×5	组	1.000	支架L 50×5	根	1.00	1.00	35.78	35.78
2	02-1097	塑料管暗配 DN15	100m	0.701	塑料管 DN15	m	106.70	74.80	2.03	151.84
3	02-1088	塑料管明配 DN15	100m	1.819	塑料管 DN15	m	106.70	194.09	2.03	394.01
4	02-1098	塑料管暗配 DN20	100m	0.521	塑料管 DN20	m	106.70	55.59	2.51	139.53
5	02-1099	塑料管暗配 DN25	100m	0.353	塑料管 DN25	m	106.42	37.57	3.19	119.85
6	02-1100	塑料管暗配 DN32	100m	0.111	塑料管 DN32	m	106.42	11.81	3.87	45.70
7	02-1201	管内穿线 BX-10mm²	100m 单线	0.141	铜芯绝缘导线 BX-10mm²	m	105.00	14.81	3.52	52.13
8	02-1202	管内穿线 BX-16mm²	100m 单线	0.424	铜芯绝缘导线 BX-16mm²	m	105.00	44.52	8.60	382.87
9	02-1172	管内穿线 BV-2.5mm²	100m 单线	7.770	绝缘导线 BV-2.5mm²	m	116.00	901.32	1.21	1090.60
10	02-1173	管内穿线 BV-4mm²	100m 单线	1.756	绝缘导线 BV-4mm²	m	110.00	193.16	2.46	475.17
11	02-1589	吊链式双管荧光灯 2×30W	10套	0.200	吊链式双管荧光灯 2×30W	套	10.10	2.02	85.34	172.39
12	02-1588	吊链式单管荧光灯 1×30W	10套	0.200	吊链式单管荧光灯 1×30W	套	10.10	2.02	68.11	137.58
13	02-1588	吊链式单管荧光灯 1×40W	10套	1.100	吊链式单管荧光灯 1×40W	套	10.10	11.11	75.32	836.81
14	02-1594	嵌入式单管荧光灯 1×40W	10套	0.800	嵌入式单管荧光灯 1×40W	套	10.10	8.08	80.65	651.65
15	02-1393	壁灯 60W	10套	0.100	壁灯 60W	套	10.10	1.01	120.77	121.98

（续）

序号	定额编号	项目名称	单位	工程量	名称	单位	定额耗量	数量	单价	合价
16	02-1393	壁灯 40 W	10 套	0.200	壁灯 40 W	套	10.10	2.02	90.12	182.04
17	02-1388	正方形吸顶灯 60 W	10 套	1.000	正方形吸顶灯 60 W	套	10.10	10.10	140.39	1417.94
18	02-1702	吊风扇 $\phi 1000$	台	4.000	吊风扇 $\phi 1000$	台	1.00	4.00	132.21	528.84
19	02-1704	排气扇 $\phi 350$	台	2.000	排气扇 $\phi 350$	台	1.00	2.00	62.56	125.12
20	02-1670	单相暗插座 5 A	10 套	0.900	单相暗插座 5 A	套	10.30	9.27	8.74	81.02
21	02-1680	三相暗插座 15 A	10 套	0.100	三相暗插座 15 A	套	10.30	1.03	10.33	10.64
22	02-1639	三联单控暗开关	10 套	0.100	三联单控暗开关	只	10.30	1.03	9.25	9.53
23	02-1637	单联单控暗开关	10 套	1.500	单联单控暗开关	只	10.30	15.45	5.66	87.45
24	02-1635	拉线开关	10 套	1.100	拉线开关	只	10.30	11.33	1.83	20.73
25	02-1379	塑料接线盒 146HS50	10 个	6.200	塑料接线盒 146HS50	个	10.20	63.24	0.80	50.59
26	02-1377	塑料灯头盒 86HS50	10 个	5.000	塑料灯头盒 86HS50	个	10.20	51.00	0.50	25.50
27	02-1378	塑料开关盒 86HS50	10 个	3.300	塑料开关盒 86HS50	个	10.20	33.66	0.80	26.93
28	02-1378	塑料插座盒 86HS50	10 个	1.000	塑料插座盒 86HS50	个	10.20	10.20	0.80	8.16
29	02-0265	配电箱 M_0 800mm × 500mm	台	1.000	配电箱 M_0 800mm × 500mm	台	1.00	1.00	485.00	485.00
30	02-0264	配电箱 M_1、M_2、M_3 800mm × 500mm	台	3.000	配电箱 M_1、M_2、M_3 800mm × 500mm	台	1.00	3.00	279.00	837.00
		合计								8731.38

预算工程造价计算表见表6-8。

表6-8　预算工程造价计算表

工程名称：某饭庄

序　号	费用名称	计算公式	费　率	金　额
1	A. 定额直接费	A. 1 + A. 2 + A. 3 + A. 4		11558. 10
2	A. 1 定额人工费			1455. 86
3	A. 2 计价材料费			1255. 61
4	A. 3 未计价材料费			8731. 38
5	A. 4 机械费			115. 25
6	B. 其他直接费	B. 1 + B. 2 + B. 3		852. 55
7	B. 1 其他直接费	A. 1 × 规定费率	22. 810	332. 08
8	B. 2 临时设施费	A. 1 × 规定费率	15. 430	224. 64
9	B. 3 现场管理费	A. 1 × 规定费率	20. 320	295. 83
10	C. 价差调整	C. 1 + C. 2 + C. 3		
11	C. 1 人工费调整	按地区规定计算		
12	C. 2 计价材料综合调整价差	按地区规定计算		
13	C. 3 机械费调整	按地区规定计算		
14	D. 施工图预算包干费	A. 1 × 规定费率	10. 000	145. 59
15	E. 企业管理费	A. 1 × 规定费率	36. 340	529. 06
16	F. 财务费	A. 1 × 取费证核定费率	2. 800	40. 76
17	G. 劳动保险费	A. 1 × 取费证核定费率	10. 000	145. 59
18	H. 利润	A. 1 × 取费证核定费率	17. 000	247. 50
19	I. 安全文明施工增加费	A. 1 × 按承包合同约定费率	0. 800	11. 65
20	J. 赶工补偿费	A. 1 × 按承包合同约定费率		
21	L. 定额管理费(‰)	(A + … + J) × 规定费率	1. 400	18. 94
22	M. 税金	(A + … + L) × 规定费率	3. 430	464. 76
	工程造价			14014. 50

第 7 章　建筑工程施工结算与竣工决算

7.1　工程结算

7.1.1　工程结算概述

建筑产品（或工程造价）的定价过程，是一个具有单件性、多次性特征的动态定价过程。由于生产建筑产品的施工周期长，人工、建筑材料和资金耗用量巨大，在施工实施的过程中为了合理补偿施工承包商的生产资金，通常将已完成的部分施工作业量作为"假定的合格建筑安装产品"，按有关文件规定或合同约定的结算方式结算工程价款，并按规定时间和额度支付给施工承包商，这种行为通常称为工程结算。通过工程结算确定的款项称为结算工程价款，俗称工程进度款。一般地说，工程结算在整个施工的实施过程中要进行多次，直到工程项目全部竣工并验收后，再进行最终产品的工程竣工结算。最终的工程竣工结算价才是承发包双方认可的建筑产品的市场真实价格，也就是最终产品的工程造价。

按现行规定，将"假定的合格建筑安装产品"作为结算依据。"假定产品"一般是指完成预算定额规定的全部工序的分部分项工程。凡是没有完成预算定额所规定的作业内容及相应工作量的，不允许办理工程结算。对工期短、预算造价低的工程，可在竣工后办理一次结算。若要办理中间结算，其中间结算累计额一般不应超过承包合同价的95%，留5%尾款在竣工结算后处理。

7.1.2　工程结算的种类

工程结算一般分为工程备料款的结算、工程进度款的结算和工程竣工结算。

1. 工程备料款的结算

所谓工程备料款是指包工包料（俗称双包）工程在签订施工合同后，由业主按有关规定或合同约定预支给承包商的主要用来购买工程材料的款项。预支工程备料款额度应不超过当年建筑安装工作量的25%；若工期不足一年的工程，可按承包合同价的30%预支工程备料款。

备料款属于预付性质，到施工的中后期，随着工程备料储量的减少，预付备料款应在中间结算工程价款中逐步扣还。

2. 工程进度款的结算

工程进度款的结算根据建筑生产和产品的特点，常有以下两种方法：

（1）按月结算　对在建施工工程，每月月末（或下月初）由承包商提出已完工程月报表和工程款结算清单，交现场监理工程师审查签证并经业主确认后，办理已完工程的工程款结算和支付业务。

　　按月结算时，对已完成的施工部分产品，必须严格按规定标准检查质量和逐一清点工程量。质量不合格或未完成预算定额规定的全部工序内容，不能办理工程结算。工程承发包双方必须遵守结算纪律，既不准虚报冒领，又不准相互拖欠，违者应按国家主管部门的规定处罚。

　　（2）分段结算　　对在建施工工程，按施工形象进度将施工全过程划分为若干个施工阶段进行结算，工程按进度计划规定的施工阶段完成后，即进行结算。具体做法有以下几种：

　　1）按施工阶段预支，该施工阶段完工后结算。这种做法是将工程总造价通过计算拆分到各个施工阶段，从而得到各个施工阶段的建筑安装工程费用。承包商据此填下了"工程价款预支账单"，送监理工程师签证并经业主确认后办理结算。

　　2）按施工阶段预支，竣工后一次结算。这种方法与前一种方法比较，其相同点均是按阶段预支，不同点是不按阶段结算，而是竣工后一次结算。

　　3）分次预支，竣工后一次结算。分次预支，每次预支金额数应与施工进度大体相一致。此种结算方法的优点是可以简化结算手续，适用于投资少、工期短、技术简单的工程。

7.1.3　工程竣工结算

1. 竣工结算的概念和作用

　　一个单位工程或单项工程在施工过程中，往往由于多方面情况的变化。使建筑实际产品与原设计施工图不完全相符，因而使工程实际造价与原预算造价存在差异。在单位工程竣工并经验收合格后，对照原设计施工图，将有增减变化的内容按照编制施工图预算的方法与规定，对原施工图预算进行相应的调整。进而确定工程实际造价并作为最终结算工程价款的经济文件，称为竣工结算。竣工结算一般由施工单位编制，经业主初审后委托造价咨询公司终审，作为业主与承包商最终结算工程价款的依据。

2. 竣工结算的编制依据

　　1）工程竣工报告、竣工验收单和竣工图。

　　2）工程承包合同和已经审核的原施工图预算。

　　3）图样会审纪要、设计变更通知书、施工签证单或施工记录。

　　4）业主与承包商共同认可的有关特殊材料预算价格或价差。

　　5）现行预算定额和费用定额以及政府行政主管部门出台的调价调差文件。

3. 竣工结算的方式

　　（1）以施工图预算为基础编制竣工结算　　这种方式是以原施工图预算为基础，以施工中实际发生而原施工图预算中并未包含的增减工程项目和费用签证为依据，在竣工结算中一并进行调整。

　　（2）以每平方米造价指标为基础编制竣工结算　　这种方式是以承发包双方事先根据确定的施工图样及有关资料，计算确定了每平方米造价为基础，竣工结算时，按实际完成的平方米数量进行结算。

　　（3）以包干造价为基础编制竣工结算　　此种方式是指按施工图预算加包干系数为基础编制竣工结算。根据施工承包合同规定，如果不发生包干范围以外的工程增减项目，包干造价就是最终竣工结算造价，因而也无需编制竣工结算书，只需根据设计部门的"设计变更通知书"编制"设计变更增（减）项目预算表"，纳入工程竣工结算即可。

（4）以投标造价为基础编制竣工结算　实行招标投标的工程，造价的确定不但具有包干的性质，而且还含有竞争的内容，承包商的报价可以进行合理浮动。一般地说，中标的承包商根据标价并结合工期、质量、奖罚、双方责任等与业主签订合同，对工程造价实行一次包干。合同规定的造价一般就是竣工结算造价。因此，也可不编制竣工结算书，而只进行财务上的"价款结算"（预付款、进度款、业主供料款等）。并将合同约定的奖罚费用和包干范围以外的增（减）工程项目列入，作为"合同补充说明"纳入工程竣工结算。

4. 竣工结算的编制内容

竣工结算按单位工程编制。一般内容如下：

（1）竣工结算书封面　封面形式与施工图预算书封面相同，要求填写业主、承包商名称、工程名称、结构类型、建筑面积、工程造价等内容。

（2）竣工结算书编制说明　主要说明施工合同有关规定，有关文件和变更内容以及编制依据等。

（3）结算造价汇总计算表　竣工结算表形式与施工图预算表形式相同。

（4）结算造价汇总表附表　主要包括工程增减变更计算表、材料价差计算表、业土供料及退款结算明细表。

（5）工程竣工资料　包括竣工图、工程竣工验收单，各类签证、工程量增补核定单、设计变更通知书等。

5. 竣工结算的编制方法和步骤

（1）竣工结算的编制方法　工程竣工结算书的编制方法与施工图预算书基本相同；不同之处是以设计变更签证等资料为依据，以原施工图预算书为基础，进行部分增减和调整。

1）当分项工程项目有增减时。设计的变更可能带来分项工程的增减，故应对原施工图预算分项进行核对、调整。先计算确认分项工程变更增减工程量，再套用相应的预算定额子目，列出变更增减项目结算表。

2）当分项工程量有增减时。由于设计的变更等因素，尽管原施工图预算书中分项工程项目没有增减，但分项工程量却有增减。故应另行计算出增减的工程量和相应的费用。

3）当材料出现价差时。工期长是建筑产品生产的一大特点，一般来说，施工周期内实际材料预算价格与开工时编制的施工图预算所确定的材料预算价格相比是有变化的。按规定，在编制工程竣工结算时，应对材料价差进行调整。

（2）竣工结算的编制步骤

1）收集整理原始资料。原始资料是编制竣工结算的主要依据，必须收集齐全。除平时积累外，尚应在编制前做好调查、收集、整理、核对工作。只有具备了完整齐全的原始资料后，才能开始编制竣工结算。原始资料调查内容包括原施工图预算中的分项工程是否全部完成；工程量、定额、单价、合价、总价等各项数据有无错漏；施工图预算中的暂估单价在竣工结算时是否已经核实；分包结算与原施工图预算有无矛盾等。

2）了解工程施工和材料供应情况。了解工程实际开工和竣工时间、施工进度以及施工安排与施工方法，校核材料、半成品的供应方式、规格、数量和价格。

3）调整计算工程量。根据设计变更通知、验收记录、材料代用签证等原始资料，统计计算出应增加或减少的工程量。如果设计变动较多，设计图样修改较大，可以重新分列工程项目并计算工程量。

4）选、套预算定额单价，计算竣工结算费用。单位工程竣工结算的直接费，一般由下列三部分内容组成：

①原施工图预算直接费。

②调增部分直接费 = ∑调增部分工程量 × 相应预算单价。

③调减部分直接费 = ∑调减部分工程量 × 相应预算单价。

单位工程竣工结算总直接费 = 原施工图预算直接费 − 调减部分直接费 + 调增部分直接费

单位工程竣工结算造价 = 单位工程竣工结算总直接费 + 综合间接费 + 材料价差 + 税金

施工承包商将单位工程竣工结算造价计算出来以后，先送业主初审，再由业主送专业性的造价咨询公司审核并经承发包双方共同确认，作为最终工程竣工结算造价。

7.2　竣工决算

7.2.1　竣工验收

为了严格执行基本建设项目竣工验收制度，正确核定新增固定资产价值，分析考核投资效果，建立健全经济责任制，按照国家有关规定，所有新建、改建和扩建项目竣工后，都必须履行竣工验收手续和编制竣工决算。

竣工验收是项目建设全过程的最后一个程序，是全面考核项目建设的投资、质量和进度是否达到设计要求的一个重要环节，是投资成果转入生产或使用的标志。

1. 竣工验收的范围

凡新建、改建和扩建以及技术改造项目，按批准的设计文件所规定的内容组成。符合验收标准的，必须及时组织竣工验收，办理固定资产移交手续。

2. 竣工验收的依据

竣工验收的依据有经批准的可行性研究报告、初步设计或扩大初步设计、施工图及设计变更通知书、设备技术说明书、国家现行施工技术标准和验收规范、主管部门有关审批、修改和调整的文件等。从国外引进新技术或成套设备的项目，还应按照合同明确提供国外的设计文件等资料进行验收。

3. 竣工验收的标准

凡需进行竣工验收的工程项目，必须达到如下标准：

1）生产性工程和辅助公用设施已按设计要求建成，能满足生产要求。

2）主要工艺设备及配套设施经联动负荷试车合格，形成生产能力，且能生产出设计文件中规定的产品。

3）必要的生活福利设施已按设计要求建成。

4）生产准备工作能适应投产的需要。

5）环境保护设施、劳动安全卫生设施、消防设施已按照设计要求，与主体工程同时建成。

4. 竣工验收的程序

根据建设项目的规模大小和技术复杂程度，整个建设项目的验收可分为初步验收和竣工验收两个阶段进行。

（1）初步验收　建设项目在竣工验收之前，由业主会同监理公司组织施工、设计和使用等有关单位进行初验。初验前，由承包商按照有关规定整理好竣工文件和技术资料，向业主提出竣工报告。业主接到报告后，应及时组织初验。对在初验中发现的问题应形成初验整改意见报告，并书面通知承包商限期进行整改。

（2）竣工验收　整个建设项目全部完成，经过各单项工程的验收，均符合设计要求，初验中提出的问题也已得到整改，工程竣工图、竣工决算、工程总结等必要的文件资料也均已具备。这时，由项目主管部门或业主会同监理、设计、施工等各方领导、专家及相关专业工程技术人员进行竣工验收，并签署工程竣工验收报告和工程交付使用报告。

7.2.2　竣工决算概述

一个建设项目或单项工程完工后，在办理所有项目竣工验收之前，对所有财产和物资进行一次财务清理，计算包括从开始筹建起到该建设项目或单项工程投产或交付使用为止全过程所实际支出的一切费用总和，称为竣工决算。竣工决算包括竣工结算工程造价、设备购置费、勘察设计费、项目监理费、征地拆迁费和其他建设费用的总和。竣工决算是反映建设项目实际造价和投资效果以及设计概算执行情况的文件，是竣工验收报告的主要组成部分。及时、正确地编制竣工决算，对于总结分析建设全过程的经验教训，为后续建设项目积累技术经济资料，进一步提高投资效益，都具有特别重要的意义。

竣工决算一般由业主组织专业人员编制。

1. 竣工决算的内容

竣工决算由竣工决算报告说明书、竣工决算报表、竣工工程平面示意图和工程造价比较分析等四部分组成。

（1）竣工决算报告说明书　该说明书全面反映竣工工程建设成果和经验，是考核分析工程投资与造价的书面总结，是竣工决算报告的重要组成部分，其主要内容包括：

1）对工程总的评价。从工程的进度、质量、造价和安全四个方面进行分析说明。进度：主要说明开工、竣工时间，对照合理工期和要求工期是提前还是延期；质量：根据质量监督部门的验收评定等级、合格率和优良品率进行说明；造价：对照概算造价，说明节约还是超支，用金额和百分率进行说明；安全：根据施工部门的记录，对有无设备和人身伤亡事故进行说明。

2）各项财务和技术经济指标的分析。概算执行情况分析：根据实际投资额与概算进行对比分析。新增生产能力的效益分析：说明交付使用财产占总投资额的比例，生产用固定资产占交付使用财产的比例，非固定资产投资额占总投资额的比例，分析其有机构成和效果。建设投资包干情况的分析：说明投资包干数、实际支用数和节约额，投资包干节余的有机构成和包干节余的分配情况。财务分析：列出历年资金来源和资金占用情况。

3）项目建设期的经验教训及有待解决的问题。

（2）竣工决算报表

1）建设项目竣工工程概况表：主要说明项目名称、设计及施工单位、建设地址、占地面积、新增生产能力、建设时间，完成主要工程量、质量评定等级、未完工程尚需投资额等。

2）建设项目竣工财务决算表：包括建设项目竣工财务决算明细表、建设项目竣工财务决算总表、交付使用固定资产明细表、交付使用流动资产明细表、递延资产明细表和无形资产明细表等六项表格。

3）概算执行情况分析及编制说明。

4）待摊投资明细表。

5）投资包干执行情况表及编制说明。

（3）工程造价比较分析　概算是考核建设项目造价的依据，分析时可将竣工决算报告表中所提供的实际数据和相关资料与批准的概算、预算指标进行对比，以确定竣工项目造价是超支还是节约。

为了考核概算执行情况，正确核实建设工程造价，财务部门首先要积累有关材料、设备、人工价差和费率的变化资料以及设计方案变化和设计变更资料；其次，要考查实际竣工造价节约或超支的数额。实际工作中。主要分析以下内容：

1）主要实物工程量。因概算编制的主要实物工程量的增减变化必然使概算造价和实际工程造价随之变化，因此，对比分析中应审查项目的规模、结构和标准是否符合设计文件的规定，变更部分是否按照规定的程序办理，对造价的影响如何等。

2）主要材料消耗量。在建筑安装工程投资中，材料费用所占的比例往往很大。因此，考核材料消耗和费用也是考核工程造价的重点。考核主要材料消耗量，要按照竣工决算报表中所列明的三大材料实际超概算的消耗量，查清在工程的哪一个环节超出量最大，再进一步查明超耗的原因。

3）考核建设单位管理费、建筑安装工程间接费的取费标准。概算中对建设单位管理费列有投资控制额，对其进行考核。要根据竣工决算报表中所列实耗金额与概算中所列投资控制额进行比较，确定其节约或超支数额，并进一步查出节约或超支的原因。

对于建筑安装工程间接费的取费标准，国家和各省、市、自治区都有明确规定。对突破概（预）算的各单项工程，必须查清是否有超标准计算或者重算、多算现象。

2. 竣工决算的编制

（1）编制竣工决算所需的各种原始资料

1）原始概（预）算书。

2）设计交底或图样会审纪要。

3）设计变更通知书。

4）施工记录或施工签证单。

5）各种验收资料。

6）停工（复工）报告。

7）竣工图。

8）材料、设备等差价调整记录。

9）施工中发生的其他费用记录。

10）各种结算资料。

（2）竣工决算的编制方法　根据经过审定的竣工结算，对照原概（预）算，重新核定各单项工程和单位工程的造价。对属于增加资产价值的其他投资，如建设单位管理费、研究试验费、勘察设计费、项目监理费、土地征用及拆迁补偿费、联合试运转费等，应分摊于受益工程，并随着受益工程交付使用的同时，一并计入新增固定资产价值。

竣工决算应反映新增资产的价值，包括新增固定资产、流动资产、无形资产和递延资产等，应根据国家有关规定进行计算。

参 考 文 献

[1] 武育泰，李景云. 建筑工程定额与预算 [M]. 重庆：重庆大学出版社，1998.

[2] 戎贤. 土木工程概预算 [M]. 北京：中国建材工业出版社，2001.

[3] 陈俊起. 建设工程预算 [M]. 济南：山东大学出版社，2002.

[4] 李宏扬. 建筑工程预算：识图、工程量计算及定额应用 [M]. 北京：中国建材工业出版社，2002.

[5] 郭婧娟. 建设工程定额及概预算 [M]. 北京：清华大学出版社，2008.

[6] 皮振毅，等. 预算员（建筑工程）[M]. 哈尔滨：哈尔滨工程大学出版社，2008.

[7] 丁云飞，等. 安装工程预算与工程量清单计价 [M]. 北京：化学工业出版社，2005.

[8] 高文安. 安装工程预算与组织管理 [M]. 北京：中国建筑工业出版社，2002.

[9] 刘庆山. 建筑安装工程预算 [M]. 2版. 北京：机械工业出版社，2004.

[10] 刘庆山，刘屹立. 实用安装工程预算手册 [M]. 北京：机械工业出版社，2001.

[11] 李文利. 建筑装饰工程概预算 [M]. 北京：机械工业出版社，2003.

[12] 刘宝生. 建筑工程概预算 [M]. 北京：机械工业出版社，2001.

[13] 王朝霞. 建筑工程定额与计价 [M]. 北京：中国电力出版社，2004.

[14] 许焕兴. 新编装饰装修工程预算 [M]. 北京：中国建材工业出版社，2005.

[15] 袁建新. 建筑工程定额与预算 [M]. 北京：高等教育出版社，2002.

[16] 杨其富，杨天水. 预算员必读 [M]. 北京：中国电力出版社，2005.

[17] 殷惠光. 建设工程造价 [M]. 北京：中国建筑工业出版社，2004.

[18] 尹贻林. 工程造价计价与控制 [M]. 北京：中国计划出版社，2003.

[19] 张怡，方林梅. 安装工程定额与预算 [M]. 北京：中国水利水电出版社，2003.

[20] 刘长滨. 土木工程概（预）算 [M]. 武汉：武汉大学出版社，2002.

[21] 张建平. 工程概预算 [M]. 重庆：重庆大学出版社，2001.